高等院校互联网+新形态创新系列教材·计算机系列

基于 VerilogHDL 的 FPGA 技术及应用
(微课版)

李翠锦　武丽莉　李金琼　主　编

谭　祥　赵　军　杨　雄　副主编

清華大學出版社
北　京

内 容 简 介

本书在内容上吸收了近些年来的最新理论研究成果，系统地介绍了硬件描述语言 Verilog HDL 以及数字系统设计的相关知识。

本书共分为 8 章，内容包括 FPGA 入门简介、FPGA 设计开发工具、Verilog HDL 的基础知识、设计验证、可综合模型设计、有限状态机的设计、基于 Verilog HDL 的 FPGA 系统设计实例和基于 SOPC 的 FPGA 系统设计实例。

本书以应用为主，突出实践性，结构严谨，使学生在掌握专业理论知识的同时，提高 FPGA 设计分析与操作的实际技能。

本书可以作为高等院校电子信息类专业的高年级本科生教程，也可以作为电子设计从业者的参考书。

图书在版编目(CIP)数据

基于 VerilogHDL 的 FPGA 技术及应用：微课版/李翠锦，武丽莉，李金琼主编. —北京：清华大学出版社，2022.10（2024.9重印）
高等院校互联网+新形态创新系列教材. 计算机系列
ISBN 978-7-302-61789-1

Ⅰ. ①基… Ⅱ. ①李… ②武… ③李… Ⅲ. ①可编程序逻辑阵列—系统设计—高等学校—教材 Ⅳ. ①TP332.1

中国版本图书馆 CIP 数据核字(2022)第 166611 号

责任编辑： 孟 攀
封面设计： 杨玉兰
责任校对： 徐彩虹
责任印制： 曹婉颖
出版发行： 清华大学出版社
网 址：https://www.tup.com.cn，https://www.wqxuetang.com
地 址：北京清华大学学研大厦 A 座 邮 编：100084
社 总 机：010-83470000 邮 购：010-62786544
投稿与读者服务：010-62776969, c-service@tup.tsinghua.edu.cn
质量反馈：010-62772015, zhiliang@tup.tsinghua.edu.cn
课件下载：https://www.tup.com.cn, 010-62791865
印 装 者： 三河市铭诚印务有限公司
经 销： 全国新华书店
开 本： 185mm×260mm **印 张：** 16 **字 数：** 384 千字
版 次： 2022 年 10 月第 1 版 **印 次：** 2024 年 9 月第 2 次印刷
定 价： 49.80 元

产品编号：096622-01

前　言

FPGA(现场可编程门阵列)是一种大规模可编程逻辑器件，在当前的电子设计领域被广泛应用。虽然 FPGA 芯片的成本较高，但是它给电子系统所带来的不可限量的速度和带宽，其在灵活性、小型性方面的优势，越来越被追求高性能、偏重定制化需求的开发者所青睐。因此，在高校开设此门课程，可以适应电子设计专业的发展需要，对培养专业人才、强化学生实践能力意义重大。

本教材依托重庆市教委教研教改项目(项目编号：193297)、重庆市高等教育学会高等教育科学研究课题项目(项目编号：CQGJ19026A)和重庆工程学院校内教改重点项目(项目编号：JY2017201)，按照 OBE-CDIO 工程教育创新模式，结合教育部“卓越工程师教育培养计划”的实施原则，突出基本理论与实际应用相结合，通过合理安排教材内容，在保证基础理论知识的前提下，兼顾传统设计方法与软硬件化设计方法、单元电路与系统设计的关系。本书中的实验依托北京百科荣创 EDA/SOPC 综合实验开发系统，以 Altera 公司 CycloneIV E 系列的 FPGA 为核心芯片。

全书共 8 章。第 1 章 FPGA 入门简介，讲述可编程器件的一些基本概念、主要应用领域、相比传统技术的优势及开发流程。第 2 章 FPGA 设计开发工具，介绍 Modelsim 仿真软件和 Quartus II 综合软件的安装流程及使用方法。第 3 章 Verilog HDL 的基础知识，介绍使用最广泛的 Verilog 语言的基本语法及使用方法。第 4 章设计验证——Testbench，讲述如何验证所设计电路的正确性。第 5 章可综合模型设计，介绍优良的代码书写规范和风格。第 6 章有限状态机的设计，使用两个实例着重介绍时序设计的应用。第 7 章基于 Verilog HDL 的 FPGA 系统设计实例，通过 6 个项目来展示 FPGA 的设计流程及在线调试方法。第 8 章基于 SOPC 的 FPGA 系统设计实例，通过 4 个项目讲述 SOPC 使用方法及设计流程。

本书由重庆工程学院李翠锦组织编写，何世彪统稿和审校，李翠锦、武丽莉、李金琼主编，谭祥、赵军、杨雄参于编写。另外，在本书的编写过程中，得到了何世彪教授的大力支持，他为本书提出了许多宝贵意见，在此表示感谢。

由于编者水平有限，书中难免存在缺点和疏漏，恳请各位专家和读者批评指正。

编　者

目录

第 1 章

FPGA 入门简介

学习目标：

- 了解什么是 FPGA
- 了解 FPGA 技术的发展历程
- 掌握 FPGA 技术的特点
- 理解 FPGA 的工作原理
- 掌握 FPGA/CPLD 工程设计的流程

FPGA 技术概述

本章重点：

- 掌握 FPGA 技术的特点
- 理解 FPGA 的工作原理
- 掌握 FPGA/CPLD 工程设计的流程

本章难点：

- 理解 FPGA 的工作原理
- 掌握 FPGA/CPLD 工程设计的流程

FPGA(Field－Programmable Gate Array，现场可编程门阵列)是在 PAL、GAL、CPLD 等可编程器件的基础上进一步发展的产物，是作为专用集成电路(ASIC)领域中的一种半定制电路而出现的，它既解决了定制电路的不足，又克服了原有可编程器件门电路数有限的缺点。读者可以带着以下几个问题阅读本章。

(1) FPGA 与 ASIC、CPLD 的主要区别有哪些？

(2) FPGA 的特点是什么？

(3) FPGA 的设计流程是什么？

1.1 FPGA 发展历程

每一个看来很成功的新生事物，从诞生到发展壮大都不可避免地经历过艰难的历程，并可能成为被研究的案例，FPGA 也不例外。

1985 年，当全球首款 FPGA 产品——XC2064 诞生时，电子市场的形势如下：注定要使用大量芯片的 PC 刚刚走出硅谷的实验室进入商业市场；因特网只是科学家和政府机构通信的神秘链路；无线电话笨重得像砖头；日后大红大紫的 Bill Gates 正在为生计而奋斗。由此看来创新的可编程产品似乎并没有什么用武之地。

事实也的确如此。最初，FPGA 只是用于胶合逻辑(Glue Logic)，之后，从胶合逻辑到算法逻辑再到数字信号处理、高速串行收发器和嵌入式处理器，自此 FPGA 才真正地从配角变成了主角。在以闪电般速度发展的半导体产业里，22 年足够改变一切。“在未来十年内每一个电子设备都将有一个可编程逻辑芯片”的理想正在成为现实。

1985 年，Xilinx 公司推出的全球第一款 FPGA 产品 XC2064 怎么看都像一只“丑小鸭”——采用 2μm 工艺，包含 64 个逻辑模块和 85000 个晶体管，门数量不超过 1000 个。22 年后的 2007 年，FPGA 业界双雄——Xilinx 和 Altera 公司纷纷推出了采用最新 65nm 工艺的 FPGA 产品，其门数量已经达到千万级，晶体管个数更是超过 10 亿个。一路走来，FPGA 在不断地紧跟并推动着半导体工艺的进步——2001 年采用 150nm 工艺、2002 年采用 130nm 工艺、2003 年采用 90nm 工艺、2006 年采用 65nm 工艺。

在 20 世纪 80 年代中期，可编程器件从任何意义上来讲都不是当时的主流，虽然其并不是一个新的概念。可编程逻辑阵列(PLA)在 1970 年前后就出现了，但是一直被认为速度慢，难以使用。20 世纪 80 年代后期，可配置可编程阵列逻辑(PAL)开始出现，可以使用原始的软件工具提供有限的触发器和查找表实现能力。PAL 被视为小规模/中等规模集成胶合逻辑的替代选择被逐步接受，但是当时可编程能力对于大多数人来说仍然是陌生和具有风险的。20 世纪 80 年代在 megaPAL 方面的尝试使这一情况更加严重，因为 megaPAL 在功耗和工艺扩展方面有严重的缺陷，限制了它的推广。

然而，Xilinx 公司创始人之一——FPGA 的发明者 Ross Freeman 认为，对于许多应用来说，如果实施得当，灵活性和可定制能力都是具有吸引力的特性。也许最初只能用于原型设计，但是未来可能代替更广泛意义上的定制芯片。事实上，正如 Xilinx 公司亚太区营销董事郑馨南所言，随着技术的不断发展，FPGA 由配角当上主角，很多系统都是以 FPGA 为中心来设计的。FPGA 走过了从初期开发应用，到限量生产应用，再到大批量生产应用的发展历程。从技术上来说，最初只是逻辑器件，现在强调平台概念，加入数字信号处理、嵌入式处理、高速串行和其他高端技术，从而被应用到更多的领域。20 世纪 90 年代以来的 20 年间，PLD 产品的终极目标一直瞄准速度、成本和密度 3 个指标，即构建容量更大、速度更快和价格更低的 FPGA，让客户能直接享用，Actel 公司总裁兼首席执行官 John East 如此总结可编程逻辑产业的发展脉络。

当 1991 年 Xilinx 公司推出其第三代 FPGA 产品——XC4000 系列时，人们开始认真考虑可编程技术了。XC4003 包含 44 万个晶体管，采用 0.7μm 工艺，FPGA 开始被制造商认为是可以用于制造工艺开发测试过程的良好工具。事实证明，FPGA 可为制造工业提供优异的测试能力，FPGA 开始用来代替原先存储器所扮演的验证每一代新工艺的角色。从那时起，向最新制程半导体工艺的转变就已经不可阻挡了。最新工艺的采用为 FPGA 产业的发展提供了机遇。

Actel 公司相信，Flash 将继续成为 FPGA 产业中重要的一个增长领域。Flash 技术有其独特之处，能将非易失性和可重编程性集于单芯片解决方案中，因此能获得高效益，而且处于有利的位置来抢占庞大的市场份额。Actel 以 Flash 技术为基础的低功耗的 IGLOO 系列、低成本的 ProASIC3 系列和混合信号 Fusion FPGA 将因具备 Flash 的固有优势而继续引起全球广泛的注意和兴趣。

Altera 公司估计可编程逻辑器件市场在 2006 年的规模大概为 37 亿美元，Xilinx 公司的估计更为乐观一些，为 50 亿美元。虽然两家公司合计占据该市场 90%的份额，但是作为业界老大的 Xilinx 公司在 2006 年的营收不过 18.4 亿美元，Altera 公司则为 12.9 亿美元。PLD 市场在 2000 年达到 41 亿美元，其后两年出现了下滑，2002 年大约为 23 亿美元。虽然 2002—2006 年 PLD 市场每年都在增长，复合平均增长率接近 13%，但是 PLD 终究是一个规模较小的市场。而 Xilinx 公司也敏锐地意识到，FPGA 产业在经历了过去几年的快速成长后将放慢前进的脚步，那么，未来 FPGA 产业的出路在哪里?

Altera 公司总裁兼首席执行官 John Daane 认为，FPGA 及 PLD 产业发展的最大机遇是替代 ASIC 和专用标准产品(ASSP)。主要由 ASIC 和 ASSP 构成的数字逻辑市场规模大约为 350 亿美元。由于用户可以迅速对 PLD 进行编程，按照需求实现特殊功能，与 ASIC 和 ASSP 相比，PLD 在灵活性、开发成本以及产品及时面市方面更具优势。然而，PLD 通常比这些替代方案有更高的成本结构。因此，PLD 更适合对产品及时面市有较大需求的应用，以及产量较低的最终应用。PLD 技术和半导体制造技术的进步，从总体上缩小了 PLD 和固定芯片方案的相对成本差，在以前由 ASIC 和 ASSP 占据的市场上，Altera 公司已经成功地提高了 PLD 的销售份额，并且今后将继续这一趋势。“FPGA 和 PLD 供应商的关键目标不是简单地增加更多的原型客户，而是向大批量应用最终市场和客户渗透。”John Daane 为 FPGA 产业指明了方向。

1.2　FPGA 与 ASIC、CPLD 的区别

1.2.1　FPGA 与 ASIC

IC 的种类非常多，包括从完成简单的逻辑功能 IC 到完成复杂系统功能的系统芯片。其中我们感兴趣的两类芯片是可编程逻辑器件(PLD)和专用集成电路(ASIC)。可编程逻辑

器件按其规模可划分为低密度可编程逻辑器件和高密度可编程逻辑器件，FPGA 是高密度可编程逻辑器件。

与通用 IC 不同的是，这两类芯片都可以根据用户的需要实现特殊功能。其中，ASIC 是为用户定制的芯片，需要经过 ASIC 厂家生产，它可以完成非常复杂的系统功能，芯片的规模也可以非常大。与通用集成电路相比，ASIC 在构成电子系统时具有以下几方面的优越性。

(1) 缩小系统的体积、减轻系统重量、降低系统功耗和提高系统性能。

(2) 提高可靠性，用 ASIC 芯片进行系统集成后，外部连线减少，因而可靠性明显提高。

(3) 可增强保密性，电子产品中的 ASIC 芯片对用户来说相当于一个“黑匣子”，难以仿造。

(4) 在大批量应用时，可显著降低成本。

PLD 也可以根据用户的需要完成特殊的功能，其中低密度可编程逻辑器件只能完成简单的逻辑功能，而高密度可编程逻辑器件如 CPLD 和 FPGA 则可以实现非常复杂的系统功能。与 ASIC 不同的，PLD 是在市面上可以购买的，其实现功能可以在现场进行修改，而 ASIC 一旦生产就不能修改了。FPGA 的主要用途有两个方面。

(1) 作为 ASIC 设计的快速原型系统。生产 ASIC 的费用非常昂贵，这其中包含两项费用，一是设计 ASIC 的工具费用，二是 ASIC 中不可回归的工程费用，即通常所说的 NRE(Non-Recurring Engineering)费用。正如前面所言，一旦 ASIC 生产，就不能修改，设计中的任何微小错误都可能导致 ASIC 的失败，如果修改后重新投片，需要向 ASIC 厂家再支付一笔 NRE。因此，许多 ASIC 设计人员在流片之前，先用 FPGA 系统验证 ASIC 设计。与流片费用相比，购买 FPGA 的价格要低得多。另外，如果购买了某个厂家的 FPGA，FPGA 的供应商会提供相应的开发系统。从经济角度讲，FPGA 的开发费用要少得多。但是，如果 ASIC 用量非常大，NRE 费用平摊到每个芯片上时，ASIC 单片价格就比购买 FPGA 的价格要低，因此，在大批量使用时，还是考虑用 ASIC 而不是 FPGA。

(2) 验证新算法的物理实现。在很多应用场合，设计人员提出一些新算法，为了验证算法的硬件可实现性和算法的正确性，通常也用 FPGA 作为实现的一种载体。

随着半导体工艺的进步，FPGA 厂家也在生产一些比较廉价的 FPGA，因此在用量不多时，也可以考虑用 FPGA 而不用 ASIC。此外，由于电子产品更新换代的速度加快，许多产品为了快速占领市场也在大量使用 FPGA。

1.2.2 FPGA 与 CPLD

CPLD 和 FPGA 都是由可编程的逻辑单元、I/O 块和互连关系 3 个部分组成。I/O 块功能基本相同，而其他两个部分则有所区别。

除了 Actel 的 FPGA 外，其他的 FPGA 和 CPLD 逻辑单元的结构由与阵列、或阵列和可配置的输出宏单元组成。FPGA 的逻辑单元是小单元，每个单元只有 1～2 个触发器，其输入变量通常只有几个，采用查表的结构。这样的结构占用芯片的面积小、速度高，每个 FPGA 的芯片上能集成的单元数目多；但是每个逻辑单元实现的功能少。因此，把 FPGA

也称为细粒度结构。实现一个复杂的逻辑函数时，需要用到多个逻辑单元，输入到输出的延时大，互连关系比较复杂。

CPLD 的逻辑单元是大单元，通常其输入变量的数目可以达 20～28 个，称之为粗粒度结构。因为变量多，所以只能采用 PAL 结构。这样一个单元内可以实现复杂的逻辑功能，因此实现复杂的逻辑函数时，CPLD 的互连关系比较简单，一般通过总线就可以实现互连。CPLD 的大单元使用互连矩阵，总线上任意一对输入端之间的延时相等，因此，其延时是可预测的。而 FPGA 的小单元使用直接连接、长线连接和分段连接等不同类型的互连，互连结构复杂，延时不易确定。

在 CPLD 和 FPGA 之间进行选择时主要还是取决于设计项目的需要。表 1.1 对 FPGA 和 CPLD 的一些主要特性做了简要的比较，以供参考。

表 1.1　CPLD 和 FPGA 的比较

主要特性	CPLD	FPGA
结构	类似 PAL	类似门阵列
速度	快、可预测	取决于应用
密度	低等到中等	中等到高
互连	纵横	路径选择
功耗	高	低

1.3　FPGA 工作原理

FPGA 采用了逻辑单元阵列(Logic Cell Array，LCA)这个概念，内部包括可配置逻辑模块(Configurable Logic Block，CLB)、输入输出模块(Input Output Block，IOB)和内部连线(Interconnect) 3 个部分。

1.3.1　FPGA 的基本特点

FPGA 有以下几个基本特点。

(1) 采用 FPGA 设计 ASIC 电路(特定用途集成电路)，用户不需要投片生产，就能得到适合使用的芯片。

(2) FPGA 可做其他全定制或半定制 ASIC 电路的中试样片。

(3) FPGA 内部有丰富的触发器和 I/O 引脚。

(4) FPGA 是 ASIC 电路中设计周期最短、开发费用最低、风险最小的器件之一。

(5) FPGA 采用高速 CHMOS 工艺，功耗低，可以与 CMOS、TTL 电平兼容。

可以说，FPGA 芯片是小批量系统提高系统集成度、可靠性的最佳选择之一。

FPGA 是由存放在片内 RAM 中的的程序来设置其工作状态的，因此，工作时需要对片内的 RAM 进行编程。用户可以根据不同的配置模式，采用不同的编程方式。

加电时，FPGA 芯片将 EPROM 中的数据读入片内编程 RAM 中，配置完成后，FPGA 进入工作状态。掉电后，FPGA 恢复成白片，内部逻辑关系消失，因此，FPGA 能够反复使用。FPGA 的编程无须专用的 FPGA 编程器，只需要通要的 EPROM、PROM 编程器即可。当需要修改 FPGA 功能时，只需换一片 EPROM 即可。这样，同一片 FPGA，只需写入不同的编程数据，就可以实现不同的电路功能。因此，FPGA 的使用非常灵活。

1.3.2 FPGA 的配置模式

FPGA 有多种配置模式：并行主模式为一片 FPGA 加一片 EPROM 的方式；主从模式可以支持一片 PROM 编程多片 FPGA；串行模式可以采用串行 PROM 编程 FPGA；外设模式可以将 FPGA 作为微处理器的外设，由微处理器对其编程。

实现快速的时序收敛、降低功耗和成本、优化时钟管理并降低 FPGA 与 PCB 并行设计的复杂性等问题，一直是采用 FPGA 的系统设计工程师需要考虑的关键问题。如今，随着 FPGA 向更高密度、更大容量、更低功耗和集成更多 IP 的方向发展，系统设计工程师在从这些优异性能获益的同时，不得不面对由 FPGA 前所未有的性能和能力水平带来的新的设计挑战。

例如，领先 FPGA 的厂商 Xilinx 推出的 Virtex-5 系列采用 65nm 工艺，可提供高达 33 万个逻辑单元、1200 个 I/O 和大量硬 IP 块。超大容量和密度使复杂的布线变得更加不可预测，由此带来更严重的时序收敛问题。此外，针对不同应用而集成的更多数量的逻辑功能、DSP、嵌入式处理和接口模块，也让时钟管理和电压分配变得更加困难。

幸运的是，FPGA 厂商、EDA 工具供应商通力合作解决 65nm FPGA 独特的设计挑战。Synplicity 与 Xilinx 宣布成立超大容量时序收敛联合工作小组，旨在最大程度地帮助系统设计工程师以更快、更高效的方式应用 65nm FPGA 器件。设计软件供应商 Magma 推出的综合工具 Blast FPGA 能帮助建立优化的布局，加快时序收敛。

FPGA 的配置方式已经多元化。

1.4 FPGA 设计流程与设计方法

基于 FPGA 设计是指用 FPGA 器件作载体，借助 EDA(Electronic Design Automation，设计自动化)软件工具，实现有限功能的数字系统设计，FPGA 的设计过程就是从系统功能到具体实现之间若干次变换的过程。FPGA 设计需要按照一定的流程进行，在流程的某些环节，需要遵循一定的原则和规定。为了对基于 FPGA 设计有一个粗略的认识，下面简要介绍通用 FPGA 设计流程，如图 1.1 所示。

有以下几点说明。

① 逻辑仿真器主要指 Modelsim、Verilog-XL 等。

② 逻辑综合器主要指 LeonardoSpectrum、Synplify、FPGA Express/FPGA Compiler 等。

③ FPGA 厂家工具指的是如 Altera 的 Max+Plus II、Quartus II，Xilinx 的 Foundation、Alliance、ISE4.1 等。

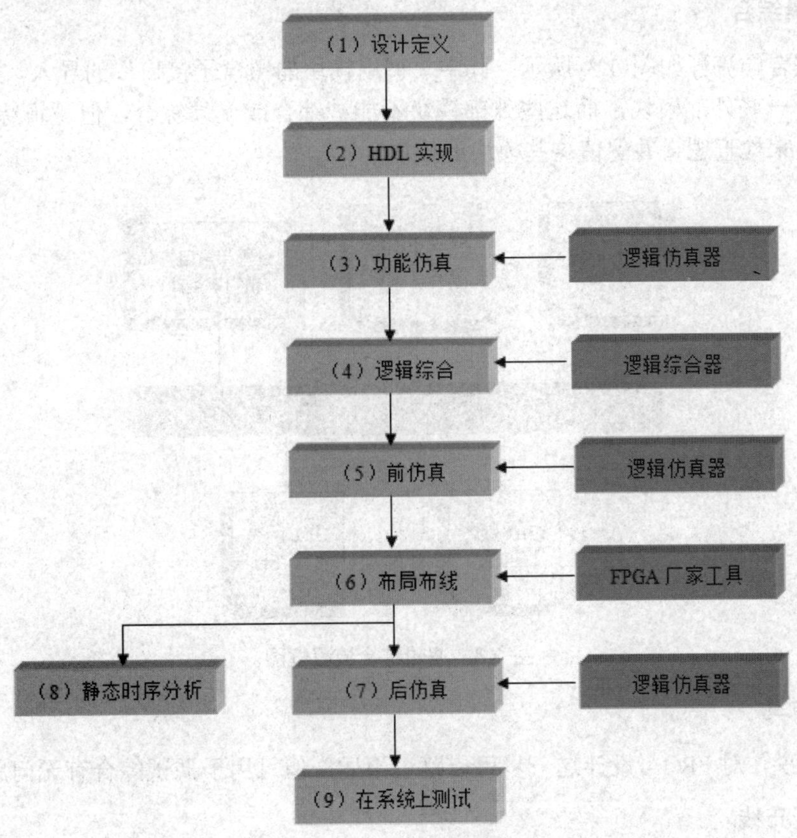

图 1.1　FPGA 设计流程

1.4.1　关键步骤的实现

1. 功能仿真

功能仿真的流程如图 1.2 所示。其中“调用模块的行为仿真模型”指的是 RTL 代码中引用的由厂家提供的宏模块/IP，如 Altera 提供的 LPM 库中的乘法器、存储器等部件的行为模型。

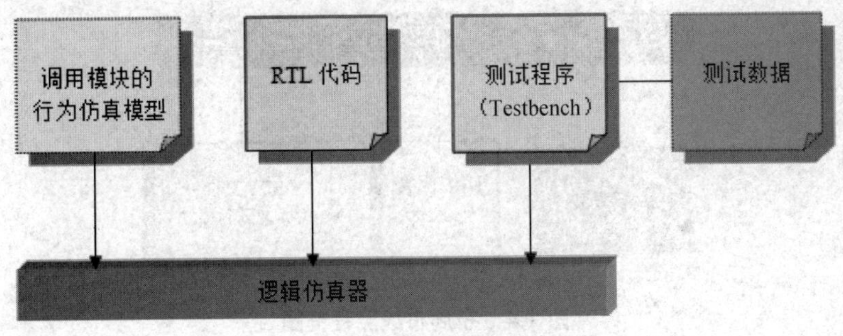

图 1.2　功能仿真流程框图

2. 逻辑综合

逻辑综合的流程如图 1.3 所示。其中“调用模块的黑盒子接口”的导入，是由于 RTL 代码调用了一些外部模块，而这些外部模块不能被综合或无须综合，但逻辑综合器需要其接口的定义来检查逻辑并保留这些模块的接口。

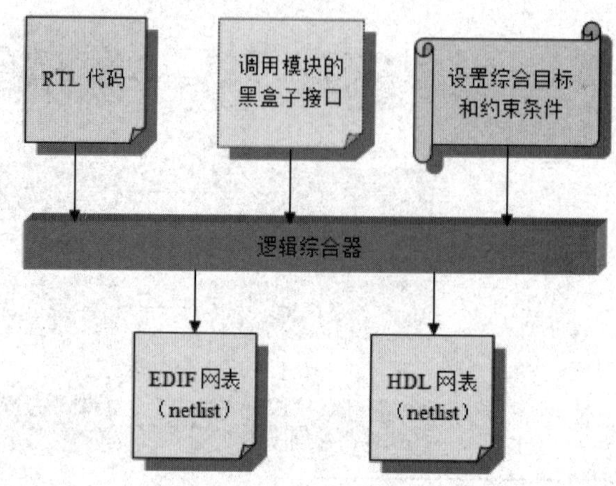

图 1.3　逻辑综合流程框图

3. 前仿真

一般来说，对 FPGA 设计这一步可以跳过不做，但可用于调试综合有无问题。

4. 布局布线

布局布线的流程如图 1.4 所示。

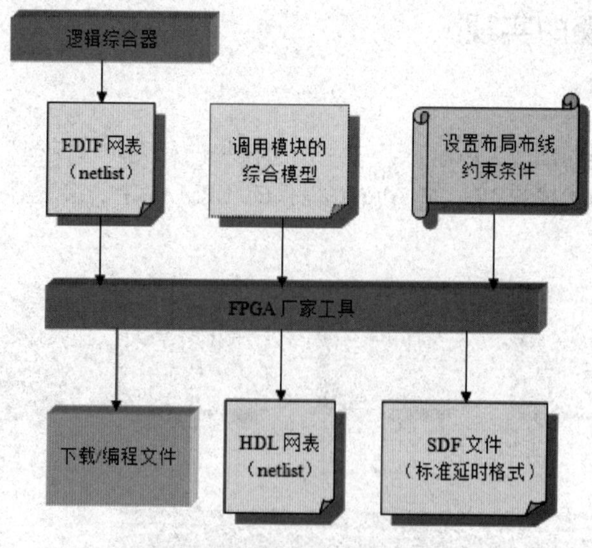

图 1.4　布局布线流程框图

5. 后仿真

后仿真的流程如图 1.5 所示。

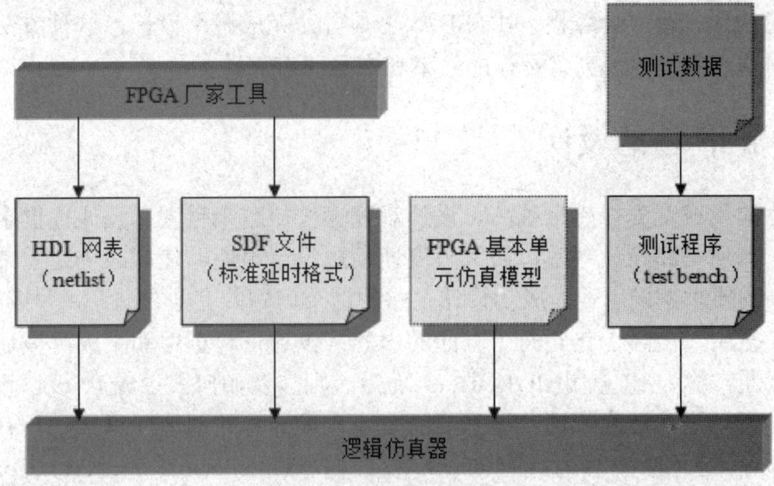

图 1.5　后仿真流程框图

1.4.2　自顶向下和自底向上

随着微电子技术的快速发展，深亚微米工艺可以使一个芯片上集成数以千万乃至上亿只晶体管，单片上就可以实现复杂系统，即所谓的片上系统。在这种情况下，传统的自底向上的设计方法学已经不可能适应当代的设计要求，而自顶向下的设计方法学则成为设计界的主流设计方法学。

在 EDA 工具出现以前，人们采用自底向上的设计方法设计集成电路。在这种设计方法学中，功能设计是自顶向下的，即提出所设计电路要完成的功能，然后进行行为级描述、RTL 级设计、逻辑设计和版图设计。具体的实现过程则正好相反，从最底层的版图开始，然后是逻辑设计，直到完成所设计电路的功能。

自底向上设计方法的缺点是效率低、设计周期长、设计质量难以保证，可用于小规模电路的设计。

自顶向下的设计方法学是和 EDA 工具同步发展起来的，借助 EDA 工具可以实现从高层次到低层次的变换，无论是功能设计还是具体实现都是自顶向下的。FPGA 设计流程就是典型的自顶向下设计方法学(见图 1.1)的一个体现。在这个设计流程中，设计人员从制定系统的规范开始，依次进行系统级设计和验证、模块级设计和验证、设计综合和验证、布局布线和时序验证，最终在载体上实现所设计的系统。

自顶向下设计方法学的优点是显而易见的，在整个设计过程中，借助 EDA 仿真工具可以及时发现每个设计环节的错误并进行修正，最大限度地避免把错误带到后续的设计环节中。另外，由于在自顶向下的设计方法学中用硬件描述语言作为设计输入，改变了传统的电路设计方法，是 EDA 技术的一次巨大进步。它可以在系统级、行为级、寄存器传输级、逻辑级和开关级等 5 个不同的抽象层次描述一个设计，设计人员可以在较高的层次寄存器传输级描述设计，不必在门级原理图层次上描述电路。由于摆脱了门级电路实现细节的束缚，设计人员可以把精力集中于系统的设计与实现方案上，一旦方案成熟，就可以以较高层次描述的形式输入计算机，由 EDA 工具自动完成整个设计。这种方法大大缩短了产品的研制周期，极大地提高了设计的效率和产品的可靠性。

1.4.3 基于 IP 核的设计

由于芯片的集成度变得越来越高，设计难度也变得越来越大，设计代价事实上主导了芯片的代价。如何提高设计效率，最大限度地缩短设计周期，使产品快速上市给设计人员提出了非常高的要求。采用他人成功设计是解决这个问题的有效方法。

所谓设计重用，实际上包含两个方面的内容：设计资料重用和生成可被他人重用的设计资料。前者通常称为 IP 重用(IP Reuse)；而后者则涉及如何去生成 IP 核。设计资料内不仅包含一些物理功能和技术特性，更重要的是包含设计者的创造性思维，具有很强的知识内涵。这些资料因而也被称为具有知识产权的内核(Intellectual Property Core，简称 IP 核)，它们通常实现比较复杂的功能，且已经过验证，可以被设计人员直接采用。

一般来讲，IP 核有 3 种表现形式，即软核(Soft-Core)、固核(Firm-Core)和硬核(Hard-Core)。

软核：软核以硬件描述语言 Verilog 或 VHDL 代码的形式存在，软核的功能验证通常是通过时序模拟。软核不依赖于任何实现工艺或实现技术，具有很大的灵活性。设计者可以方便地将其映射到自己所使用的工艺上，可重用性很高。

硬核：以集成电路版图(Layout)的形式提交，并经过实际工艺流片验证。显然，硬核强烈地依赖于某个特定的实现工艺，而且在具体的物理尺寸、物理形态及性能上具有不可更改性。

固核：处于软核和硬核之间的固核，以电路网表(Netlist)的形式提交，并常常用硬件进行验证。硬件验证的方式有很多种，如可以采用可编程器件(如 FPGA、EPLD)进行验证、采用硬件仿真器(Hardware Emulator)进行验证等。

不同的 FPGA 厂商在其不同的 FPGA 系列中都具有嵌入式的 IP 核，这些核可能是硬核(如锁相环)，也可能是可配置的软核。用户可以根据设计需求，直接使用这些 IP 核。借助这些 IP 核，用户可以加快设计进度，提高设计效率和可靠性。

1.5 主要 FPGA/CPLD 厂家

由于 FPGA 开发周期短、功能强、可靠性高和保密性好等特点，被广泛地应用在各个领域。FPGA 应用领域的不断扩大和半导体加工工艺的不断进步，促使 FPGA 的快速发展，其中 Altera 公司和 Xilinx 公司的产品占到整个 FPGA/CPLD 市场的 80%。Actel 公司虽然规模较小，但是由于它提供了反熔丝 FPGA，保密性和可靠性非常好，因此，在航空和军品领域占有很大的市场。

1. Altera 公司

Altera 是世界上最大的 FPGA/CPLD 供应厂家之一，是结构化 ASIC 的首创者。其产品包括 FPGA 系列、CPLD 系列和结构化 ASIC 系列。FPGA 系列有 Stratix II、Stratix、

Cyclone II、Cyclone、StratixGX、APEX II、APEX 20K、Mercury、FLEX 10K、ACEX 1K、FLEX 6000；CPLD 系列包括 MAX 7000、MAX 3000A 和 MAX 7000；结构化 ASIC 包括硬复制 Stratix 系列和硬复制 Flex 20K 系列。Altera 的开发集成环境是 Max+Plus II 和 Quartus II，其中 Quartus II 是 Altera 最新推出的集成环境，能与第三方软件工具无缝连接，支持 Altera 所有产品的开发。

2. Xilinx 公司

Xilinx 公司是 FPGA 的发明者，其产品种类较多，主要有 XC9500/4000、Coolrunner(XPLA3)、Spartan、Virtex 等系列。其中 2002 年推出的 Virtex-II Pro 系列是 Xilinx 公司自 1984 年发明 FPGA 以来所推出的最重要产品之一，支持芯片到芯片、板到板、机箱到机箱以及芯片到光纤的应用，将可编程技术的使用模式从逻辑器件层次提升到系统一级。Xilinx 的软件集成环境是 Foundation 和 ISE，其中 ISE 是最新推出的，它将逐步取代 Foundation。另外，Xilinx 公司还提供免费的开发软件 IEWEBPACK，其功能比 ISE 少些，可直接从网上下载。

3. Actel 公司

Actel 公司产品包括反熔丝和 Flash 两类 FPGA。其中 Flash 产品包括 ProASIC^{plus} 和 ProASIC；基于反熔丝的产品包括 Axcelerator SX-A/SX EX 和 MX。Actel 的产品由于抗辐射、耐高低温、功耗低、速度快、保密性强等特点，所以被应用在军品和宇航领域。Actel 软件集成环境是 Libero，集成了针对 FPGA 结构开发 Syncity 软件，综合效率非常高。

4. Lattice

Vantis Lattice 是 ISP(In-System Programmability)技术的发明者(ISP 技术极大地促进了 PLD 产品的发展)，与 Altera 和 Xilinx 相比，其开发工具略逊一筹。中小规模 PLD 比较有特色，大规模 PLD 的竞争力还不够强(Lattice 没有基于查找表技术的大规模 FPGA)，主要产品有 ISP LSI2000/5000/8000、MACH4/5 等。

1.6　FPGA 的应用

FPGA 最初的应用领域也是传统的应用领域，即通信领域，但随着信息产业以及微电子技术的发展，FPGA 的应用范围遍及航空航天、汽车、医疗、工业控制、人工智能等领域。下面简要介绍 FPGA 的应用场合。

1. 视频图像处理领域

视频图像处理是多媒体领域中的热门技术。当前视频图像处理的数据量越来越大，这些数据可分为视频编解码和目标识别两大类。

视频编解码是从信道容量的角度考虑数据的传输带宽，像如何压缩图像、采用什么样的算法等。目标识别主要是用来提取相关信息，如图像边缘提取，同时能结合人工智能等方面的知识，相对来讲它还处在快速发展阶段，是图像处理研究的前沿内容，同时也发挥着重要作用。

传统的视频图像处理是采用 DSP 来完成的，但随着移动目标检测与跟踪技术在机器人视觉、交通检测、机器导航等领域的应用，所需的算法对计算性能的要求已远远超出了传统 DSP 处理器的能力，此时，FPGA 就可以用作协处理器来承担关键性能的处理工作。与标准 DSP 处理器相比，FPGA 构造的并行计算特性可支持更高的采样速率和更大的数据吞吐量，同时计算功效也更高。Xilinx 和 Altera 公司还提供了专用的视频 IP 核组，以供视频监控系统中快速设计、仿真、实现和验证视频及图像处理算法，其中包括设计用的基本基元和高级算法，这大大缩短了工程师们的设计进程。

2. 通信领域

通信领域是 FPGA 应用的传统领域，如今依旧是 FPGA 应用及研究的热点。通信领域分为有线通信领域和无线通信领域。

(1) 有线通信，顾名思义，是借助线缆传送信号的通信方式。线缆可以指金属导线、光纤等有形介质传送方式，信号可以指代声音、文字、图像等。

有线网络如火如荼地发展了十几年至今，虽然已经比较成熟了，但是依然充满着很大的挑战和冲击。目前，家庭视频和高级商业服务业务的快速发展对全球电信网络的带宽提出了更大挑战。这一挑战始于网络接入边缘，并直接延伸到城域网络和核心网络。为了响应上述需求，运营商正在追求包括 40Gb/s SONET(OC-768 和 OTU3)以及 40Gb/s 以太网在内的更高的端口速率。越来越多的运营商更是瞄准了 100Gb/s 端口速率。

商业和经济的发展形势迫切需要可扩展的、灵活的且高效益成本的技术解决方案，从而满足电信行业不断变化的需求和标准。为了跟上这些变化，加快超高带宽系统的部署，有线通信设备生产商正在从传统的专用集成电路(ASIC)和成品(ASSP)芯片转向可编程硬件平台和 IP 解决方案。这给了 FPGA 很大的发展空间。

(2) 无线通信系统可以分为微波通信系统、无线电寻呼系统、蜂窝移动通信、无绳电话系统、集群无线通信系统、卫星通信系统、分组无线网等典型的通信系统，其中的移动通信技术在世界范围内获得了广泛的应用。

为了满足高数据率服务，越来越大宽带无线接入技术的需求出现了，这就需要一个可以提供较宽处理带宽，具有产品及时面市优势的灵活硬件平台来满足它。由于 FPGA 在通信领域的成熟性，不管是哪个 FPGA 厂商，对通信领域 IP 的支持都是非常丰富的。

3. 人工智能领域

人工智能需要大量的计算。越高级的人工智能需要的计算量越大，但是硬件消耗的能量却是越低越好。人工智能之间也会相互竞争，只有足够聪明而且消耗能量更少的人工智能才会最终走出实验室。因为 FPGA 能很好地满足计算量和低功耗的要求，成为人工智能的大脑。

现在流行的 AI(人工智能)模型基本上都是由人工神经网络构成的，这些人工神经网络运行起来都需要庞大的计算。例如，一个简单的 4 输入和 3 输出的神经网络模型，每运行一次需要超过 18 次乘法和加法的运算。

对于这些庞大的计算，传统计算机的 CPU 架构已经很难满足要求，所以很多 AI 计算都会使用 GPU 来加速。原本 GPU 设计出来是为了加快 3D 图像处理，它不必像 CPU 那样需要执行复杂的控制指令，可以把大部分硬件资源用于计算，所以它的计算能力要远高于集成度相当的 CPU。但 GPU 虽然运算能力很强，但是它的功耗非常大，比较适合在实验室里训练 AI。一旦 AI 模型训练好，需要在移动设备上运行，那么 FPGA 无疑是非常好的选择。FPGA 速度快、功耗低的特点非常适合 AI 的处理，因此 FPGA 在人工智能领域得到了广泛的应用。

除了上面一些应用领域外，FPGA 在其他领域同样具有广泛的应用。

(1) 汽车电子领域，如网关控制器/车用 PC、远程信息处理系统。

(2) 军事领域，如安全通信、雷达和声呐、电子战。

(3) 测试和测量领域，如通信测试和监测、半导体自动测试设备、通用仪表。

(4) 消费产品领域，如显示器、投影仪、数字电视和机顶盒、家庭网络。

(5) 医疗领域，如软件无线电、电疗、生命科学。

1.7 EDA 技术

电子设计自动化(Electronic Design Autometion，EDA)技术是指以计算机为基本工作平台完成电子系统自动设计的技术。EDA 工具是融合了图形学、电子学、计算机科学、拓扑学、逻辑学和优化理论等多学科的研究成果而开发的软件系统。借助 EDA 工具，电子设计工程师可以利用计算机完成包括产品规范定义、电路设计和验证、性能分析、IC 版图或 PCB 版图在内的整个电子产品的开发过程。EDA 工具的发展极大地改变了电子产品的设计方法、验证方法、设计手段，大幅度地提高了电子产品的设计效率和可靠性。

EDA 工具最早是在 20 世纪 70 年代初出现的，那时的集成电路也刚出现不久。当时的集成电路比较简单，只能完成简单的逻辑功能，如 TI 公司的 7400 系列。这些 IC 从设计到最终版图的整个设计过程都是通过手工完成的，其最大的问题就是人们无法对非线性元件的行为进行精确预测。因此，在设计规模增大后，往往是第一个原型芯片不能很好地工作，需要对设计进行多次修改，直到设计出的 IC 完全符合要求为止。为了解决这个问题，加州 Berkeley 大学推出了计算机仿真程序 SPICE，这个程序可以说是 EDA 技术的基础。SPICE 是非常重要的仿真工具，现在还是模拟电路设计中不可缺少的工具之一。SPICE 的出现极大地提高了电路设计效率，它可以仿真包括非线性元件在内的电路网络，并可预测电路随时间变化的频率特性。

计算机辅助设计(Computer Aided Design，CAD)工具最初是为机械和结构工程而开发的，但是很快人们便发现这些工具可用于任意的几何设计。利用 CAD 工具，设计人员可以方便地输入、修改和存储多边形数据，然后通过机械光系统或电子束将这些多边形数据转换成物理图像(即所谓的掩模)。

在 20 世纪 70 年代，除了仿真工具外，其他比较重要的 EDA 工具是用于检查版图几何尺寸的设计规则检验(DRC)工具和版图参数提取工具，这些物理设计工具的出现使设计人员从烦琐而费时的后端设计中解放出来，极大地提高了 IC 设计的效率。

在 20 世纪 80 年代，半导体技术发展很快，已经可以在一个芯片上集成上万门的电路，20 世纪 70 年代的 EDA 工具已不能适应如此大规模的 IC 设计。所幸的是，这个时期的计算机技术也有很大的发展，高性能的工作站和软件图形界面开发为 EDA 工具的发展奠定了良好的基础。这个阶段的 EDA 工具主要如下。

1. 原理图编辑器

最初人们用网表描述一个设计，网表中包含了一个设计的所有元件和元件之间的互连关系。由于网表的数据量小又包含了设计的所有信息，因此非常适合存储，但是网表描述形式不利于设计人员对电路的理解。20 世纪 80 年代推出了原理图编辑器，这种编辑器一经推出，便因其直观、易于理解而受到设计人员的欢迎。

2. 自动布局布线工具

这是自动确定芯片上元件的位置和元件之间互连的工具，该工具的出现极大地提高了布线的效率。

3. 逻辑仿真工具

这类仿真器将信号离散化，内建延时模型，根据电路自动计算出延时，其仿真的速度远远高于 SPICE。

这个时期的其他 EDA 工具包括逻辑综合工具(允许用户将网表映射到不同的工艺库中)、印制电路板布图等，使设计自动化程度进一步提高，实现了从设计输入到版图输出的全设计流程的自动化。

20 世纪 80 年代，一些研究人员提出从设计描述开始，如布尔表达式或寄存器传输级的描述，自动完成集成电路设计过程中的所有步骤，直到最后生成版图的设想。还有几所大学在逻辑设计自动化的算法方面做了大量研究。但是这个设想一开始并没有取得很好的效果，直到硬件描述语言标准化之后，一些 EDA 厂家在这些描述语言如 Verilog 和 VHDL 语言基础上开发了实现设计自动变换(即从设计输入到网表变换)的逻辑综合工具，才真正实现了这个目标。

目前比较成功的 IC 综合工具是 Synopsys 公司的设计编译器(Design Compiler，DC)，早期的 DC 电路性能不是非常优化，存在不少缺点，综合效率也比较低。经过不断改进，DC 已经普遍被工业界所接受。主要的原因是 20 世纪 90 年代中后期，各个高校开设了 Verilog 和 VHDL 语言的课程，新一代的设计工程师习惯用语言而不是电路图描述电路；另一个原因是半导体工艺快速发展，设计规模变得非常大，功能也非常复杂，传统电路图的方法已经不适应当代的设计要求。自动综合工具的开发无疑是 EDA 工具历史上一次非常重要的革命，它彻底改变了人们的设计方法，极大地提高了设计效率。

随着 FPGA 的迅速发展，针对具体 FPGA 结构特点的综合工具也有不少面市，其中 Synplicity 就是一个典型的代表。Synplicity 是专门针对 FPGA 的综合工具，它可以根据 FPGA 的特点，产生最佳的综合效果，目前已经有多家 FPGA 厂家将该工具集成到其开发环境中。

除了综合工具外，验证工具也在 20 世纪 90 年代后得到了迅猛发展。系统建模工具、静态时序分析工具以及等价性检验、模型检验等形式化工具也成为设计工程师完成设计的重要辅助手段。

简言之，EDA 工具经过几十年的发展，已经成为硬件设计工程师必不可少的设计手段。随着各个学科的不断进步，EDA 工具将会有更大的发展。

1.8　本书的编排

全书分为 8 章。第 1 章简要介绍 FPGA 的发展、相关的编程技术、可编程逻辑器件的基本结构以及 FPGA 的设计流程和 EDA 工具；第 2 章介绍 Modelsim 仿真调试工具和 Quartus II 集成环境的使用；第 3 章介绍 FPGA 的硬件描述语言 Verilog HDL；第 4 章讨论验证电路的一些方法以及如何编写电路的测试程序；第 5 章主要介绍时序逻辑电路、可综合代码的书写风格、同步电路设计的原则以及静态时序分析的一些基本概念等；第 6 章介绍 FPGA 设计的关键技术——有限状态机的设计；第 7 章介绍基于 Verilog HDL 语言编程的 FPGA 设计实例；第 8 章介绍基于 SOPC 的 FPGA 设计实例。

思　考　题

1.1　可编程逻辑器件有哪些类型？FPGA 与 CPLD 有什么区别？

1.2　FPGA 的设计流程是什么？

1.3　FPGA 的优势在哪里？

1.4　现代数字系统的设计方法是什么？

第 2 章

FPGA 设计开发工具

学习目标：

- 能辨别 FPGA 设计开发工具
- 掌握 Modelsim 软件安装流程
- 掌握 Quartus II 软件安装流程
- 掌握 Modelsim 软件设计流程
- 掌握 Quartus II 软件设计流程
- 掌握 USB-Blaster 驱动安装

本章重点：

- 掌握 Modelsim 软件安装流程
- 掌握 Quartus II 软件安装流程
- 掌握 Modelsim 软件设计流程
- 掌握 Quartus II 软件设计流程

本章难点：

- 掌握 Modelsim 软件设计流程
- 掌握 Quartus II 软件设计流程

本章将介绍 FPGA 设计开发工具 Modelsim 及 Quartus II 的使用方法，Modelsim 主要用来实现对设计模块的仿真，Quartus II 主要用来实现完整的 FPGA 设计流程。

2.1 Modelsim 软件使用方法

Modelsim 仿真工具是 Model 公司开发的。它支持 Verilog、VHDL 及其混合仿真，可以将整个程序分步执行，使设计者直接看到其程序下一步要执行的语句，而且在程序执行的任何步骤、任何时刻都可以查看任意变量的当前值，可以在 Dataflow 窗口中查看某一单元或模块输入输出的连续变化等，比 Quartus 自带的仿真器功能强大得多，是目前业界通用的仿真器之一。

对于初学者来说，Modelsim 自带的教程是一个很好的选择，存储在 Help→SE PDF Documentation→Tutorial 里面。它从简单到复杂、从低级到高级，详细地讲述了 Modelsim 各项功能的使用，简单易懂。但是它也有缺点，就是它里面所有实例的初期准备工作都已经放在 example 文件夹里，直接将它们添加到 Modelsim 中即可，它假设使用者对当前操作的前期准备工作都已经很熟悉，所以对于初学者往往不知道该如何做当前操作的前期准备工作。

2.1.1 Modelsim 软件安装

根据用户计算机操作系统选择不同软件版本进行安装。例如，32 位操作系统选择 Modelsim-win32-10.2c-se.exe 文件；64 位操作系统选择 Modelsim-win64-10.2c-se.exe 文件。下面以 64 位操作系统为例讲解安装步骤。

(1) 双击 Modelsim-win64-10.2c-se.exe 文件后出现图 2.1 所示界面。修改安装路径后，单击 Next 按钮，选择 Full Product 进行。当出现 Install Hardware Security Key Driver 字样时单击“否”按钮，当出现 Add Modelsim To Path 字样时单击“是”按钮，当出现 Modelsim License Wizard 字样时单击“关闭”按钮。

(2) 生成 License。

(3) 修改系统的环境变量。右键单击桌面上“我的电脑”图标，在弹出的快捷菜单中选择“属性”→“高级”→“环境变量”→“(用户变量)新建”命令。在弹出的如图 2.2 所示的对话框中进行选项设置。

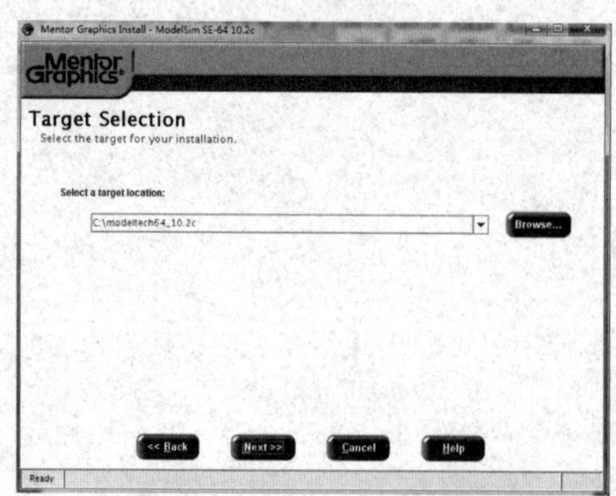

图 2.1 修改安装路径

图 2.2 设置环境变量

(4) 安装完毕后可以运行。

注意

① 计算机的用户名不能为中文。

② 安装路径不能出现中文和空格，只能由数字、英文字母和下划线“_”组成。

2.1.2　Modelsim 仿真方法

Modelsim 的仿真分为前仿真和后仿真，下面具体介绍两者的区别。

1. 前仿真

前仿真也称为功能仿真，主旨在于验证电路的功能是否符合设计要求，其特点是不考虑电路门延迟与线延迟，主要验证电路与理想情况是否一致。可综合 FPGA 代码是用 RTL 级代码语言描述的，其输入为 RTL 级代码与 Testbench。

2. 后仿真

后仿真也称为时序仿真或者布局布线后仿真，是指电路已经映射到特定的工艺环境以后，综合考虑电路的路径延迟与门延迟的影响，验证电路能否在一定时序条件下满足设计构想的过程，是否存在时序违规。其输入文件为从布局布线结果中抽象出来的门级网表、Testbench 和扩展名为 SDO 或 SDF 的标准时延文件。SDO 或 SDF 标准时延文件不仅包含门延迟，还包括实际布线延迟，能较好地反映芯片的实际工作情况。一般来说，后仿真是必选的，能检查设计时序与实际的 FPGA 运行情况是否一致，确保设计的可靠性和稳定性。一般选定器件分配引脚后再进行后仿真。

2.1.3　Modelsim 仿真步骤

Modelsim 的仿真主要有以下几个步骤。

(1) 建立库并映射库到物理目录。

(2) 编译源代码(包括 Testbench)。

(3) 执行仿真。

上述 3 个步骤是大的框架，前仿真和后仿真均是按照这个框架进行的，建立 Modelsim 工程对前、后仿真来说都不是必需的。

1. 建立库

在执行仿真前先建立一个单独的文件夹，后面的操作都在此文件夹中进行，以防止文件间的误操作。然后启动 Modelsim，将当前路径修改到该文件夹下，修改的方法是选择 File→Change Directory 菜单命令，再选择刚刚新建的文件夹，如图 2.3 所示。

图 2.3　新建文件夹

进行前仿真时，推荐按上述方法建立新的文件夹。进行后仿真时，在 Quartus II 工程文件夹下会出现一个文件夹：工程文件夹\simulation\Modelsim，正确编译 Quartus II 工程后即可创建该文件夹，不必再建立新的文件夹了。

仿真库是存储已编译设计单元的目录，Modelsim 中有两种仿真库，一种是工作库，默认库名为 work；另一种是资源库。work 库下包含当前工程所有已经编译过的文件。所以，编译前一定要创建 work 库，而且只能创建一个 work 库。资源库存放 work 库中已编译文件所要调用的资源，这样的资源可能有很多，它们被存放在不同的资源库内。例如，想要对综合在 Cyclone 芯片中的设计做后仿真，就需要有一个名为 cyclone_ver 的资源库。

映射库用于将已经预编译好的文件所在的目录映射为 Modelsim 可识别的库，库内的文件应该是已经编译过的，在 Workspace 窗口内展开该库就可以看见这些文件，如果是没有编译过的文件在库内是看不见的。

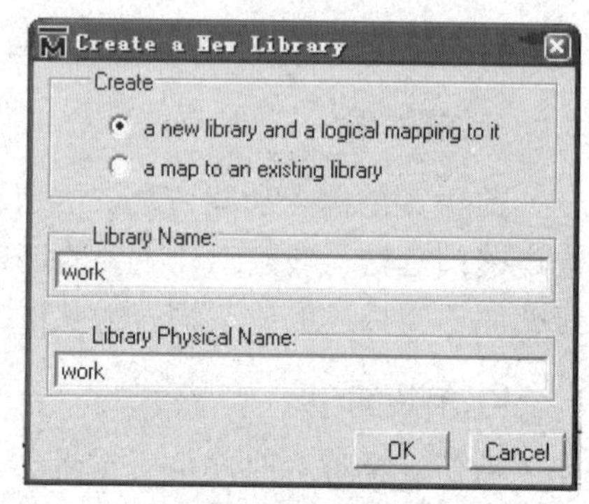

图 2.4　建立仿真库

建立仿真库的方法有两种。一种是在用户界面模式下，选择 File→New→Library 菜单命令，出现图 2.4 所示的对话框，选中 a new library and a logical mapping to it 单选按钮，在 Library Name 文本框内输入要创建库的名称，然后单击 OK 按钮，即可生成一个已经映射的新库；另一种方法是在 Transcript 窗口中输入以下命令：

```
vlib work
vmap work work
```

如果要删除某库，只需选中该库名，右键单击，选择 Delete 命令。需要注意的是，不要在 Modelsim 外部的系统盘内手动创建库或者添加文件到库里；也不要在 Modelsim 用到的路径名或文件名中使用汉字，Modelsim 可能因无法识别汉字而导致莫名其妙的错误。

2. 编写与编译测试文件

在编写 Testbench 之前，最好先将要仿真的目标文件编译到工作库中，选择 Compile→Compile 菜单命令，将出现图 2.5 所示的对话框。

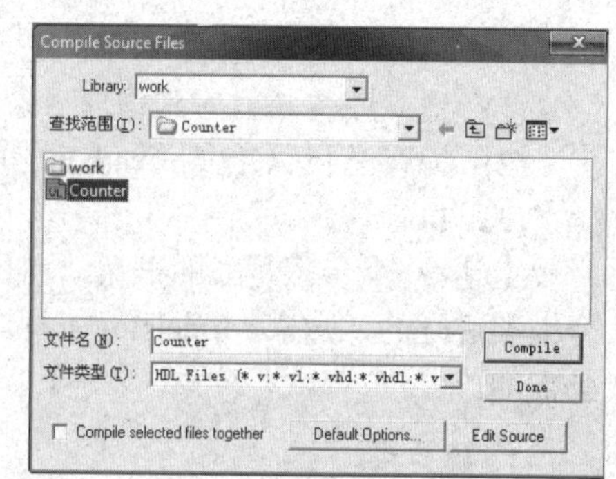

图 2.5　编译目标文件

在 Library 下拉列表框中选择工作库，在“查找范围”下拉列表框中找到要仿真的目标文件(Library 选择刚才建立的库，“查找范围”选择目标文件所在的文件夹)，然后单击 Compile 和 Done 按钮，或在命令窗口中输入 vlog Counter.v 命令。此时目标文件已经编译到工作库中，在 Library 中展开 work 工作库会发现该文件。

当对要仿真的目标文件进行仿真时，需要给文件中的各个输入变量提供激励源，并对输入波形进行严格定义，这种对激励源定义的文件称为 Testbench，即测试台文件。下面先介绍 Testbench 的产生方法。

方法 1：可以在 Modelsim 内直接编写 Testbench，而且 Modelsim 还提供了常用的各种模板。具体步骤如下。

(1) 执行 File→New→Source→Verilog 菜单命令，或者直接单击工具栏上的新建图标，会出现一个 Verilog 文档编辑页面，在此文档内设计者即可编辑测试台文件。需要说明的是，在 Quartus 中许多不可综合的语句在此处都可以使用，而且 Testbench 只是一个激励源产生文件，只要对输入波形进行定义以及显示一些必要信息即可，切记不要编辑得过于复杂。

(2) Modelsim 提供了很多 Testbench 模板，直接使用可以减少工作量。在 Verilog 文档编辑页面的空白处单击鼠标右键，在弹出的快捷菜单中选择 Show Language Templates 命令，然后会出现一个加载工程，接着会发现在刚才的文档编辑窗口左边出现了一个 Language Templates 窗格，如图 2.6 所示。

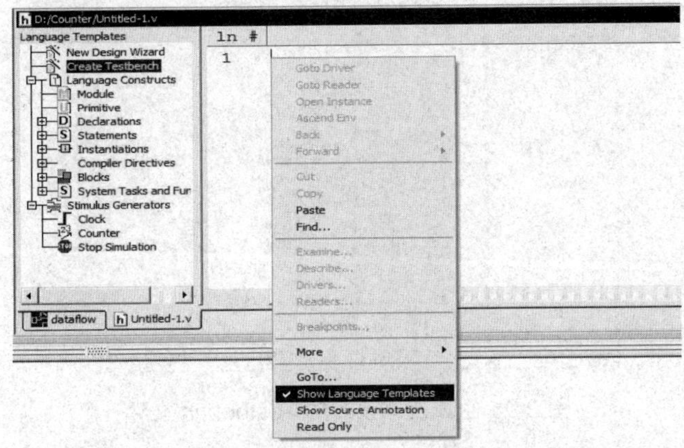

图 2.6　应用模板生成 Testbench 文件

(3) 双击 Create Testbench 选项，出现创建向导对话框，如图 2.7 所示。

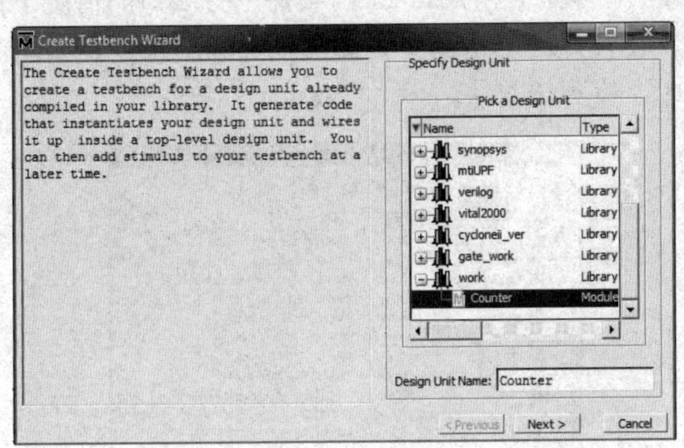

图 2.7　创建向导

(4) 在 Specify Design Unit 框中，选择 work 工作库下的目标文件，单击 Next 按钮，出现图 2.8 所示的对话框。

(5) 在此可以指定 Testbench 的名称以及要编译到的库等，我们使用默认设置，直接单击 Finish 按钮。这时在 Testbench 内会出现对目标文件各个端口的定义及调用函数。接下来，设计者可以往 Testbench 内添加内容(有注释的为添加的内容)，如图 2.9 所示，然后将其保存为.v 格式即可。按照前面的方法把 Testbench 文件也编译到工作库中。

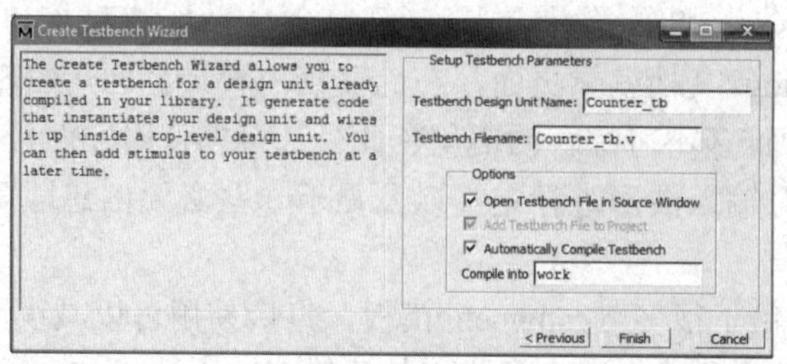

图 2.8　设置 Testbench 向导

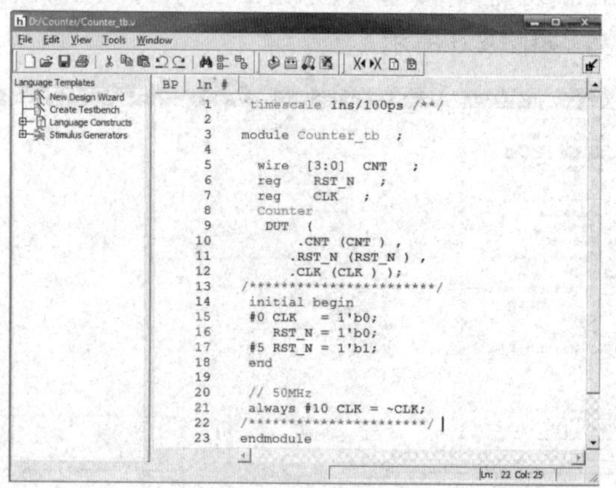

图 2.9　生成及修改后的 Testbench 文件

方法 2：在 Quartus II 内编写并编译 Testbench，然后将 Testbench 和目标文件放在同一个文件夹下，按照前面的方法把 Testbench 文件和目标文件都编译到工作库中。

如果在工作库中没有该文件(在 Testbench 文件没有端口的情况下)，则选择 Simulate→Start Simulation 命令，在打开的对话框中去掉优化选项的勾选，如图 2.10 所示。之后再重新编译，即可在工作库中找到该文件。

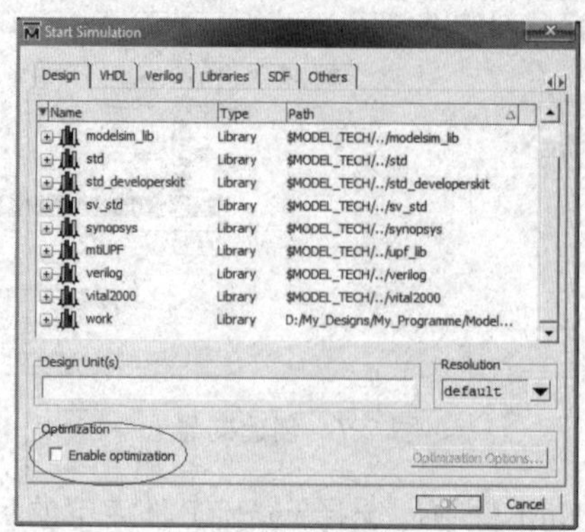

图 2.10　去掉优化选项的勾选

3. 执行仿真

仿真分为前仿真和后仿真，下面分别说明如何操作。

1)　前仿真

前仿真相对比较简单。前面已经把需要的文件编译到工作库内，现在只需选择 Simulate→Start Simulation 菜单命令就会出现 Start Simulation 对话框。单击 Design 标签，选择 work 库下的 Testbench 文件，然后单击 OK 按钮即可；也可以直接双击 Testbench 文件 Counter_tb.v，此时会出现图 2.11 所示的界面。

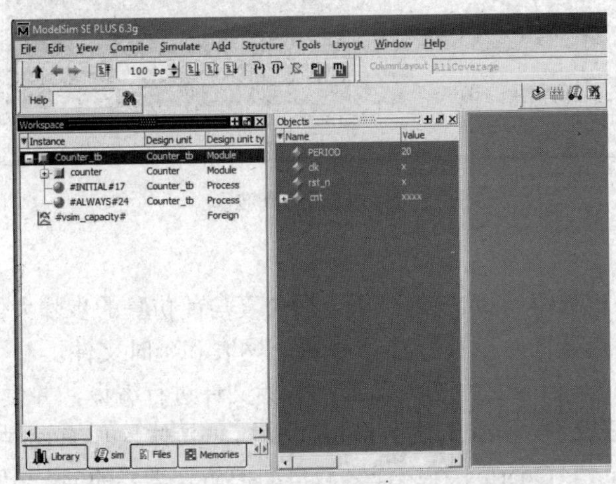

图 2.11　双击 Counter_tb.v 文件

在主界面中会多出 Objects 窗格，里面显示 Testbench 中定义的所有信号引脚，在 Workspace 里也会多出 Sim 选项卡。右键单击 Counter_tb.v，选择 Add→Add to Wave 命令，出现 Wave 窗口，如图 2.12 所示。

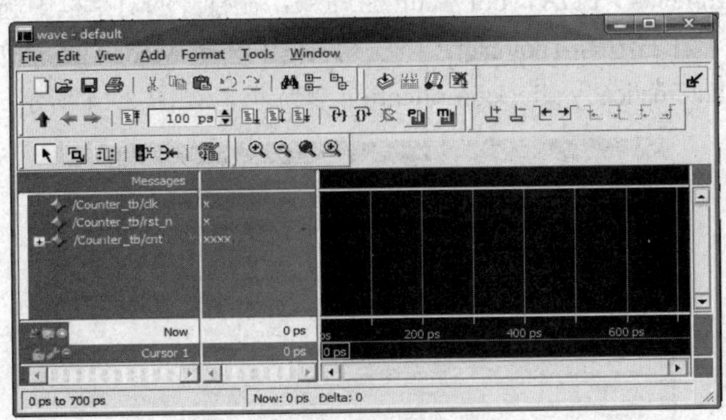

图 2.12　Wave 窗口

窗口里已经出现待仿真的各个信号，单击 Run 按钮将开始执行仿真到 100ns，继续单击仿真波形也将继续延伸，如图 2.13 所示。

若一直单击 Run 按钮，则仿真一直执行，直到单击 Stop 按钮才停止仿真。也可以在命令窗口中输入命令“run @1000”，则执行仿真到 1000ns(后面的 1000 也可以是别的数值，设计者可以修改)。在下一次运行该命令时，将接着当前的波形继续往后仿真。至此，前仿真步骤完成。

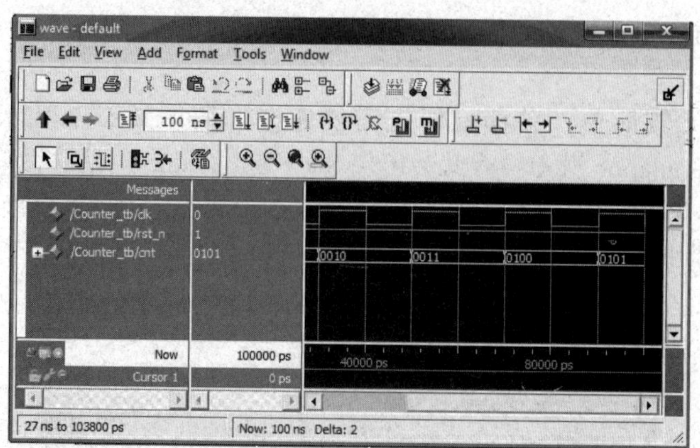

图 2.13 仿真波形

2) 后仿真

本书用 Cyclone II 制作 counter 的例子。后仿真与前仿真的步骤大体相同，只不过中间需要添加仿真库和所选器件，以及所有 IP Core、网表和延时文件。

后仿真的前提是 Quartus 已经对要仿真的目标文件进行编译，并生成 Modelsim 仿真所需要的.vo 文件(网表文件)和.sdo 文件(时延文件)。具体操作有两种方法：一种是通过 Quartus 调用 Modelsim，Quartus 在编译之后自动把仿真需要的.vo 文件以及需要的仿真库加到 Modelsim 中，其操作非常简单；另一种是手动将需要的文件和库加入 Modelsim 进行仿真，这种方法可以提高主观能动性，充分发挥 Modelsim 的强大仿真功能。

(1) 通过 Quartus 调用 Modelsim 进行仿真。

使用这种方法时首先要对 Quartus 进行设置。先运行 Quartus，打开要仿真的工程，选择菜单栏中的 Assignments→EDA Tool Settings 命令，在打开的对话框中选中左边 Category 中的 Simulation 选项，在右边的 Tool name 下拉列表框中选择 ModelSim 选项，勾选下面的 Run gate-level simulation automatically after complication 复选框，如图 2.14 所示。

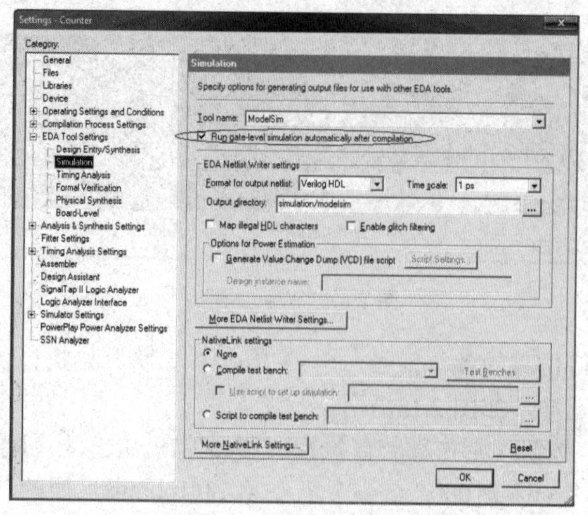

图 2.14 对 Quartus 进行设置

Quartus 中的工程准备好之后单击 Start Complication 按钮，此时 Modelsim 会自动启动，而 Quartus 处于等待状态(前提是系统环境变量中用户变量的 PATH 要设置好 Modelsim 的安装路径，如 D:\Modeltech_6.3\win32)。在打开的 Modelsim 的 Workspace 窗口中会发现多了工作库和资源库，而且 work 库中出现了需要仿真的文件。Modelsim 自动将 Quartus 生成的.vo 文件编译到 work 库，并建立相应的资源库，如图 2.15 所示。

通过观察库可以发现，多了 verilog_libs 库、gate_work 库和 work 库，gate_work 库是 Quartus II 编译之后自动生成的，而 work 库是 Modelsim 默认库。仔细观察两者路径相同，均为 gate_work 文件夹，可知 Modelsim 将 gate_work 库映射到 work 库。因此，在后续的工作中操作 gate_work 库或者 work 库都能得到正确结果。

编写测试平台程序 Counter_tb.v，将其存放在生成的.vo 文件所在的目录，以方便在需要手动仿真时使用。单击 Compile 按钮，在出现的对话框中选中 Counter_tb.v 文件，然后单击 Compile 按钮，编译结束后单击 Done 按钮，这时在 work 库中会出现测试台文件，如图 2.16 所示。

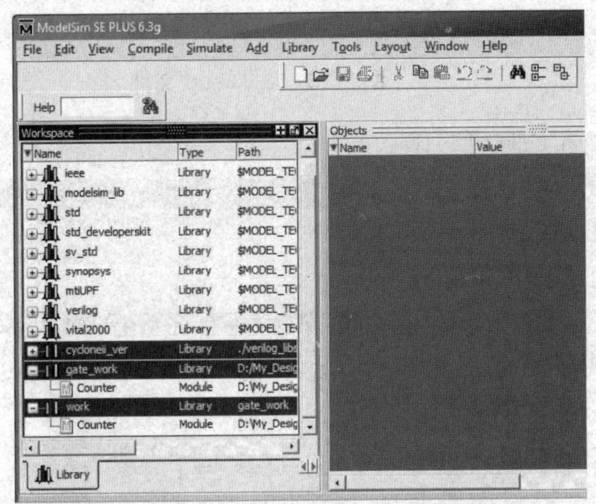

图 2.15　Quartus II 编译之后自启动 Modelsim

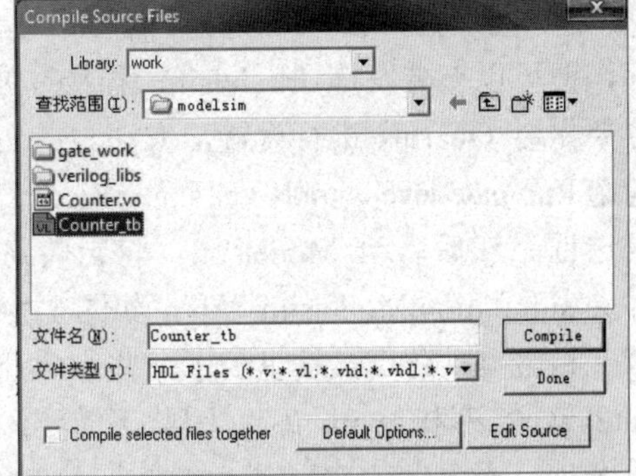

图 2.16　编译测试文件

选择 Simulate→Start Simulation 菜单命令，会出现 Start Simulation 对话框。单击 Design 标签，选择 work 库下的 Counter_tb.v 文件，然后单击 Libraries 标签，在 Search Library 中单击 Add 按钮，选择仿真所需要的资源库(如果不知道选择哪个库，可以先直接单击 Compile 按钮查看出现的错误提示中所需要的库名，然后再重复上述步骤)，如图 2.17 所示。

再单击 Start simulation 对话框中的 SDF 标签，在出现的 SDF File 文本框内加入.sdo 时延文件路径。在 Apply To Region 文本框内有一个“/”，在“/”的前面输入测试台文件名，即“Counter_tb”，在它的后面输入测试台程序中调用被测试程序时给被测试程序起的名称，本例中为“DUT”，如图 2.18 所示。然后单击 OK 按钮。观察波形与前仿真步骤相同。

(2) 手动加入 Modelsim 进行仿真。

自动仿真和手动仿真的区别如下。

① 自动仿真。这种方法比较简单，因为 Quartus II 调用 Modelsim，所以除自动生成

Modelsim 仿真所需要的.vo 文件(网表文件)和.sdo 文件(时延文件)外，还生成了 gate_work 文件夹、verilog_libs 文件夹。gate_work 文件夹(工作库或编译库)下存放了已编译的文件，verilog_libs 文件夹下存放了仿真所需要的资源库，上例是 cycloneii_ver 库(文件夹)。

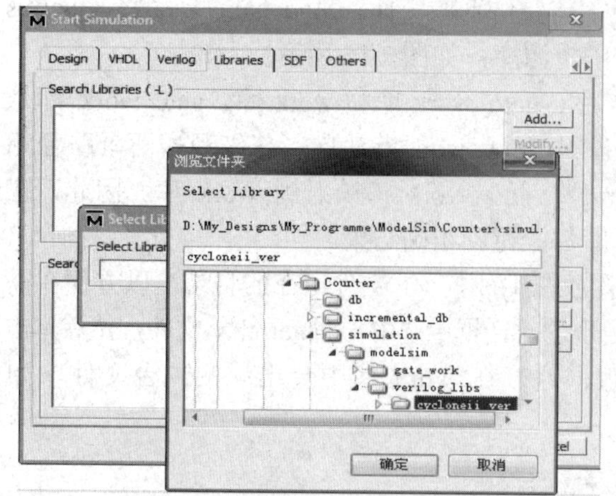

图 2.17 选择仿真所需要的资源库

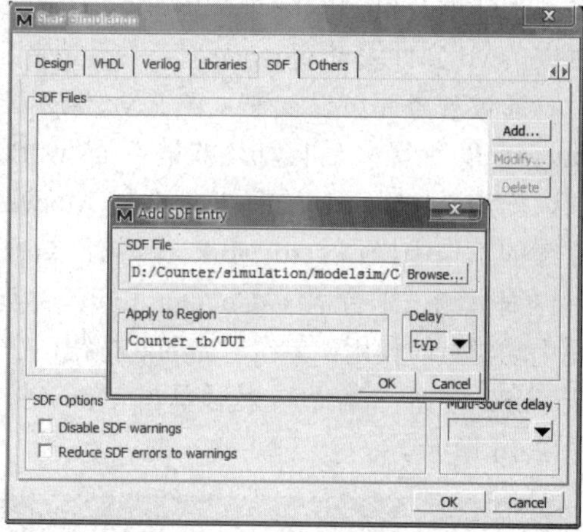

图 2.18 添加.sdo 文件

② 手动仿真。手动仿真需要自己添加文件和编译库，但可以充分发挥 Modelsim 强大的仿真功能。操作时也要先对 Quartus 进行设置，方法与前面相同，只是不要勾选 Run gate-level simulation automatically after complication 复选框。然后启动 Modelsim，将当前路径改到“工程文件夹\simulation\Modelsim”下，如图 2.19 所示。

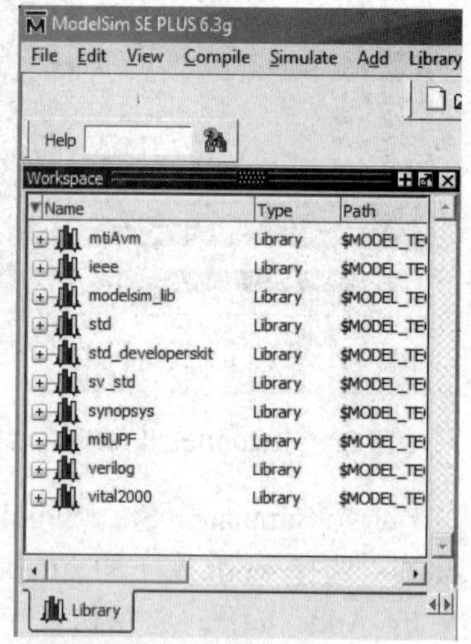

图 2.19 启动 Modelsim

相比自动仿真，这里少了一些库(为 verilog_libs 库、gate_work 库和 work 库)，因此下面要添加一个库。新建一个库，此处默认库名为 work，此时，“工程文件夹\simulation\Modelsim”下出现了一个 work 文件夹，work 库下面没有目标文件和测试文件，即 work 文件夹下没有任何文件，建库的目的就是将编译的文件都放在该库里，即放在该文件夹下。编译之前，还需要添加仿真所需要的资源库 cycloneii_atoms(用到 EP2C8)，将 D:\altera\90\Quartus\eda\sim_lib 目录下的 cycloneii_atoms 文件复制到.vo 所在的目录，即“工程文件夹\simulation\Modelsim”下。如果按照自动仿真中的方法编写 Testbench 文件并同样放在.vo 所在的目录，这时单击 Compile 按钮，将会出现一个对话框，可以编译所选文件。

编译完成之后，work 工作库下多了很多文件，同样 work 文件夹下也多了很多文件(夹)，如图 2.20 所示，其中有 Counter_tb 测试文件和 Counter 目标文件。选择 Simulate→Start Simulation 菜单命令，出现 Start Simulation 对话框。这里和自动仿真相比只有 Libraries 选项卡在 Search Library 时不一样，其余两项都一样。Libraries 选项卡在 Search Library 的设置如图 2.21 所示。

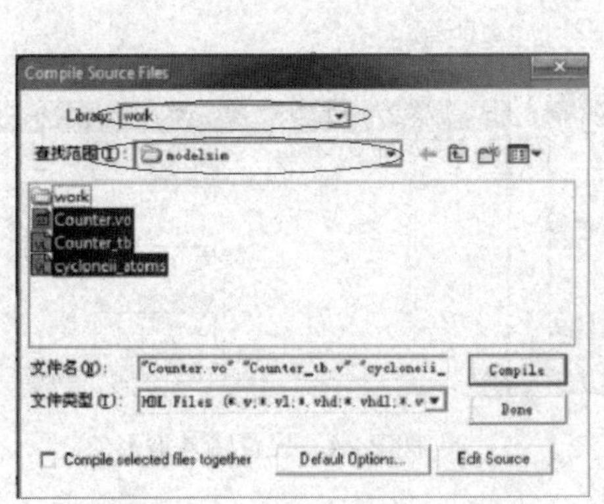

图 2.20　编译所需文件和资源库

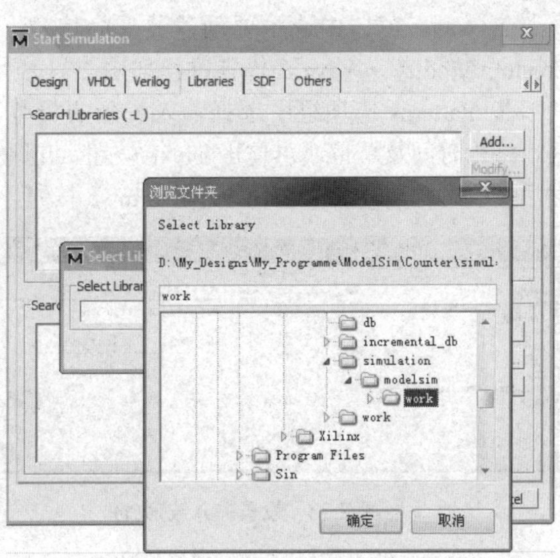

图 2.21　选择仿真所需要的资源库

2.1.4　Modelsim 仿真波形

1. 手动创建输入波形

对于复杂的设计文件，最好是自己编写 Testbench 文件，这样可以精确地定义各信号以及各个信号之间的依赖关系等，提高仿真效率。

对于简单的设计文件，可以在波形窗口中自己创建输入波形进行仿真。具体方法是：右击 work 库里的目标仿真文件 counter.v，然后单击 Create Wave 按钮，弹出 Wave 窗口，如图 2.22 所示。

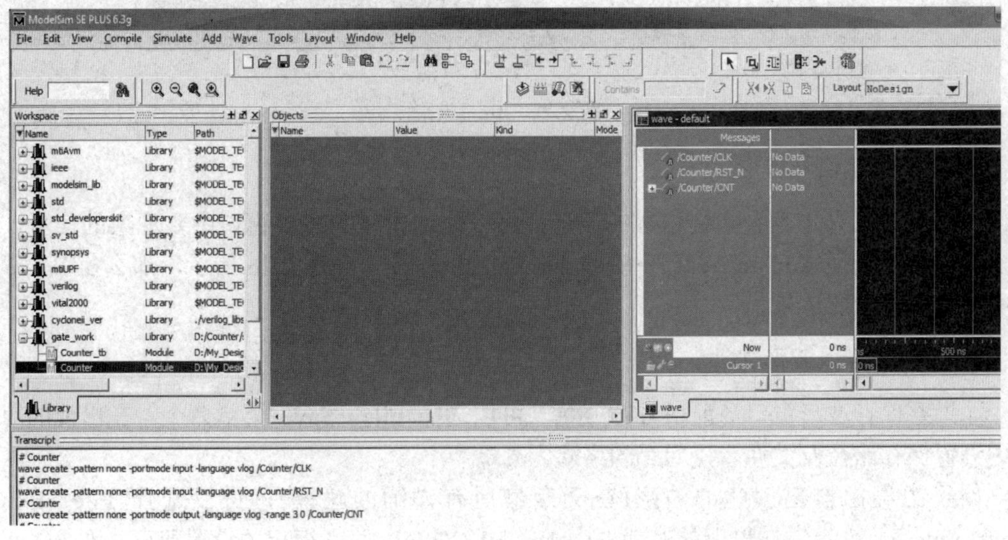

图 2.22　增加波形

在 wave 窗口中选中要创建波形的信号，如此例中的 CLK，然后右键单击，选择 Create→Modify→Wave 命令，弹出如图 2.23 所示的对话框。

在 Patterns 选项组中选择输入波形的类型，然后分别在右边的文本框中设定起始时间、终止时间及单位，再单击 Next 按钮，出现图 2.24 所示的对话框，将初始值改为 0，然后修改时钟周期和占空比，单击 Finish 按钮，如图 2.24 所示。

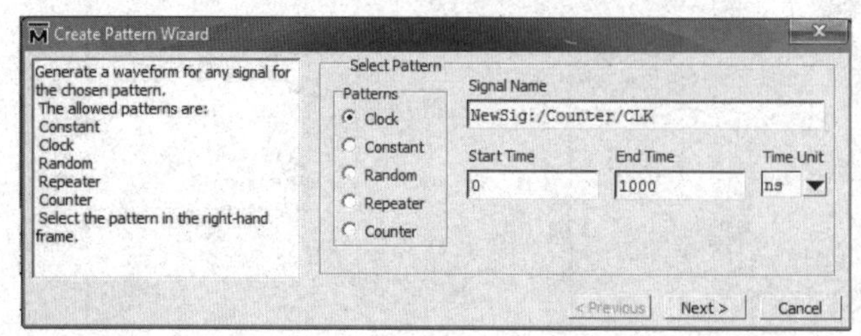

图 2.23 设置输入波形(1)

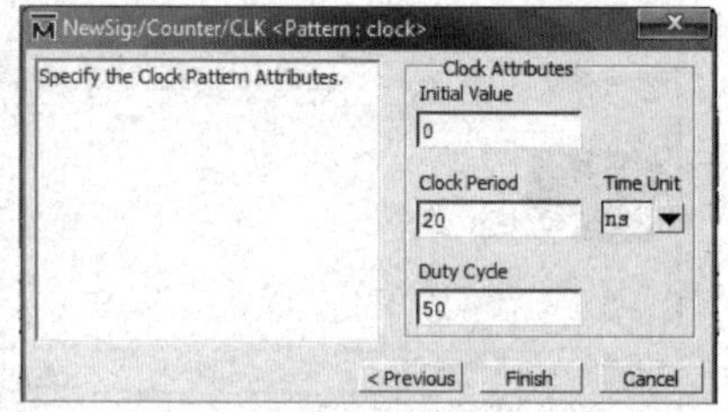

图 2.24 设置输入波形(2)

接着继续添加其他输入波形，如图 2.25 所示。前面出现的红点表示该波形是可编辑的。接下来的操作与用 Testbench 文本仿真的方法相同。

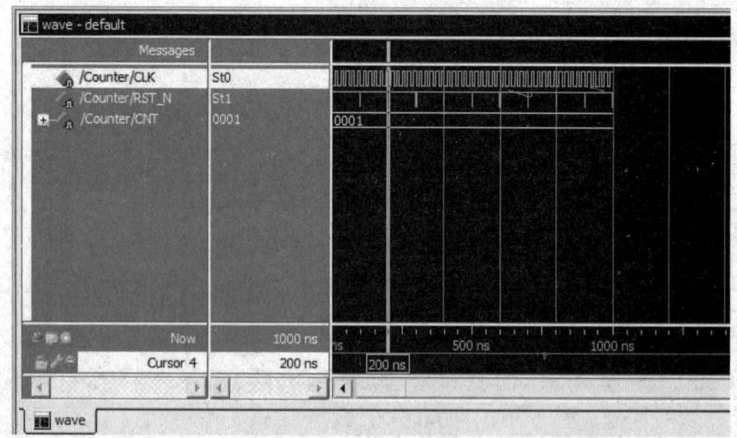

图 2.25 仿真波形

2. 观察特定信号波形

如果设计者只想查看指定信号的波形，可以先选中 Objects 窗口中要观察的信号，然后右键单击，选择 Add to Wave→Selected Signals 命令，如图 2.26 所示，那么在 Wave 窗口中只添加选中的信号。

3. 保存和导入波形文件

如果要保存波形窗口当前信号的分配，可以选择 File→Save 菜单命令，在出现的对话框中设置保存路径及文件名，保存的格式为.do。

如果想导出自己创建的波形(在文章最后有详细的解释)，可以选择 File→Export Waveform 菜单命令，在出现的对话框中选择 EVCD File 并进行相关设置即可。

如果导入设计的波形，选择 File→Import ECVD 菜单命令即可。

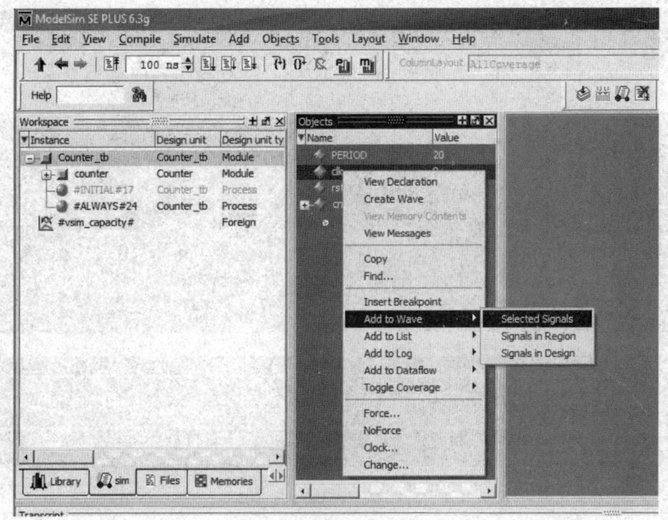

图 2.26　查看特定信号波形

4. 在 dataflow 窗口观察信号波形

在主界面中选择 View→Dataflow 菜单命令，可以看到出现 dataflow 窗口，在 objects 窗口中拖一个信号到该窗口中，在 dataflow 窗口中将出现选中信号所在的模块，双击模块的某一引脚，会出现与该引脚相连的其他模块或者引线，如图 2.27 所示。

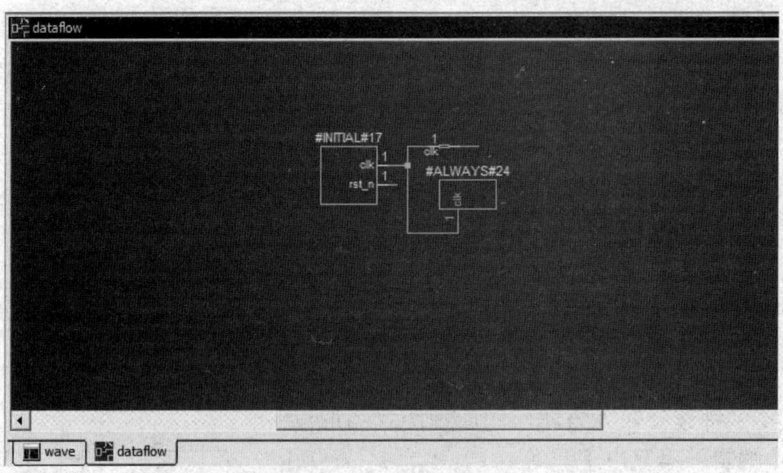

图 2.27　dataflow 窗口

在 dataflow 窗口中选择 View→Show Wave 菜单命令，会在 dataflow 窗口下出现 wave 窗口，双击上面窗口中的某一模块，则在下面的 wave 窗口中将出现与该模块相连的所有信号，如果已经执行过仿真，在 wave 窗口中还会出现对应的波形，如图 2.28 所示。

在波形窗口中拖动游标，上面模块的引脚信号值也会随着游标当前位置的改变而改变。

如果要在 Modelsim 中修改原设计文件，在文档页面单击右键，取消勾选 Read Only，即可修改，修改后继续仿真。如果想结束仿真，可以选择 Simulate→End Simulation 命令，或直接在命令窗口中输入“quit -sim”，此时 Quartus 也会显示结束所有编译过程。

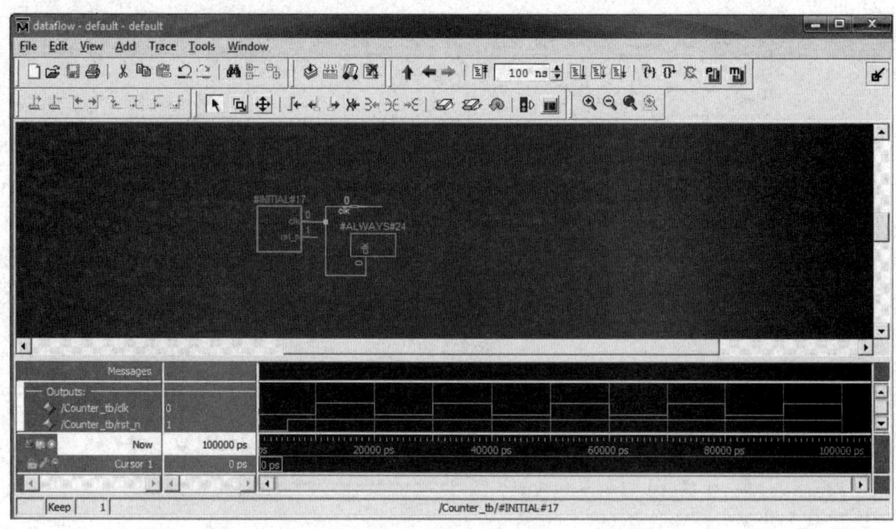

图 2.28　在 dataflow 窗口中观察仿真波形

2.2　Quartus II 软件使用方法

Altera 公司的 Quartus II 提供了完整的多平台设计环境，能满足各种特定设计的需要，是单芯片可编程系统(SOPC)设计的综合性环境和 SOPC 开发的基本设计工具，并为 Altera DSP 开发包进行系统模型设计提供了集成综合环境。Quartus II 设计环境完全支持 VHDL、Verilog 的设计流程，其内部嵌有 VHDL、Verilog 逻辑综合器。Quartus II 也具备仿真功能，此外，它与 MATLAB 和 DSP Builder 结合，可以进行基于 FPGA 的 DSP 系统开发，是 DSP 硬件系统实现的关键 EDA 工具。

本节将用一个简单的例子详细介绍 Quartus II 的使用方法，包括设计输入、综合与适配、仿真测试、优化设计和编程下载等方法。

2.2.1　Quartus II 设计流程

Quartus II 的一般设计流程如图 2.29 所示，Quartus II 支持多种设计输入方法，如原理图式图形设计输入、文本编辑、第三方工具等。

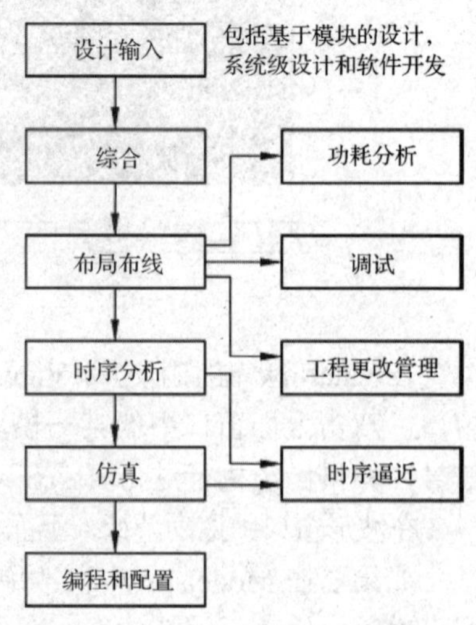

图 2.29　Quartus II 设计流程框图

2.2.2　Quartus II 软件安装

根据用户计算机操作系统的不同，选择不同破解器。下面以 64 位操作系统为例讲解安装步骤。

(1) 双击 12.0_178_quartus_windows.exe 文件，弹出图 2.30 所示的窗口，单击 Browse 按钮，选择路径(注意：路径不要用汉字和空格，后面所有路径与此相同)，然后单击 Install 按钮。

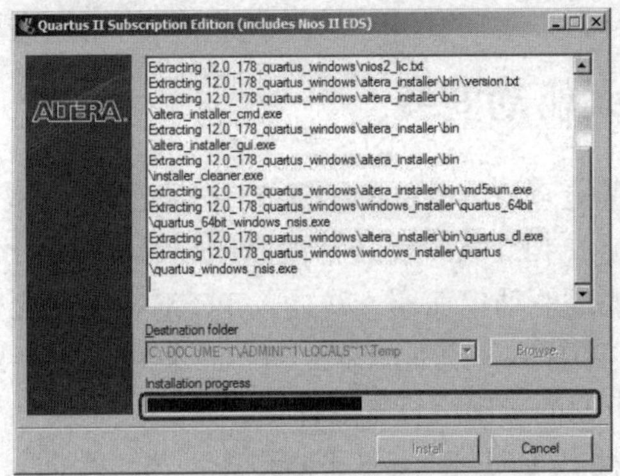

图 2.30　Quartus II 安装路径

(2) 安装到图 2.31 所示的步骤，显示安装所需空间和可用空间(若可用空间不够，需退出安装重新选择路径)，若为 64 位系统，选中 64-bit 选项，单击 Next 按钮。

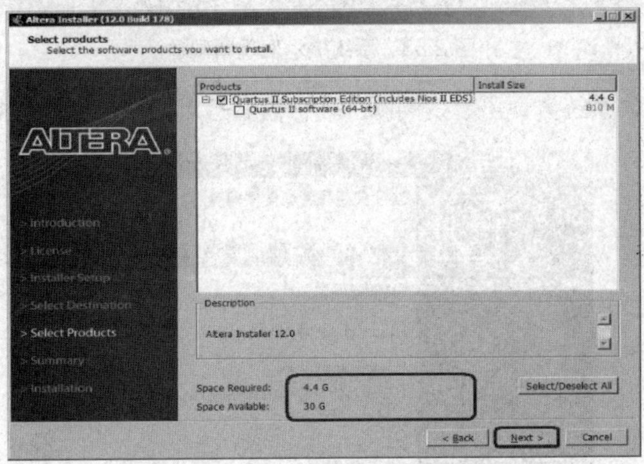

图 2.31　Quartus II 安装所需空间

(3) 器件库安装。双击 12.0_178_devices_cyclone_max_legacy_windows.exe 文件，弹出图 2.32 所示界面，单击 Browse 按钮，选择和第(1)步相同的路径，单击 Install 按钮。

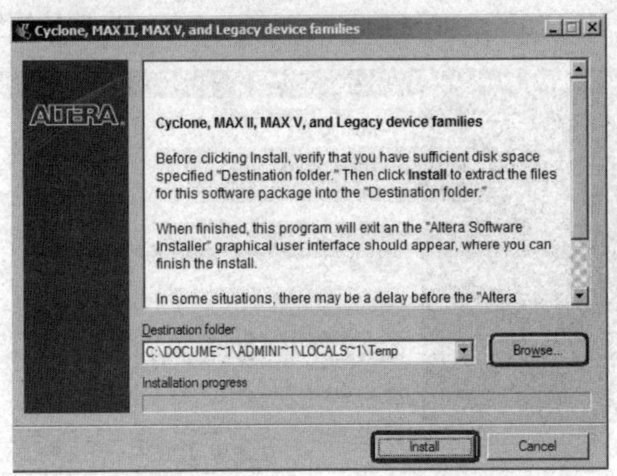

图 2.32　Quartus II 器件库安装路径

2.2.3 USB-Blaster 驱动安装

在安装驱动前，首先检查 USB-Blaster 驱动是否已经存在(在安装完 Quartus II 12.0 后，驱动会出现在 Quartus II 12.0 系统安装目录\drivers\usb-blaster 下)。

USB-Blaster 下载电缆的驱动仅在第一次插入 PC 时，系统会弹出“发现新硬件”安装向导(如果是同一台 PC，当插入了其他 USB 端口，有可能也会出现“发现新硬件”安装向导)，此时只需要按照下面的步骤进行安装即可。

(1) 用 USB 线一端插入 USB-Blaster 下载电缆，另一端插入 PC 的 USB 接口，此时在桌面右下角的任务栏中将会出现图 2.33 所示的“发现新硬件”提示。

图 2.33 系统提示发现新硬件

(2) 稍等片刻，系统会弹出“找到新的硬件向导”对话框，如图 2.34 所示。

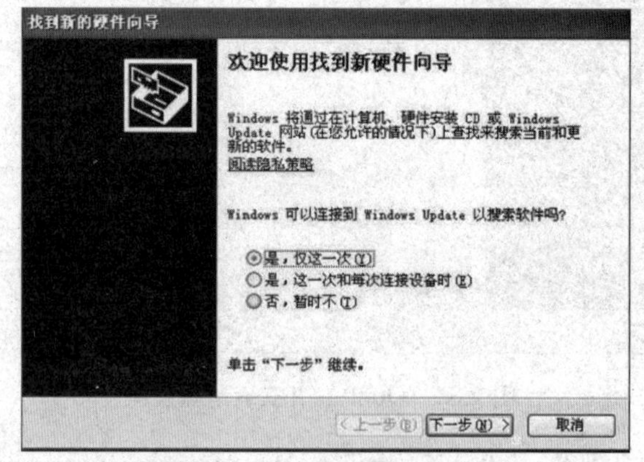

图 2.34 安装驱动第一步

(3) 选中“是，仅这一次(Y)”单选按钮后，单击“下一步”按钮继续，如图 2.35 所示。

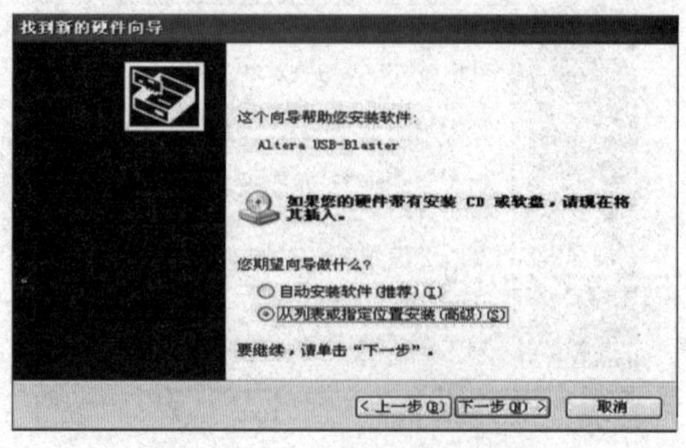

图 2.35 安装驱动第二步

(4) 若选中“从列表或指定位置安装(高级)(S)”单选按钮后，单击“下一步”按钮继续，如图 2.36 所示。

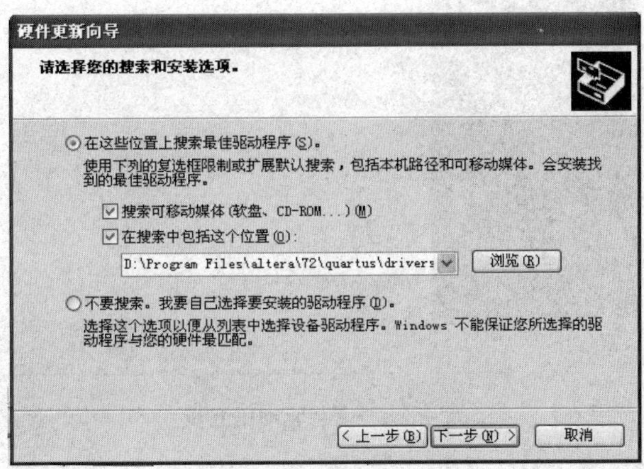

图 2.36　安装驱动第三步

(5) 勾选“在搜索中包括这个位置(O)”复选框后，通过单击“浏览”按钮，找到驱动程序所在位置(本例中以 Quartus II 12.0 软件安装在 C 盘为例，相应的 USB 驱动就在 C:\altera\12.0\Quartus\drivers\usb-blaster\x32 目录中)。指定驱动目录后，单击“下一步”按钮继续。

(6) 此时系统会安装驱动程序，稍等片刻，系统会弹出图 2.37 所示的提示对话框(因该驱动程序未经过微软的徽标测试)，此时单击“仍然继续”按钮，继续安装驱动。

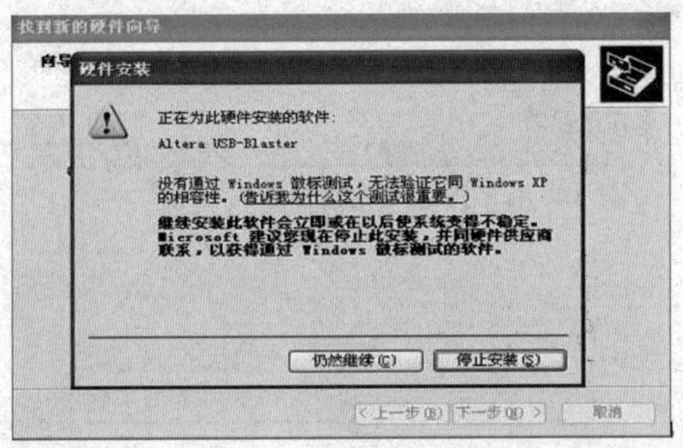

图 2.37　安装驱动第四步

(7) 驱动安装结束后，系统会出现图 2.38 所示的提示驱动安装完成对话框，直接单击“完成”按钮，结束驱动安装。

(8) 进入设备管理器查看硬件安装是否正确。正确安装 USB-Blaster 驱动后会在“通用串行总线控制器”节点下出现 Altera USB-Blaster 设备，如图 2.39 所示。

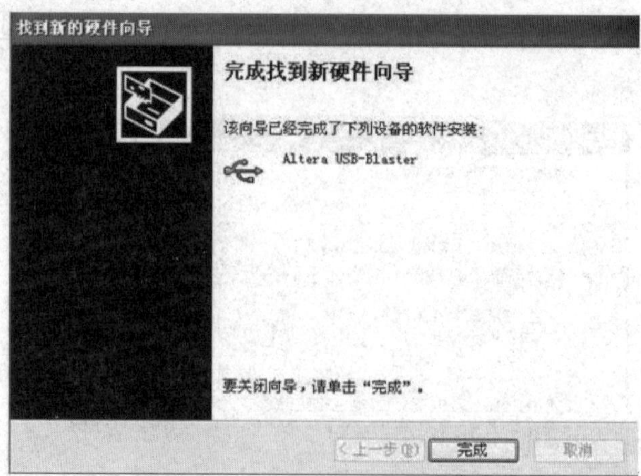

图 2.38　安装驱动第五步

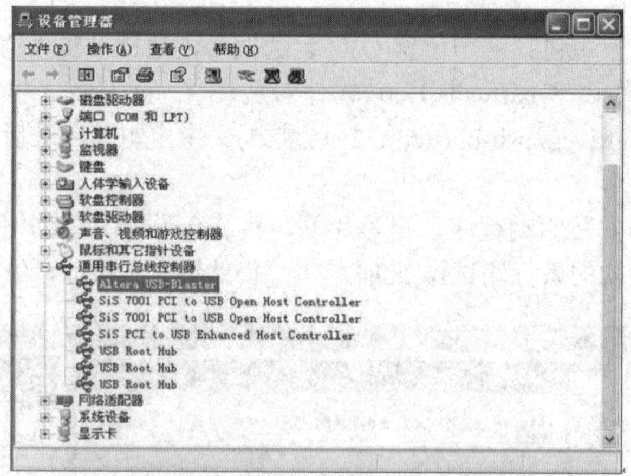

图 2.39　查看安装的设备状况

① USB 下载电缆是通用电缆。

② 严格按照“硬件连接”中提及的顺序进行操作。

③ 禁止在数据下载过程中拔掉 USB-Blaster 下载电缆。

④ USB-Blaster 下载电缆与目标板连接前，应确认板上 10 针插座的顺序与 USB-Blaster 下载电缆的 10 孔插头相一致，且供电电压等满足要求。

说明

安装过程中出现问题时的解决方法如下。

① USB-Blaster 下载电缆插入 PC 的 USB 接口后，系统没有任何反应。应先插入其他 USB 设备(如 U 盘)到 PC，确认 USB 端口工作正常。也可将 USB-Blaster 下载电缆插入到其他 PC，以确认 USB-Blaster 下载电缆是否出现故障。

② 在 Quartus II 的 Hardware Setup 中找不到 USB-Blaster 下载电缆。应检查 USB-Blaster 下载电缆连接是否正确、工作是否正常。正常状态时，USB-Blaster 下载电缆上的 USB 指示灯应该常亮；如果闪烁或熄灭，则表示 USB 通信有误，需拔下后重新插入 USB-Blaster 下载电缆，直至 USB 状态指示灯显示正常。

③ 找不到目标器件。应首先用 ByteBlaster II 或 ByteBlaster MV 电缆下载该器件，以确认目标板工作正常。

④ 下载数据不稳定，时对时错，有时甚至无法下载。应检查目标板是否有虚焊、系统有无短路和断路、系统电压是否稳定正常、电源纹波大小等。

2.2.4　Quartus II 设计步骤

1. 编辑设计文件

首先建立工作库目录，以便存储设计工程项目。

任何一个设计都是一项工程(Project)，都必须首先为此工程建立一个放置与此工程相关的所有文件的文件夹。此文件夹将被 EDA 软件默认为工作库(Work Library)。一般来说，不同的设计项目最好放在不同的文件夹中，而同一工程的所有文件都放在同一文件夹中。在建立文件夹后，就可以通过 Quartus II 的文本编辑器编辑设计文件了，其步骤如下。

(1) 新建一个文件夹。假设本设计的文件夹取名为 CNT，在 F 盘中，路径为 F:\CNT。

注意

① 文件夹名不能用中文，最好也不要用数字。

② 安装路径不能出现中文和空格，只能由数字、英文字母和下划线“_”组成。

(2) 输入源程序。打开 Quartus II，选择 File→New 菜单命令，打开 New 对话框，在 Design Files 选项栏中选择编辑文件的语言类型，这里选择 Verilog HDL File，如图 2.40 所示。然后在 Verilog HDL 文本编辑窗口中输入 4 位二进制计数器的 Verilog HDL 程序，如图 2.41 所示。

(3) 文件存盘。选择 File→Save As 菜单命令，找到要保存的文件夹 F:\CNT，文件名应与模块名保持一致，即 counter.vhd。当出现图 2.42 所示的 Do you want to create a new project with this file? 提示框时，若单击“是”按钮，则直接进入创建工程流程；若单击“否”按钮，则可以以后再为该设计创建工程。如果保存文件时将 Create new project based on this file 复选框选中，则不会出现该提示框。

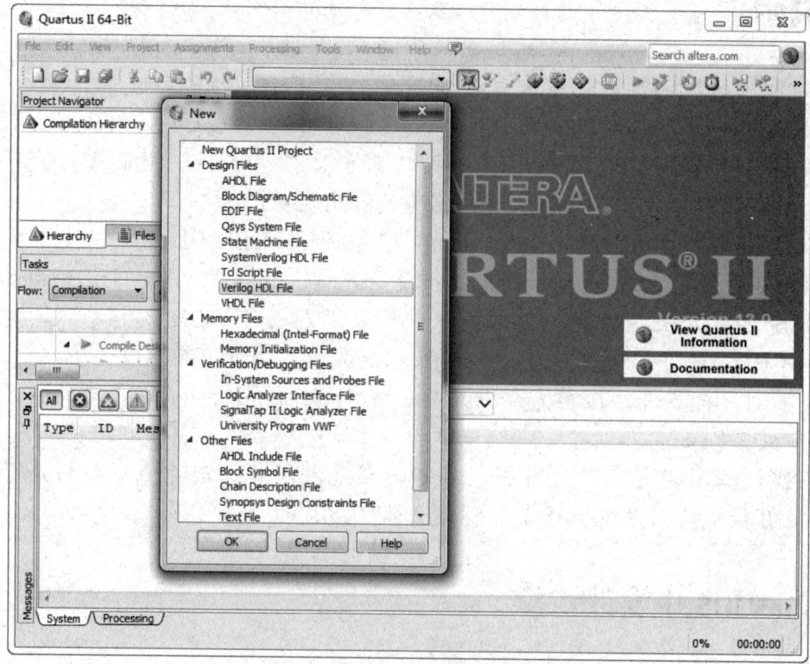

图 2.40　新建文件

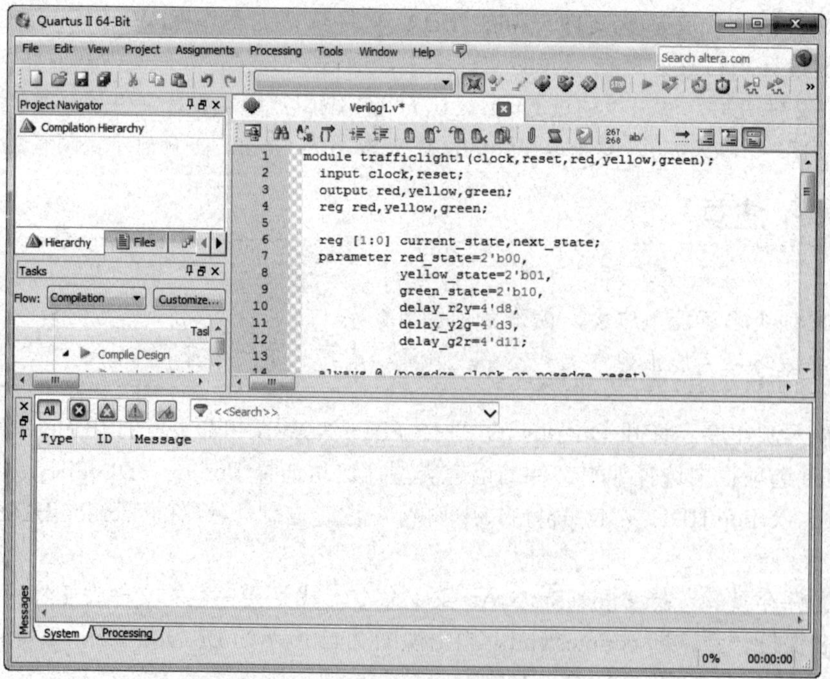

图 2.41　编辑输入设计文件

图 2.42　保存设计文件

2. 创建工程

在此要利用 New Project Wizard 工具创建此设计工程，即令 cnt10.vhd 为工程，并设定此工程的一些相关信息，如工程名、目标器件、综合器、仿真器等。详细步骤如下。

(1) 打开建立新工程管理窗口。选择 File→New Project Wizard 菜单命令，即可弹出工程设置对话框(见图 2.43)。其中第一个文本框中的 F:\CNT 表示工程所在的工作库文件夹；第二个文本框中的 cnt10 表示此项工程的工程名，此工程名可以取任何名字，一般直接用顶层文件的实体名作为工程名；第三个文本框中是顶层文件的实体名，这里即为 cnt10。

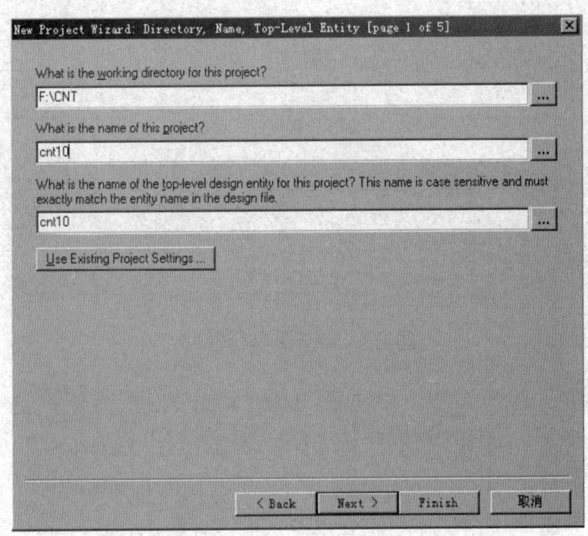

图 2.43　利用 New Project Wizard 创建工程 cnt10

(2) 将设计文件加入工程，单击图 2.44 中的 Add All 按钮。

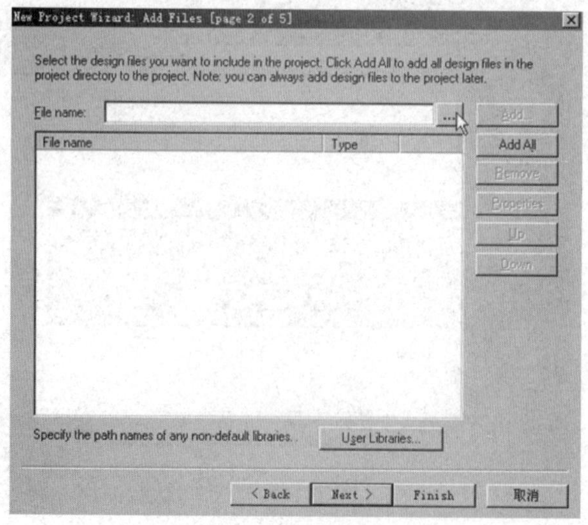

图 2.44 将相关文件加入工程

(3) 选择目标芯片。单击图 2.44 中的 Next 按钮，开始选择目标芯片。首先在 Family 下拉列表框中选择 Cyclone 选项，如图 2.45 所示，在 Available devices 列表框中选择 EP1C12Q240C8(器件较多时，也可以通过右侧的封装、引脚数、速度等条件来过滤选择)。

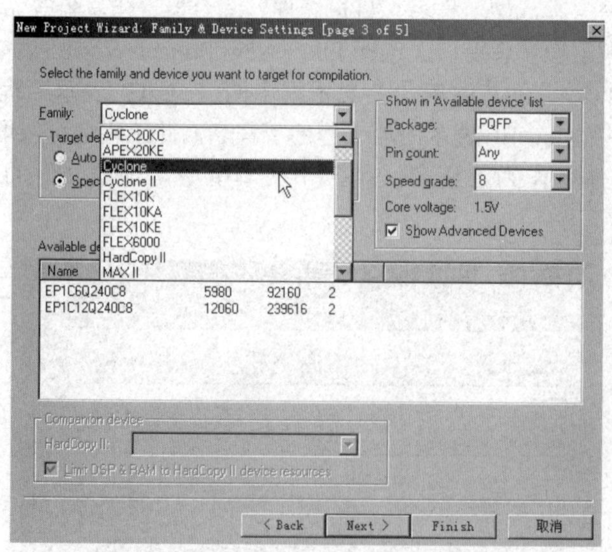

图 2.45 选择目标芯片

(4) 选择综合器和仿真器类型。单击图 2.45 中的 Next 按钮，这时弹出的对话框用于选择仿真器和综合器类型，如果默认都不选择，表示使用 Quartus II 中自带的仿真器和综合器。在此处什么也不选。

(5) 结束设置。单击图 2.46 中的 Next 按钮，即弹出 Summary 对话框，其中列出了此项工程相关的设置情况。单击 Finish 按钮，即可设定好此工程，如图 2.47 所示。

建立工程后，可以使用 Settings 对话框的 Add/Remove 选项卡在工程中添加、删除、设计其他文件。如果现有的是 Max+Plus II 工程，还可以使用 Convert Max+Plus II Project

命令(File 菜单中)将 Max+Plus II 的分配与配置文件(acf)转换为 Quartus II 工程。

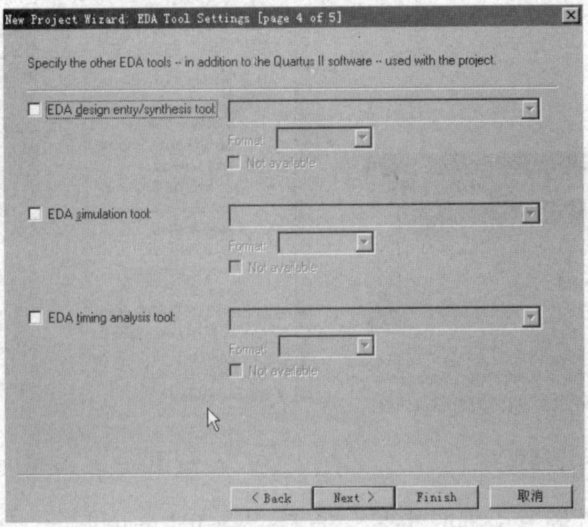

图 2.46　选择仿真器和综合器

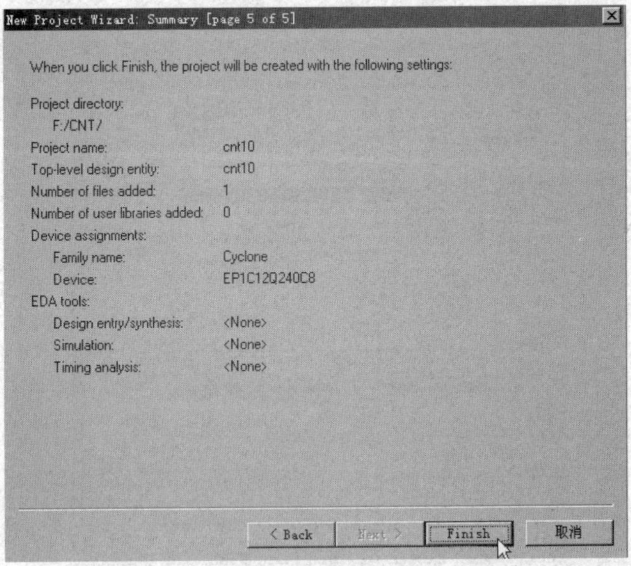

图 2.47　设置完成时的信息页面对话框

3. 编译前设置

在对工程进行编译处理前，必须做好必要的设置，步骤如下。

(1) 选择目标芯片。选择 Assignments→Device 菜单命令(也可以选择 Assignments→Settings 菜单命令，在弹出的对话框中选择 Category 选项下的 Device)，如图 2.48 所示，然后选择目标芯片(方法同“创建工程”中的第(3)步)。之后单击 Device & Pin Options 按钮，如图 2.49 所示，将弹出 Device & Pin Options 对话框，如图 2.50 所示。

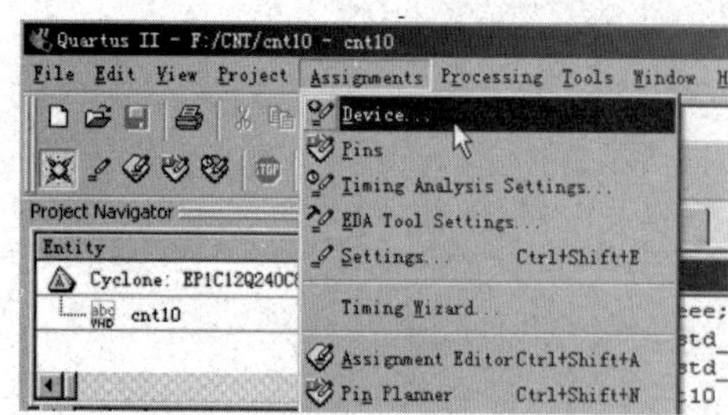

图 2.48　选择器件

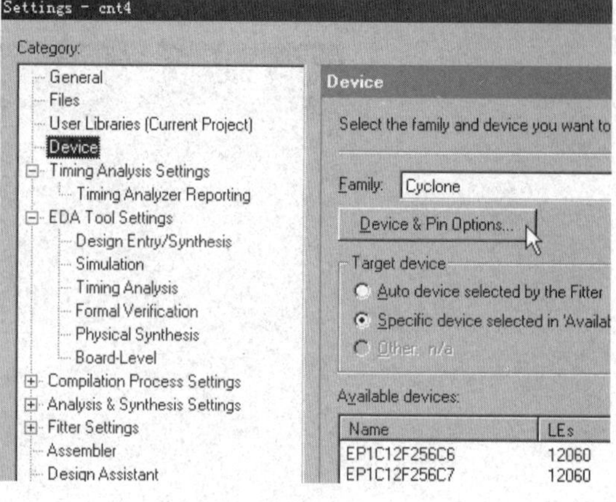

图 2.49　Settings 对话框

(2) 选择目标器件闲置引脚的状态。在 Device & Pin Options 窗口中选择 Unused Pin 选项卡，设置目标器件闲置引脚的状态为输入状态(呈高阻态)。

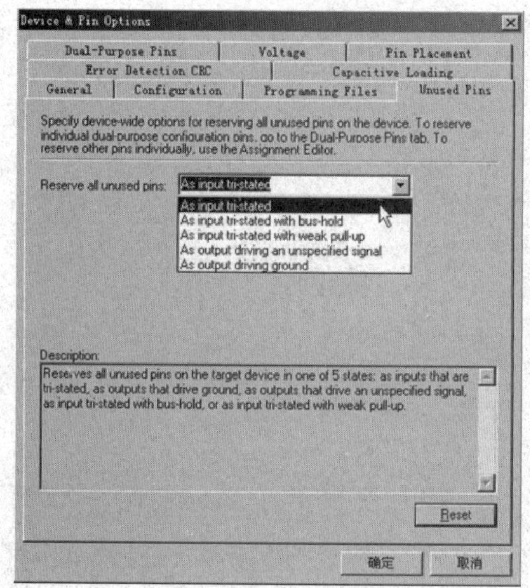

图 2.50　设置闲置引脚状态

4. 编译

Quartus II 编译器是由一系列的处理模块构成的，这些模块负责对设计项目进行检错、逻辑综合、结构综合、输出结果的编辑配置以及时序分析。在这一过程中，将设计项目适配进 FPGA/CPLD 目标器件中，同时产生多种用途的输出文件，如功能和时序仿真文件、器件编程的目标文件等。编译器首先从工程设计文件间的层次结构描述中提取信息，包括每个低层次文件中的错误信息，供设计者排除；然后用这些层次构建产生一个结构化的以网表文件表达的电路原理图文件，并把各层次中所有的文件结合成一个数据包，以便更有效地进行处理。

在编译前，设计者可以通过各种不同的设置，指导编译器使用各种不同的综合和适配技术，以便提高设计项目的工作速度、优化器件的资源利用率。在编译过程中和编译完成后，可以从编译报告窗口中获得所有相关的详细编译结果，以利于设计者及时调整设计方案。

下面首先选择 Processing→Start Compilation 菜单命令或单击 Quartus II 工具栏中的 Start Compilation 按钮，如图 2.51 所示，启动全程编译。注意这里所谓的编译(Compilation)，包括以上提到的 Quartus II 对设计输入的多项处理操作，如排错、数据网表文件提取、逻辑综合、适配、装配文件(仿真文件与编程配置文件)生成，以及基于目标器件的工程时序分析等。

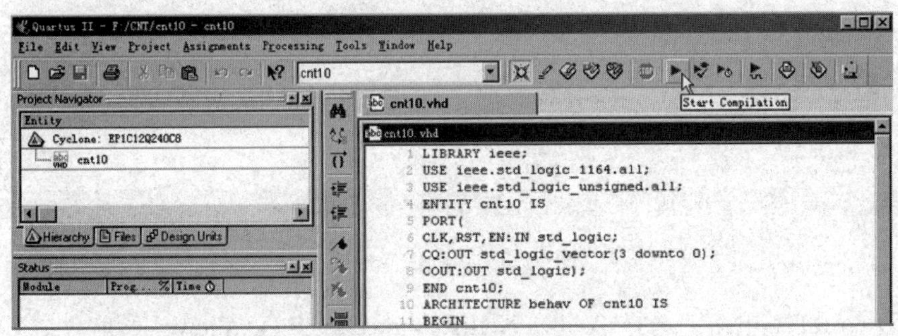

图 2.51　启动全程编译

如果工程中的文件有错误，在下方的 Processing 选项卡中会显示出来(见图 2.52)。对于 Processing 选项卡中显示的语句格式错误，双击此条文，即弹出对应的 VHDL 文件，深色标记条处即为文件中的错误。修改后再次编译直至排除所有错误，最后出现图 2.53 所示界面，单击“确定”按钮即可。

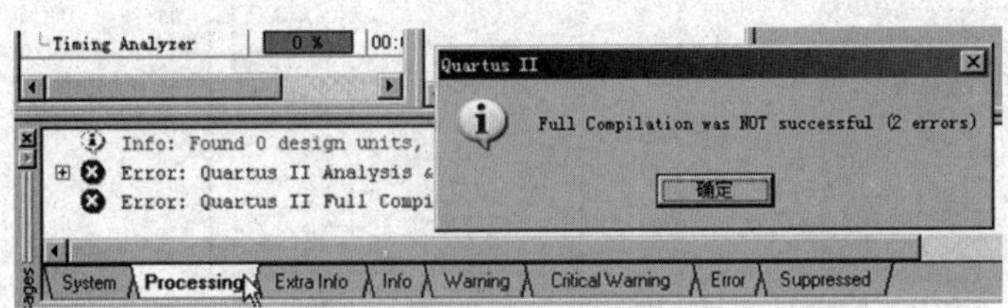

图 2.52　全程编译后出现报错信息

编译结果包括以下一些内容。

(1) 阅读编译报告。编译成功后可以见到图 2.53 所示的界面。此界面左上角是工程管理窗格；在其下是编译处理流程，包括数据网表建立、逻辑综合、适配、配置文件装配和时序分析；最下栏是编译处理信息；右栏是编译报告，可以通过 Processing→Compilation Report 菜单命令进行查看。

(2) 了解工程的时序报告。单击图 2.53 中间一栏的 Timing Analyses 选项左侧的+号，可以看到相关信息。

(3) 了解硬件资源应用情况。单击图 2.53 中间一栏的 Flow Summaryt 选项，可以查看硬件耗用统计报告；单击图 2.53 中间一栏的 Fitter 选项左侧的“+”号，选择 Floorplan

View 选项，可以查看此工程在 PLD 器件中逻辑单元的分布情况和使用情况。

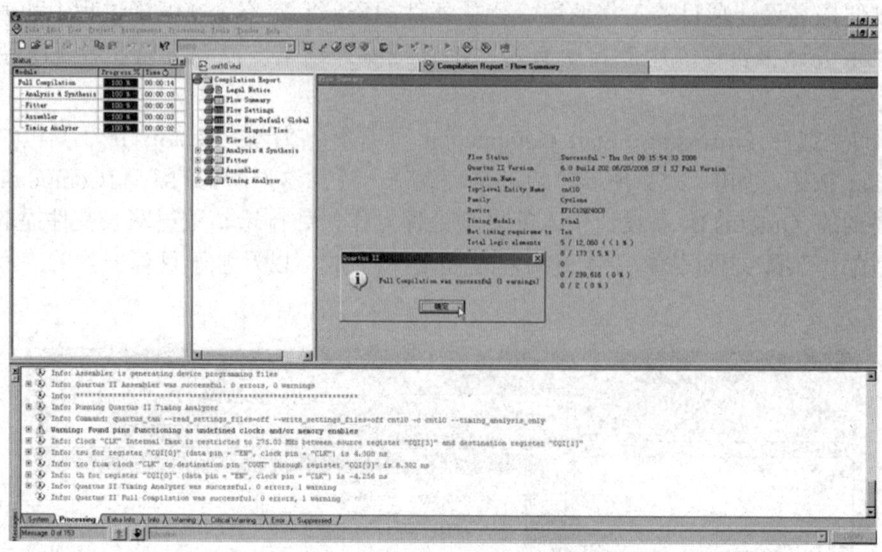

图 2.53　全程编译成功

(4) 查看 RTL 电路。选择 Tools→Netlist Viewers→RTL Viewer 菜单命令，即可看到综合后的 RTL 电路图，如图 2.54 所示。

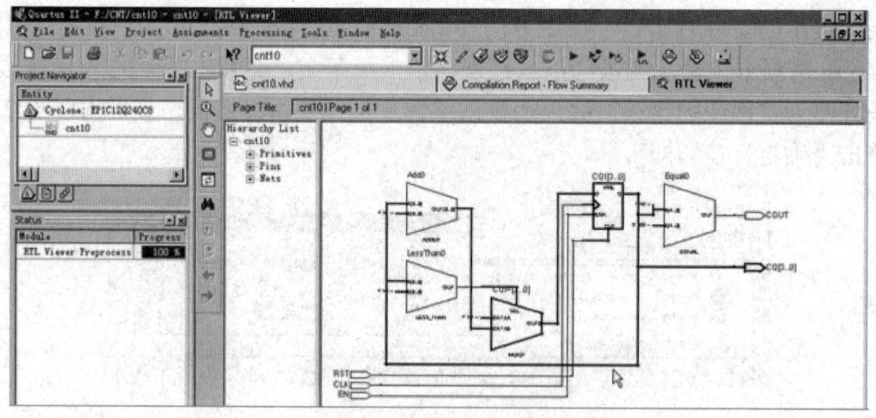

图 2.54　RTL 电路图

5. 仿真

仿真就是对设计项目进行全面彻底的测试，以确保设计项目的功能和时序特性，以及最终的硬件器件的功能与原设计相吻合。仿真可分为功能仿真和时序仿真。功能仿真只测试设计项目的逻辑行为，而时序仿真则既测试逻辑行为，也测试实际器件在最差条件下的真实运行情况。

仿真操作前必须利用 Quartus II 波形编辑器建立一个矢量波形文件(VWF)作为仿真激励。VWF 文件将仿真输入矢量和仿真输出描述成为一个波形的图形来实现仿真，但也可以将仿真激励矢量用文本表达，即文本形式的矢量文件(.vec)。

Quartus II 允许对整个设计项目进行仿真测试，也可以对该设计中的任何子模块进行仿真测试。

对工程的编译通过后，必须对其功能和时序性质进行仿真，以了解设计结果是否满足原设计要求。

以 VWF 文件方式的仿真流程为例的详细步骤如下。

(1) 打开波形编辑器。选择 File→New 菜单命令，在弹出的 New 对话框中切换到 Other Files 选项卡，选择 Vector Waveform File 选项(见图 2.55)，单击 OK 按钮，即出现空白的波形编辑器。

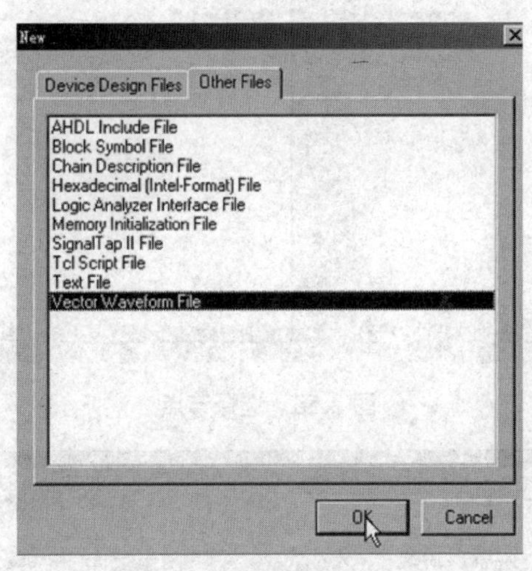

图 2.55　新建矢量波形文件

(2) 设置仿真时间区域。为了使仿真时间轴设置在一个合理的时间区域上，选择 Edit→End Time 菜单命令，在弹出对话框的 Time 栏中输入 50，单位选择μs，即整个仿真域的时间设定为 50μs，单击 OK 按钮，结束设置。

(3) 保存波形文件。选择 File→Save As 菜单命令，将名为 cnt10.vwf(默认名)的波形文件存入文件夹 F:\CNT 中。

(4) 输入信号节点。将计数器的端口信号选入波形编辑器中，方法是首先选择 Edit→Insert Node Or Bus 命令，然后单击 Node Finder 按钮，在图 2.56 所示的 Filter 下拉列表框中选择 Pins：all，然后单击 List 按钮，则在下方的 Nodes Found 列表框中出现 cnt10 工程的所有引脚名(如果此对话框中的 List 不显示，需要重新编译一次，然后再重复以上操作过程)。选择要插入的节点，可以单击“≥”“≤”按钮逐个添加或删除节点，也可以单击“>>”“<<”按钮添加或删除所有节点，设置完毕后单击 OK 按钮。单击波形窗口左侧的全屏显示按钮，使波形全屏显示，然后单击放大缩小按钮，使仿真坐标处于适当位置，如图 2.57 所示。

(5) 编辑输入波形(输入激励信号)。单击图 2.57 中的时钟信号名 CLK，使之变成蓝色，再单击左侧的时钟设置按钮，在 Clock 对话框中设置 CLK 的周期为 2μs，如图 2.58 所示。图中的 Duty cycle 微调框是占空比，可以选择 50，即占空比为 50%的方波。单击图 2.57 中的 EN 和 RST 设置其波形，可以通过和按钮直接将信号设置为 0 或

1，也可以按住鼠标左键在波形编辑区中拖动选择某一段波形，将其值设置为 0 或 1。对于总线数据，可以通过按钮设置其波形。

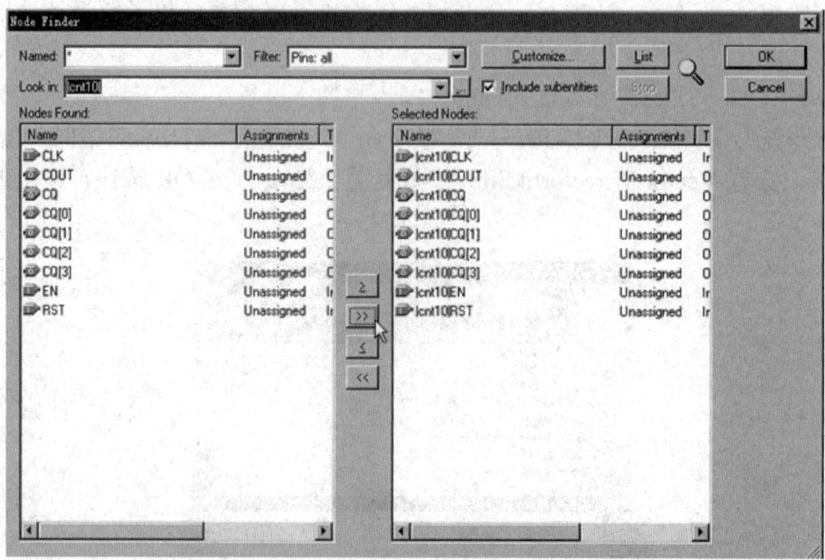

图 2.56　选择节点

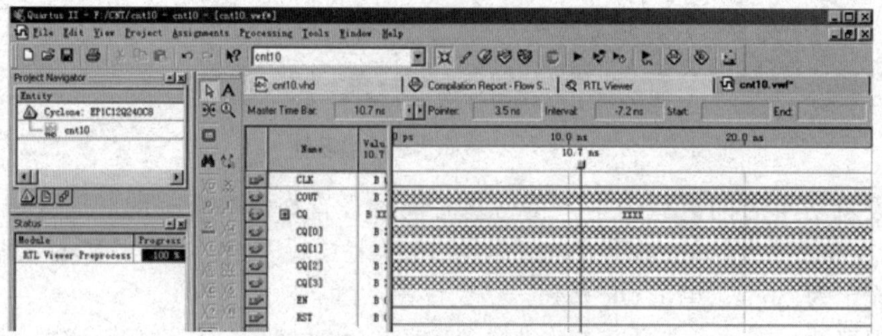

图 2.57　插入节点后的波形编辑器

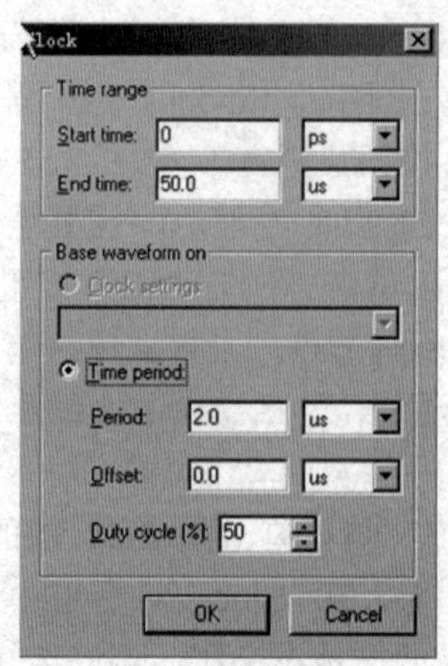

图 2.58　设置时钟波形

(6) 设定仿真器参数。选择 Assignment→Settings 菜单命令，在弹出的 Settings 对话框的 Category 列表框中选择 Simulator Settings 选项，在此项下可观察仿真的总体设置情况；在 Simulation mode 下拉列表框中确认仿真模式为时序仿真 Timing；选中 Simulation coverage reporting 复选框，设置 Glitch detection(毛刺检测)为 1ns，如图 2.59 所示。

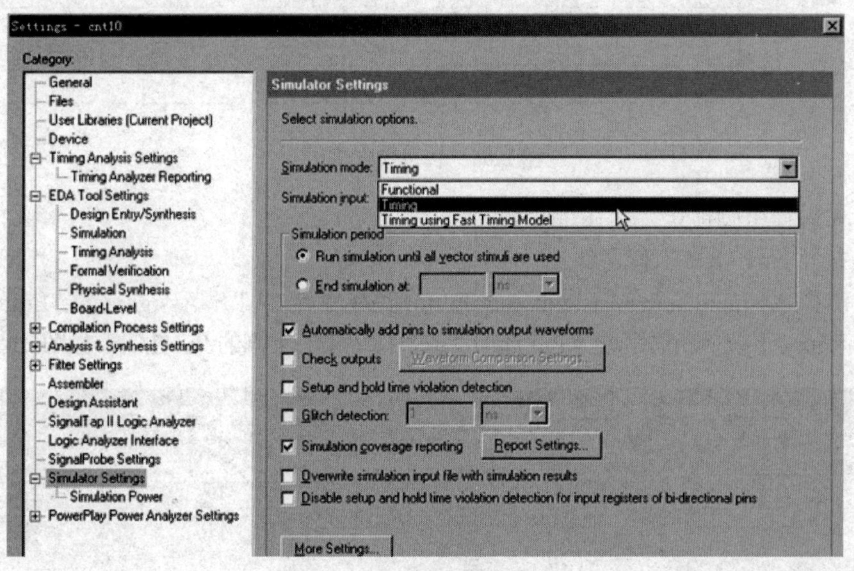

图 2.59　选择时序仿真

(7) 启动仿真器。选择 Processing→Start Simulation 菜单命令，直到出现图 2.60，说明仿真成功结束。

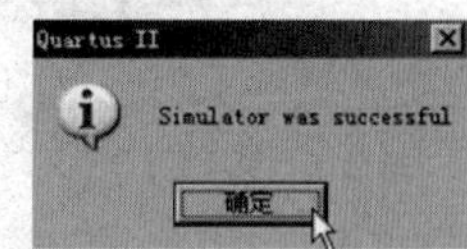

图 2.60　仿真成功

(8) 观察仿真结果。仿真波形文件 Simulation Report 通常会自动弹出(见图 2.61)。注意，在 Quartus II 中，波形编辑文件(*.vwf)与波形仿真报告文件(Simulation Report)是分开的，而在 Max+Plus II 中编辑与仿真报告波形是合二为一的。如果在启动仿真后，没有出现仿真完成的波形图，而是出现文字 Can't open Simulation Report Window 但报告仿真成功，则可以通过选择 Processing→Simulation Report 菜单命令自己打开仿真波形报告。

6. 引脚锁定

为了能对计数器进行硬件测试，应将计数器的输入输出信号锁定在芯片确定的引脚上。将引脚锁定后应再编译一次，把引脚信息一同编译进配置文件中，最后就可以把配置文件下载到目标器件中，完成 FPGA 的最终开发。

选择 GW48EDA 系统的电路模式 5，确定引脚分别如下。

① 主频时钟 CLK 接 clock0(第 28 脚，可接在 4Hz 上)。

② 计数使能 EN 接电路模式 5 的键 1(PIO0 对应第 233 脚)。

③ 复位 RST 接电路模式 5 的键 2(PIO1 对应第 234 脚)。

④ 溢出 COUT 接发光管 D1(PIO8 对应第 1 脚)。

⑤ 4 位输出总线 CQ[3.0]分别接 PIO19、PIO18、PIO17、PIO16(它们对应的引脚编号分别为 16、15、14、13)，可由数码 1 来显示。

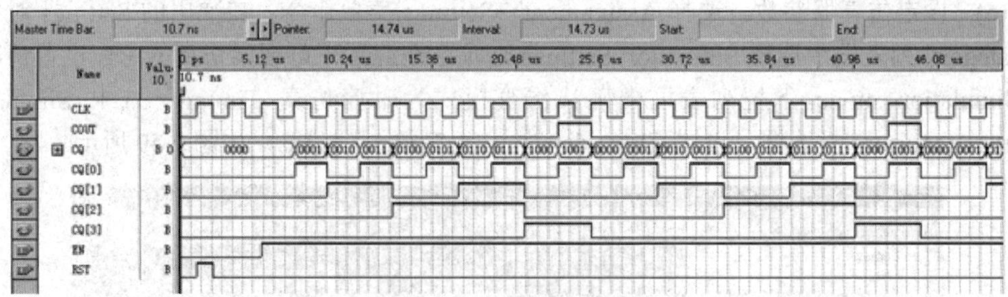

图 2.61　仿真波形输出

接下来进行引脚锁定，具体步骤如下。

(1) 打开 cnt10.qpf 工程文件。

(2) 选择 Assignments→Assignments Editor 菜单命令，打开 Assignments Editor 编辑窗口，在 Category 下拉列表框中选择 Pin 选项，或直接单击右上侧的 Pin 按钮，如图 2.62 所示。

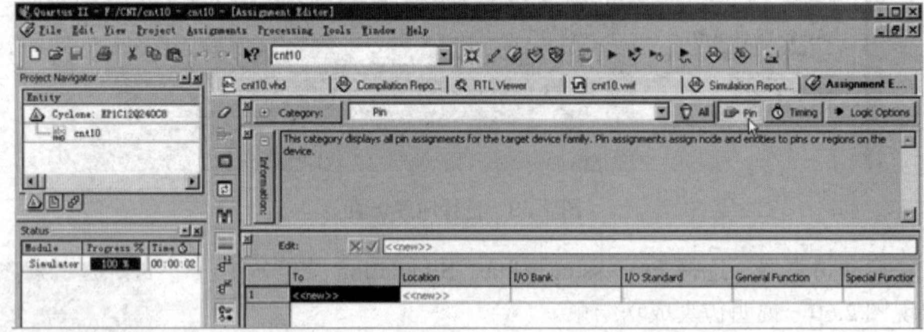

图 2.62　Assignments Editor 编辑窗口

在图 2.62 中下侧表格的 To 列中双击鼠标左键，将显示本工程中所有的输入输出端口，从中选择要分配的端口即可，在 Location 列中双击鼠标左键，将显示芯片所有的引脚，从中选择要使用的引脚即可。以同样的方法可将所有端口锁定在对应的引脚上，如图 2.63 所示。锁定引脚后，存储引脚锁定信息，之后必须再编译一次(选择 Processing→Start Compilation 菜单命令)，将引脚信息编译进下载文件中，这样生成的 sof 文件才可被下载到 FPGA 中。

Edit: PIN_234

	To	Location	I/O Bank	I/O Standard	General Function	Special Function	Reserved	Ena
1	CLK	PIN_28	1	LVTTL	Dedicated Clock	CLK0/LVDSCLK1p		Yes
2	COUT	PIN_1	1	LVTTL	Row I/O	LVDS23p/INIT_DONE		Yes
3	CQ[3]	PIN_16	1	LVTTL	Row I/O	LVDS18p		Yes
4	CQ[2]	PIN_15	1	LVTTL	Row I/O	LVDS19n		Yes
5	CQ[1]	PIN_14	1	LVTTL	Row I/O	LVDS19p		Yes
6	CQ[0]	PIN_13	1	LVTTL	Row I/O	LVDS20n/DQ0L3		Yes
7	EN	PIN_233	2	LVTTL	Column I/O	LVDS27n/DQ0T4		Yes
8	RST	PIN_234	2	LVTTL	Column I/O	LVDS27p/DQ0T5		Yes
9	<<new>>	<<new>>						

图 2.63　表格方式引脚锁定窗口

7. 编程下载

打开编程窗口和配置文件。用带仿真器的 USB 数据线连接实验箱上适配板的 JTAG 口和 PC，打开电源。

(1) 选择 Tools→Programmer 菜单命令，打开图 2.64 所示的窗口，在 Mode 下拉列表框中有 4 种编程模式可供选择，即 JTAG、Passive Serial、Active Serial Programming 和 In-Socket Programming。为了直接对 FPGA 进行配置，选择 JTAG(默认)，并单击下载文件右侧的第一个小方框。注意要仔细核对下载文件路径与文件名。如果文件没有出现或者有错，可单击左侧的 Add File 按钮，手动选择配置文件 cnt10.sof。

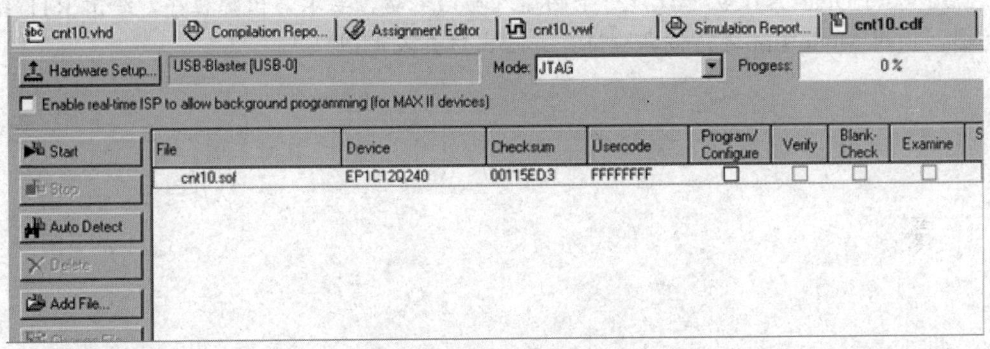

图 2.64　选择编程下载文件

(2) 设置编程器。若是初次安装 Quartus II，在编程前必须选择编程器。这里准备选择 USB-Blaster[USB-0]。单击 Hardware Setup 按钮，在弹出的对话框中切换到 Hardware Settings 选项卡，双击此选项卡中的 USB-ByteBlaster 选项，如图 2.65 所示，单击 Close 按钮，关闭对话框即可。这时在编程窗口右上方就会显示编程方式 USB-Blaster[USB-0]。

如果在图 2.65 所示对话框内的 Currently selected hardware 文本框中显示 No Hardware，则必须加入下载方式。即单击 Add Hardware 按钮，在弹出的对话框中单击 OK 按钮，再在图 2.66 中双击 USB-Blaster，使得 Currently selected hardware 文本框中显示 USB-Blaster [USB-0]。

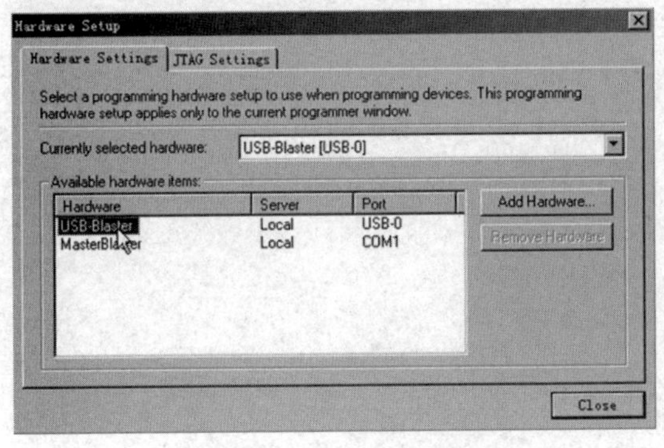

图 2.65　双击 USB-Blaster

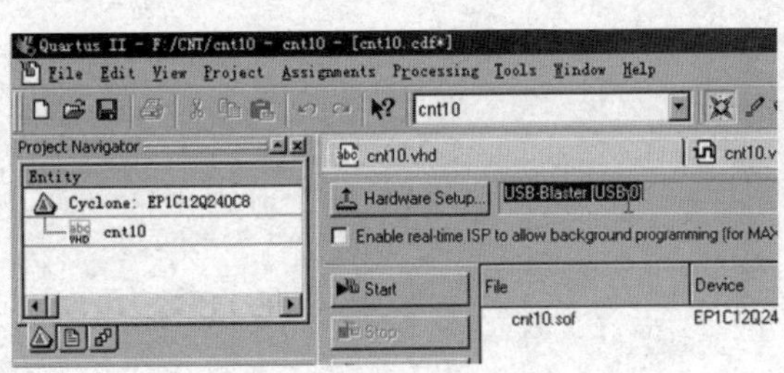

图 2.66　设置编程器

(3) 下载。单击 Start 按钮，即进入对目标器件 FPGA 的配置下载操作。当 Process 显示 100%，并且在底部的处理栏中出现 Configuration Succeeded 时，表示编程下载成功。

(4) 硬件测试。下载 cnt10.sof 成功后，选择电路模式 5，CLK 通过实验箱上的 clock0 跳线选择频率 4Hz；键 1 为置高电平，控制 EN 允许计数；键 2 先置高电平，然后置低电平，使 RST 产生复位信号。观察数码管 1 和发光管 D1，了解计数器的工作情况。

思 考 题

2.1 简述 Modelsim 软件仿真方法，并分别说明仿真过程。

2.2 简述 Quartus II 软件设计流程，并画出流程图。

2.3 使用 Quartus II 软件设计一个两输入与门电路，要求写出源程序，给出 RTL 结构电路图，使用 Modelsim 进行仿真验证，并给出仿真波形图。

第 3 章 Verilog HDL 的基础知识

学习目标：

- 了解 Verilog HDL 语言的发展历程
- 掌握 Verilog HDL 语言的基本结构
- 掌握 Verilog HDL 语言的词法标识符
- 掌握 Verilog HDL 语言的数据类型
- 掌握 Verilog HDL 语言的运算符
- 掌握 Verilog HDL 语言的描述语句

本章重点：

- 掌握 Verilog HDL 语言的基本结构
- 掌握 Verilog HDL 语言的数据类型
- 掌握 Verilog HDL 语言的运算符
- 掌握 Verilog HDL 语言的描述语句

本章难点：

- 掌握 Verilog HDL 语言的基本结构
- 掌握 Verilog HDL 语言的描述语句

Verilog 语言基础-基本结构

Verilog 语言基础-词法标识符

Verilog 语言基础-控制结构之 case 语句

Verilog 语言基础-控制结构之 if 语句

Verilog 语言基础-控制结构之循环语句

Verilog 语言基础-数据类型

Verilog 语言基础-运算符 I

Verilog 语言基础-运算符 II

通过第 1 章大家已经了解什么是 FPGA、FPGA 的工作原理及设计流程，但是 FPGA 设计使用什么语言来实现，可能很多读者并不清楚。本章将给大家介绍一种 FPGA 编程语言——Verilog HDL。从学习的角度来讲，Verilog HDL 可以快速上手、易于使用，得到了很多工程师和学生的青睐。

3.1 硬件描述语言(HDL)综述

硬件描述语言(Hardware Description Language，HDL)是硬件设计人员和电子设计自动化(EDA)工具之间的媒介。其主要目的是用来编写设计文件，建立电子系统行为级的仿真模型，即利用计算机的巨大计算能力对用 Verilog HDL 或 VHDL 建模的复杂数字逻辑进行仿真，再自动综合以生成符合要求且在电路结构上可以实现的数字逻辑网表(Netlist)，并根据网表和某种工艺的器件自动生成具体电路，然后生成该工艺条件下这种具体电路的延时模型。模型仿真验证无误后，文件用于制造 ASIC 芯片或写入 EPLD 和 FPGA 器件中。

在 EDA 技术领域中把用 HDL 语言建立的数字模型称为软核(Soft Core)，把用 HDL 建模和综合后生成的网表称为固核(Hard Core)，对这些模块的重复利用缩短了开发时间，提高了产品开发效率，同时也提高了设计效率。

随着 EDA 工具的发展，PC 平台上的 Verilog HDL 和 VHDL 仿真综合性能越来越优越，为大规模普及这种新技术铺平了道路。目前国内只有少数重点设计单位和高校有一些工作站平台上的 EDA 工具，而且大多数只是做一些线路图和版图级的仿真与设计，也只有个别单位展开了利用 Verilog HDL 和 VHDL 模型(包括可综合和不可综合的)进行复杂的数字逻辑系统的设计。随着电子系统向集成化、大规模、高速度的方向发展，HDL 语言将成为电子系统硬件设计人员必须掌握的语言。

3.1.1 硬件描述语言的优越性

传统的用原理图设计电路的方法已逐渐消失，取而代之的 HDL 语言正被人们广泛接受，出现这种情况有以下几点原因。

(1) 电路设计将继续保持向大规模和高复杂度发展的趋势。20 世纪 90 年代，设计规模达到百万门的数量级。作为科学技术大幅度提高的产物，芯片的集成度和设计的复杂度都大大增加，芯片的集成密度已达到 100 万个晶体管以上，为使如此复杂的芯片变得易于人脑理解，用一种高级语言来表达其功能性而隐藏具体实现的细节是很有必要的。这也就是在大系统程序编写中用高级程序设计语言代替汇编语言的原因。工程人员将不得不使用 HDL 进行设计，而把具体实现留给逻辑综合工具去完成。

(2) 电子领域的竞争越来越激烈。刚刚涉入电子市场的人员要面对巨大的压力：提高逻辑设计的效率，降低设计成本，更重要的是缩短设计周期。多方位的仿真可以在设计完成之前检测到其错误，这样能够减少设计重复的次数。因此，有效的 HDL 语言和主计算机仿真系统在将设计错误的数目减少到最低限度方面起到了不可估量的作用，并使第一次投片便能成功地实现芯片功能成为可能。

(3) HDL 也使探测各种设计方案变成一件很容易、很便利的事情，因为针对不同的设计方案，只需要对描述语言进行修改，这比更改电路原理图原型要容易实现得多。

3.1.2　硬件描述语言的发展历史

早期的集成电路设计实际上就是掩模设计，电路的规模是非常小的，电路的复杂度也很低，工作方式则主要依靠手工作业和个体劳动。今天，超大规模集成电路(VLSI)的电路规模都在百万门量级；由于集成电路大规模、高密度、高速度的需求，使电子设计越来越复杂，为了完成 10 万门以上的设计，需要制定一套新的方法，就是采用 HDL 设计数字电路。HDL 于 1992 年由 Iverson 提出，随后许多高等学校、科研单位、大型计算机厂商都相继推出了各自的 HDL，但最终成为 IEEE 技术标准的仅有两个，即 VHDL 和 Verilog HDL。Verilog HDL 语言提供简洁、可读性强的句法；使用 Verilog 语言已经成功地设计了许多大规模的硬件。

Verilog HDL 是 1983 年由 GDA(Gateway Design Automation)公司的 Phil Moorby 首创。Phil Moorby 后来成为 Verilog-XL 的主要设计者和 Cadence 公司(Cadence Design System)的第一个合伙人。1984—1985 年 Moorby 设计出第一个关于 Verilog-XL 的仿真器，1986 年他对 Verilog HDL 的发展又作出另一个巨大贡献：提出了用于快速门级仿真的 XL 算法。

随着 Verilog-XL 算法的成功，Verilog HDL 语言得到迅速发展。1989 年 Cadence 公司收购了 GDA 公司，Verilog HDL 语言成为 Cadence 公司的私有财产。1990 年，Cadence 公司公开了 Verilog HDL 语言，成立了 OVI (Open Verilog International)组织来负责 Verilog HDL 的发展。IEEE 于 1995 年制定了 Verilog HDL 的 IEEE 标准，即 Verilog HDL 1364-1995。

1987 年，IEEE 接受 VHDL(VHSIC Hardware Description Language)为标准 HDL，即 IEEE1076-87 标准，1993 年作了进一步修订，定为 ANSI/IEEE1076-93 标准。现在很多 EDA 供应商都把 VHDL 作为其 EDA 软件输入输出的标准，如 Cadence、Synopsys、Viewlogic、Mentor Graphic 等厂商都提供了对 VHDL 的支持。

3.1.3　HDL 语言的主要特征

HDL 语言既包含一些高层程序设计语言的结构形式，同时也兼顾描述硬件线路连接的具体构件，通过使用结构级或行为级描述，可以在不同的抽象层次描述设计。HDL 语言采用自顶向下的数字电路设计方法，主要包括 3 个领域 5 个抽象层次，如表 3.1 所示。

(1) HDL 语言是并发的，即具有在同一时刻执行多任务的能力。一般来讲，编程语言是非并行的，但在实际的硬件电路中，许多操作都是在同一时刻发生的，所以 HDL 语言具有并发的特征。

(2) HDL 语言有时序的概念。一般来讲，编程语言是没有时序概念的，但在硬件电路中从输入到输出总是有延迟存在的，为描述这些特征，HDL 语言需要建立时序的概念。因此，使用 HDL 除了可以描述硬件电路的功能外，还可以描述其时序要求。

表 3.1 HDL 抽象层次描述表

抽象层次	行为领域	结构领域	物理领域
系统级	性能描述	部件及它们之间的逻辑连接方式	芯片、模块、电路板和物理划分的子系统
算法级	I/O 应答算法级	硬件模块数据结构	部件之间的物理连接、电路板、底盘等
寄存器传输级	并行操作寄存器传输、状态表	算术运算部件、多路选择器、寄存器总线、微定序器、微存储器之间的物理连接方式	芯片、宏单元
逻辑级	用布尔方程叙述	门电路、触发器、锁存器	标准单元布图
电路级	微分方程表达	晶体管、电阻、电容、电感元件	晶体管布图

3.1.4 Verilog HDL 与 VHDL 的比较

由于 Verilog HDL 早在 1983 年就已推出，至今已有近 40 年的历史，因而 Verilog HDL 拥有广泛的设计群体，成熟的资源比 VHDL 丰富。而 Verilog HDL 与 VHDL 相比最大的优点是：它是一种非常容易掌握的硬件描述语言，而掌握 VHDL 设计技术却比较困难。

目前版本的 Verilog HDL 和 VHDL 在行为级抽象建模的覆盖范围方面也有所不同。一般认为 Verilog HDL 在系统抽象方面比 VHDL 强些。Verilog HDL 较适合算法级(Alogrithem)、寄存器传输级(RTL)、逻辑级(Logic)、门级(Gate)设计。而 VHDL 更适合特大型的系统级(System)设计。

3.1.5 Verilog HDL 设计流程及设计方法简介

1. 设计流程

Verilog HDL 设计流程如图 3.1 所示。

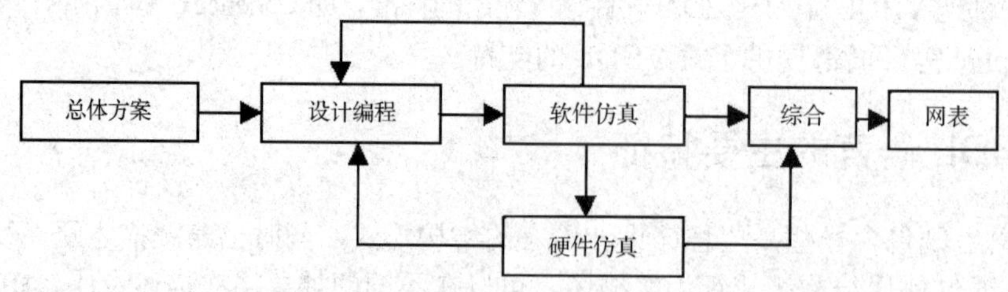

图 3.1 Verilog HDL 设计流程

需注意以下几点。

(1) 总体方案是芯片级的。

(2) 软件仿真用来检测程序上的逻辑错误。

(3) 硬件仿真要根据需要搭成硬件电路，检查逻辑和时序上的错误。使用 FPGA (现场可编程门阵列)速度比正常慢 10 倍以上，而且只能检查逻辑错误，不能检查时序错误。

2. 设计方法

1) 自下而上的设计方法

自下而上的设计是一种传统的设计方法，对设计进行逐次划分的过程是从存在的基本单元出发的，设计树最末枝上的单元要么是已经制造出的单元，要么是其他项目已开发好的单元或者是可外购得到的单元。这种设计方法与只用硬件在模拟实验板上建立一个系统的步骤有密切联系。

(1) 自下而上设计方法的优点。

① 设计人员对于用这种方法进行设计比较熟悉。

② 实现各个子块电路所需的时间短。

(2) 自下而上设计方法的缺点。

① 一般来讲，对系统的整体功能把握不足。

② 实现整个系统的功能所需的时间较长，因为必须先将各个小模块完成。使用这种方法对设计人员之间的相互协作有比较高的要求。

2) 自上而下的设计方法

自上而下的设计是从系统级开始，把系统划分为基本单元，然后再把每个基本单元划分为下一层次的基本单元，一直这样做下去，直到可以直接用 EDA 元件库中的元件来实现为止。

(1) 自上而下方法的优点。

① 在设计周期开始就做好了系统分析。

② 由于设计的主要仿真和调试过程是在高层次完成的，所以能够早期发现结构设计上的错误，避免设计工作的浪费，同时也减少了逻辑仿真的工作量。

③ 自上而下的设计方法方便了从系统划分和管理整个项目，使得几十万门甚至几百万门规模的复杂数字电路的设计成为可能，并可减少设计人员，避免不必要的重复设计，提高了设计的一次成功率。

(2) 自上而上方法的缺点。

① 得到的最小单元不标准。

② 制造成本较高。

3) 综合设计方法

复杂数字逻辑电路和系统的设计过程通常是以上两种设计方法的结合，设计时需要考虑多个目标的综合平衡。在高层系统用自上而下的设计方法来实现，而在低层系统使用自下而上的方法从库元件或数据库中调用已有的单元设计。

综合设计方法兼有两种设计方法的优点，而且可以使用矢量测试库进行测试。

3.1.6 硬件描述语言新的发展

当前 EDA 工具所需解决的问题是如何大幅度提高设计能力，为此出现了一系列对 HDL 语言的扩展。

OO-VHDL(Object-Orieted VHDL)，即面向对象的 VHDL 它主是引入了新的语言对象 EntityObject。此外，OO-VHDL 中的 Entity 和 Architecture 具备继承机制，不同的

EntityObject 之间可以用消息来通信。因而 OO-VHDL 通过引入 EntityObject 作为抽象、封装和模块性的基本单元，解决了 VHDL 在抽象性方面的不足和在封装性方面的能力不强等问题，也通过其继承机制解决了实际设计中的一些问题，且由于 OO-VHDL 模型的代码比 VHDL 模型短 30%～50%，且开发时间缩短，提高了设计效率。

杜克大学发展的 DE-VHDL(Duke Extended VHDL)通过增加 3 条语句，使设计者可以在 VHDL 描述中调用不可综合的子系统(包括连接该子系统和激活相应功能)。杜克大学用 DE-VHDL 进行一些多芯片系统的设计，极大地提高了设计能力。

1998 年通过 Verilog HDL 新标准，把 Verilog HDL-A 并入 Verilog HDL 设计中，使其不仅支持数字逻辑电路的描述，还支持模拟电路的描述，因而在混合信号电路设计中得到广泛应用。在亚微米和深亚微米 ASIC 及高密度 FPGA 中，Verilog HDL 的发展前景非常广阔。

3.2 程序基本结构

模块(module)是 Verilog HDL 的基本描述单位，用于描述某个设计的功能或结构及与其他模块通信的外部端口。模块在概念上可等同一个器件，就如调用通用器件(与门、三态门等)或通用宏单元(计数器、ALU、CPU)等，因此，一个模块可在另一个模块中被调用。

Verilog HDL 程序由模块构成，模块的内容都是嵌在 module 和 endmodule 两个关键字之间，每个模块实现特定的功能，模块之间可以进行层次的嵌套。

Verilog HDL 程序模块包括模块名、输入输出端口描述、内部信号的数据类型声明、逻辑功能定义等部分。程序模板如下：

```
module<模块名>(<输入、输出端口列表>)
    /*端口描述*/
    output<输出端口列表>;
    input<输入端口列表>;
    /*内部信号声明*/
    wire                          //nets 型变量
    reg                           //register 型变量
    integer
    /*逻辑功能定义*/
    assign<结果信号名>=<表达式>;  //使用 assign 语句定义逻辑功能
    always@(<敏感信号表达式>)     //使用 always 块描述逻辑功能
      begin
          //过程赋值
          //条件语句
          //循环语句
          //函数调用
      end

    /*元件例化*/
    <module_name 模块名><instance_name 例化元件名>(<port_list 端口列表>);
endmodule
```

1. 端口定义

模块的端口声明了模块的 I/O 口，其格式如下：

```
module 模块名(端口1,端口2,端口3...);
```

例如：

```
module test(a,b,c);
```

表示模块名为 test，该模块有 3 个端口：a、b 和 c。

2. 输入输出端口声明

输入输出端口声明格式如下：

输入端口：input[n:1]端口 1，端口 2…端口 n；

输出端口：output[n:1]端口 1，端口 2…端口 n；

双向端口：inout[n:1]端口 1，端口 2…端口 n；

其中[n:1]表示端口数据的位宽为 n 位，也可以写成[n-1:0]。默认数据位宽为 1。例如：

```
input a;
output b;
```

端口声明也可以直接写在端口定义语句里。例如：

```
module exl(input a,output b);
```

3. 内部信号声明

内部信号的数据类型有常量和变量。常量包括整数和参数常量；变量包括 nets 型和 register 型两种，详见 3.4 节。

4. 逻辑功能定义

模块中最重要的部分是逻辑功能定义，它描述各输入输出变量及中间变量的逻辑功能。逻辑功能可以使用 assign 语句、always 语句以及元件例化等语句进行描述。assign 语句一般适合对组合逻辑进行描述，称为连续赋值语句。always 语句可以用于描述组合逻辑，也可以用于描述时序逻辑。元件例化是指将具有一定功能的模块作为独立的元件在顶层文件中调用。采用元件例化的方法同在电路图输入方式下调入库元件一样，输入元件的名字和引脚的名字即可。

【程序 3.1】 一个完整的 Verilog HDL 模块。

```
module MUX2_1 (out,a,b,sel);     //端口定义
    output out;                   //输入输出列表
    input a,b,sel;
    wire a1,b1;                   //数据类型说明
    assign a1=a&&(!sel);          //逻辑功能定义
    assign b1=b&&sel;
    assign out=a1||b1;
endmodule
```

其对应的硬件电路如图 3.2 所示。

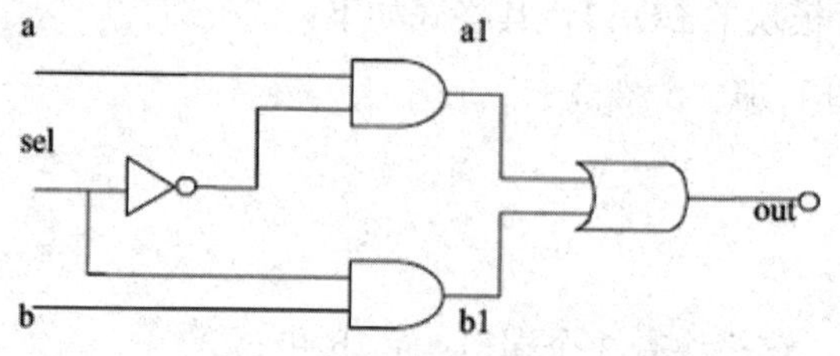

图 3.2　MUX2_1 模块电路示意图

在此例中，a、b 和 se1 是模块的输入端口，out 是输出端口，所有信号都从这些端口输入和输出；a1 和 b1 是中间变量；关键词 module 和 endmodule 之间包含完整的二选一多路选择器的设计实现。当在其他模块中用到这一多路选择器的模块时，只需使用其模块名和所定义的端口名即可，无须知道其内部的具体实现。这是自上而下设计方法的一个主要特征。

3.3　词 法 习 俗

Verilog HDL 的源文本文件是由一串词法标识符构成的，一个词法标识符包含一个或若干个字符。在源文件中，这些标识符的排列格式很自由，也就是说，在句法上间隔和换行只是将这些标识符分隔开来，并不具有重要意义(逃逸标识符除外)。

Verilog 语言中词法标识符的类型有以下几种。

(1) 间隔符。

(2) 注释。

(3) 数值。

(4) 字符串。

(5) 标识符。

(6) 关键字。

接下来对这些标识符一一进行说明。

1. 间隔符

间隔符包括空格字符、制表符、换行符及换页符，这些字符除了起到与其他词法标识符分隔的作用外，其他情况可以被忽略，但是在字符串中空白符和制表符会被认为是有意义的字符。

2. 注释

Verilog HDL 有两种注释形式，即单行注释和段注释(多行)。单行注释以两个字符“//”起始，以新的一行作为结束；而段注释则是以“/*”起始，以“*/”结束。段注释不允许嵌套。在段注释中，单行注释标识符“//”没有任何特殊意义。

3. 数值

Verilog HDL 的数值集合由以下 4 个基本的值组成。

- 0：代表逻辑 0 或假状态。
- 1：代表逻辑 1 或真状态。
- x：逻辑不定态。
- z：高阻态。

常数按照其数值类型可以划分为整数和实数两种。

Verilog HDL 的整数可以是十进制、十六进制、八进制或二进制的，格式为：

```
<位宽>'<基数><数值>
```

(1) 位宽：描述常量所含位数的十进制整数，是可选项，如果没有这一项，可以从常量的值推断出。

(2) 基数：可选项，可以是 b、B、d、D、o、O、h 或 H，分别表示二进制、八进制、十进制和十六进制。基数默认为十进制数。

(3) 数值：是由基数所决定的表示常量真实值的一串 ASCII 码。如果基数定义为 b 或 B，数值可以是 0、1、x、X、z 或 Z。若基数是 o 或 O，数值可以是 2、3、4、5、6、7；若基数是 h 或 H，数值可以是 8、9、a、A、b、B、c、C、d、D、e、E、f、F。对于基数为 d 或 D 的情况，数值符可以是任何十进制数 0～9，但不可以是 X 或 Z。例如：

```
15            (十进制 15)
'h15          (十进制 21,十六进制 15)
5'b10011      (十进制 19,二进制 10011)
12'h01F       (十进制 31,十六进制 01F)
'b01x         (无十进制值,二进制 01x)
```

注意以下几点。

(1) 数值常量中的下划线“_”是为了增加可读性，可以忽略，如 8'b1100_0001 是 8 位二进制数。

(2) 在给寄存器型数据赋值时，有大小的负数并不使用符号扩展的方法生成。

(3) 数值常量中的“？”表示高阻状态，如 2'B1?表示 2 位的二进制数，其中的一位是高阻状态。

Verilog HDL 中实数用双精度浮点型数据来描述。实数既可以用小数(如 12.79)表达，也可以用科学记数法的方式(如 24e7 表示 24×10^7)表达。带小数点的实数在小数点两侧都必须至少有一位数字。例如：

```
1.2
0.5
128.7496
1.7E8 (指数符号可以是 e 或 E )
57.6e-3
0.1e-0
123.374_286_e-9 (下划线忽略)
```

下面的几个例子是无效的格式：

```
.25
3.
7.E3
.8e-2
```

实数可以转化为整数，遵循四舍五入的原则，而不是截断原则。当将实数赋给一个整数时，这种转化会自行发生。例如，在转化成整数时，实数 25.5 和 25.8 都变成 26，而 25.2 则变成 25。

4. 字符串

字符串常量是一行写在双引号之间的字符序列串。在表达式和赋值语句中，字符串作为算子，且要转换成无符号整型常量，用一串 8 位二进制 ASCII 码的形式表示，每一个 8 位二进制 ASCII 码代表一个字符，如字符串“ab”等价于 16'h5758。字符串变量是寄存器型变量，它具有与字符串的字符数乘以 8 相等的位宽。

例如，存储 12 个字符的字符串"Hello China! "需要 8×12 即 96 位宽的寄存器。

```
reg[8*12:1] str1;
   initial
      begin
         str="Hello China!"
      end
```

使用 Verilog HDL 的操作符可以对字符串进行处理，被操作符处理的数据是 8 位 ASCII 码的顺序。

Verilog HDL 支持 C 语言中的转义符，如\t、\n、\\、\ " 和%%等。

5. 标识符、关键字和系统名称

标识符是赋给对象的唯一名字，用这个标识符来提及相应的对象。标识符可以是字母、数字、$符和下划线(_)字符的任意组合序列，但它必须以字母(大小写)或下划线开头，不能是数字或$符。标识符是区分大小写的，如 atack_del、clk_inl、_shift3、o$284 等，非法命名如 34net、a*b_net。

逃逸标识符(escaped identifiers)以反斜杠“\”开始，以空格结束，这种命名可以包含任何可印制的 ASCII 字符，反斜杠和空格不属于名称的一部分，如\~#@sel、\{A,B}、\busa+index 等。

关键字是预先定义的非逃逸标识符，用来定义语言结构，所有的关键字都是用小写方式定义的。

系统任务标识符为$<identifier>，其中$表示引入一个语言结构，其后所跟的标识符是系统任务或系统函数的名称。$<identifier>系统任务或系统函数标识符可以在以下 3 处进行定义。

(1) $<identifier>系统任务和函数的标准集合。

(2) 使用 PLI(Programming Language Interface)定义附加的<identifier>系统任务和函数。

(3) 通过软件工具定义附加的<identifier>系统任务和函数。

使用系统名称可以执行以下不同的操作。

(1) 实时显示当前仿真时间($time)。

(2) 显示/监视信号的值($display, $monitor)。

(3) 暂停仿真($stop)。

(4) 结束仿真($finish)。

例如：

```
$monitor($time, "a= %b, b= %h",a, b);
```

说明：每次 a 或 b 信号的值发生变化时，这个系统任务负责显示当前仿真时间、二进制格式的 a 信号和十六进制格式的 b 信号。

3.4 数据类型

数据类型是用来表示数字电路中的数据存储和传送的。Verilog HDL 中有 19 种数据类型，包括 memory 型、large 型、medium 型、scalared 型、time 型、small 型、tri 型、trio 型、tril 型、triand 型、trior 型、trireg 型、vectored 型、wand 型、wor 型等。数据类型有常量和变量之分，常量包括整数和参数常量，变量包括 nets 型和 register 型。

3.4.1 常量

在程序运行过程中，其值不能被改变的量称为常量。

(1) 数字。

在 Verilog HDL 中数字包括整数以及 x、z。

(2) parameter 常量。

在 Verilog HDL 中，用 parameter 定义一个标识符代表一个常量，称为符号常量。用标识符代表一个常量可提高程序的可读性和可维护性。其定义格式如下：

```
parameter 参数名 1=表达式,参数名 2=表达式,…,参数名 n=表达式;
```

例如：

```
parameter data=1, address=8'b10010010;
```

此语句定义了参数 data 为十进制常数 1；参数 address 为 8 位的二进制常数 10010010。

在 Verilog HDL 中，也可以用常数表达式进行赋值。例如：

```
parameter size=5;
   assign out=size+8'hed;
```

3.4.2 变量

变量是在程序运行过程中其值可以改变的量。在 Verilog HDL 中，变量分为两种，即网络型(nets)和寄存器型(register)。

1. nets 型变量

网络数据类型变量通常表示电路之间的物理连接，始终根据输入的变化来更新其值。网络类型的变量不能存储值，而且必须受到驱动器的驱动。

Verilog HDL 中提供了多种 nets 型变量，如 wire、wor、wand、tri、supply0、supply1。这里主要介绍常用的 wire 型变量。

wire 型数据用来表示以 assign 语句赋值的组合逻辑信号。在 Verilog HDL 模块中，输入输出信号类型默认定义为 wire 型。wire 型信号可以用作任何方程式的输入和实例元件的输出，但只能在 assign 语句中被赋值使用。

wire 型变量的定义格式如下：

```
wire[n:1]变量名1,变量名2,…,变量名n;
```

[n:1]表示数据的位宽为 n 位，默认数据位宽为 1。例如：

```
wire wl,w2;           //定义了两个1位的wire型变量w1、w2
wire[8:1]data;        //定义了一个8位宽的变量data
```

数据位宽也可以用以下方式描述：[n-1:0]、[1:n]、[0:n-1]。符号“:”左边的数字表示数据最高位标号，符号“:”右边的数字表示数据最低位标号。例如：

```
wire[4:1]data;        //data[4]为最高位，data|1]为最低位
wire[0:7]address;     //address[0]为最高位，address[7]为最低位
```

若只使用了变量中的某几位，可直接说明，但应注意位宽必须一致。例如：

```
wire[3:0]dataout;
wire[1:0]datain;
    assign dataout[3:2]=datain;
```

此代码等效于:

```
assign dataout[3]=datain[1];
assign dataout[2]=datain[0];
```

2. register 型变量

register 是寄存器型变量，它对应于具有状态保持作用的电路元件，如触发器、锁存器等。register 型变量只有被明确地赋值后才能对其他变量赋值，重新赋值前一直保持原值。在设计中，此类变量必须放在块语句(如 always 语句)中，通过过程赋值语句赋值。同一个 register 型变量只能在一个块语句中重复赋值，而不能同时在多个块语句中赋值。Verilog HDL 语言中有 5 种不同的寄存器类型，即 reg、integer、time、real、realtime，下面分别进行介绍。

1) reg 型寄存器类型

reg 型变量是最常用的一种寄存器型变量，它使用保留字 reg 加以说明，其定义格式为：

```
reg[n:1]数据名1,数据名2,…,数据名n;
```

[n:1]表示数据的位宽为 n 位，默认数据位宽为 1。数据位宽也可以用[n-1:0]、[1:n]、[0:n-1]表示。例如：

```
reg [3:0] Sat;                //Sat为4位寄存器
reg Cnt;                      //Cnt为1位寄存器
reg[32:1]emx1,emx2,emx3       //emx1、emx2、emx3均为32位寄存器
```

寄存器可以取任意长度。寄存器中的值通常被解释为无符号数。例如：

```
    reg [1:4] Comb;
    …
    Comb=-2;               // Comb 的值为 14 (1110)，1110 是 2 的补码
Comb=5;                    // Comb 的值为 5 (0101)
```

2) integer 型寄存器类型

integer 型寄存器中存放整数值。integer 型寄存器可以作为普通寄存器使用，在高层行为建模中很常见。整型定义形式如下：

```
integer integer1, integer2,…,integerN[msb:lsb];
```

msb 和 lsb 是定义整数数组界限的常量表达式，数组界限的定义是可选的。其中一个 integer 型变量的最大位宽是 32 位。定义一个 integer 型变量时可以不指定位宽，综合时编译器自动调整其位宽。例如：

```
wire[3:0]a,b;
integer c;
c=a+b;     //此时，c 的位宽为 5 位，最高位是进位
```

3) time 型寄存器

time 型寄存器用于存储和处理时间，其语法表示为：

```
time time_ id1,time_ id2,…,timne_idN[msb:lsb];
```

msb 和 lsb 是表明范围界限的常量表达式。如果未定义界限，每个标识符存储一个至少 64 位的时间值。time 型寄存器只存储无符号数。例如：

```
time Events[0:31];           //时间值数组
time CurrTime;               //CurrTime 存储一个时间值
```

4) real 和 realtime 型寄存器

real 和 realtime 型寄存器的语法定义如下：

```
//real 型寄存器说明
real real_reg1,real_rg2,…,regN;
//realtime 型寄存器说明
realtime realtime_reg1,realtime_reg2,realtime_regN;
```

realtime 与 real 的用法完全相同。例如：

```
real Swing,Top;
realtime CurrTime;
```

real 型寄存器变量的默认值为 0。不允许对 real 型寄存器声明值域、位界限或字节界限。当对 x 和 z 赋予 real 型寄存器时，这些值作为 0 处理。例如：

```
real RamCnt;
…
RamCnt=5'b01x1z;  //RamCnt 最后赋值为"b01010
```

3. memory 型变量

memory 型变量是由若干个相同宽度的向量组成的数组，memory 型变量定义如下：

```
reg[n-1:0]memory[m-1:0];
```

例如，定义一个有 24 个字节的存储器，存储器名是 mymemory，语句如下：

```
reg[7:0]mymemory[23:0];
```

在数组中，不能直接对存储器中的某一位进行寻址，只能间接寻址。例如，在上例中对第 8 个存储单元中的第 4 位赋值，方法如下：

```
mem=mymemory[7];    //第 8 个存储单元
mem[3]=1;           //第 4 位赋值 1
```

3.5 运 算 符

Verilog HDL 的运算符涉及范围很广，有不同的分类方法。按功能，运算符分为算术运算符、关系运算符、等式运算符、逻辑运算符、位运算符、缩减运算符、移位运算符、条件运算符、位并接运算符。按所带操作数来分，运算符又可分为 3 类，即：单目运算符，运算符可带一个操作数；双目运算符，运算符可带两个操作数；三目运算符，运算符可带 3 个操作数。各运算符的优先级如图 3.3 所示。为了避免出错，同时增加程序的可读性，在书写程序时可用括号“()”来控制运算的优先级。

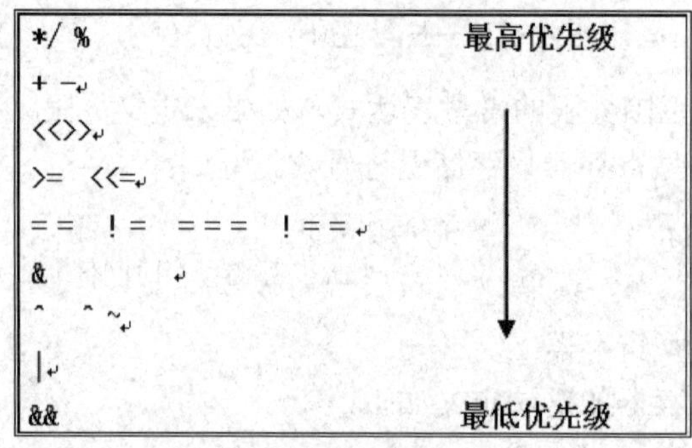

图 3.3 运算符的优先级

3.5.1 算术运算符

在 Verilog HDL 语言中，算术运算符又称为二进制运算符，分为下面几种。

(1) +：加法运算符，或正值运算符，如 a+b、+3。

(2) -：减法运算符，或负值运算符，如 a-3、-3。

(3) *：乘法运算符，如 a*3。

(4) /：除法运算符，如 a/3。

(5) %：模运算符，或称为求余运算符，要求%两侧均为整型数据，如 7%3 的值为 1。

在进行整数除法运算时，结果值要略去小数部分，只取整数部分；而进行取模运算时，结果的符号位采用模运算式里第一个操作数的符号位。表 3.2 给出了不同的数进行模运算的结果及说明。

表 3.2　模运算的结果

模运算表达式	结　果	说　明
11%3	2	余数为 2
12%3	0	整除，即余数为 0
11%-3	2	结果取第一个操作数的符号位，所以余数是 2
-10%3	-1	结果取第一个操作数的符号位，所以余数是-1

注意：在进行算术运算操作时，如果某一操作数有不确定的值 x，则运算结果也是不定值 x。“%”返回第一个操作数除以第二个操作数的余数。

【程序 3.2】算术运算符应用示例。

```
module arithmetic(a,b,out1,out2,out3,out4,out5);
    input  [2:0] a,b;
    output [3:0] out1;
    output [4:0] out3;
    output [2:0] out2,out4,out5;
    reg    [3:0] out1;
    reg   [4:0] out3;
    reg    [2:0] out2,out4,out5;
    always@(a or b)
      begin
        out1 = a+b;  //加运算
        out2 = a-b;  //减运算
        out3 = a*b;  //乘法运算
        out4 = a/b;  //除法运算
        out5 = a%b;  //取模运算
      end
endmodule
```

3.5.2　关系运算符

关系运算符共有 4 种，如表 3.3 所示。

表 3.3　关系运算符

序　号	关系运算符	含　义
1	>	大于
2	>=	大于等于
3	<	小于
4	<=	小于等于

在进行关系运算时，关系运算符对两个操作数进行比较，如果声明的关系是真(true)，则返回值为 1；如果声明的关系是假(false)，则返回值为 0；如果某个操作数为不确定值 x，则返回值也是不确定值。另外，“<=”也用于表示信号的一种赋值操作。

关系运算符与算术运算符相似，reg 型或 net 型变量之间相比较时，综合生成无符号操作数；integer 型变量之间相比较时，则综合生成有符号操作数。

当两个位数不同的操作数进行关系运算时，则位数少的操作数将在高位填零，以与位数多的操作数匹配。所有的关系运算符都有着相同的优先级别。关系运算符的优先级别低于算术运算符的优先级别。

比如，表达式“small<big-1”与表达式“small<(big-1)”表示的意思相同。而表达式“big-(2<small)”与表达式“big-2<small”则有着不同的意思，因为 2<small 在括号内有较高的优先级，它的返回值为 0 或 1，这样 big 将减去的是 0 或者 1；而在后式中，“big-2”的值与 small 进行关系运算，返回的值为 0 或 1。

【程序 3.3】关系运算符应用示例。

```
module relation(a,b,out1,out2,out3,out4);
    input[2:0] a,b;
    output out1,out2,out3,out4;
        assign out1 = a<b;              //小于运算
        assign out2 = a<= b;            //小于等于运算
        assign out3 = a>b;              //大于运算
        assign out4 = a>= b;            //大于等于运算
endmodule
```

3.5.3 等式运算符

等式运算符有 4 种，如表 3.4 所示。

表 3.4 等式运算符

序　号	等式运算符	含　义
1	==	等于
2	!=	不等于
3	===	全等
4	!==	不全等

等式运算符都是双目运算符，其结果由两个操作数确定。如果声明的关系是真，则返回值为 1；否则返回值为 0。

“==”和“===”运算符有所不同，“==”运算符是对两个操作数进行逐位比较，只有当两个操作数逐位相等，结果才为 1，如果操作数中有不确定值，则比较的结果就是不确定值。“===”是对操作数中的不确定值或高阻值也进行比较，当两个操作数完全一致时，结果为 1；否则结果为 0。例如，设 A=5'b11x01，B=5'b11x01，则“A==B”的返回值为不定值 x；而“A===B”的返回值为 1。

3.5.4 逻辑运算符

在 Verilog HDL 语言中，有 3 种逻辑运算符。

(1) &&：逻辑与。

(2) ||：逻辑或。

(3) !：逻辑非。

“&&”和“||”是二目运算符，要求有两个操作数，如(a>b)&&(b>c)，(a<b)||(b<c)。

而“!”是单目运算符，只要求一个操作数，如!(a>b)。

例如，如果 alpha 为整数 230，beta 为 0，有如下语句：

```
reg A=alpha&&beta;        //寄存器 A 被置为 0
reg B=alpha||beta;        //寄存器 B 被置为 1
```

表 3.5 所示为逻辑运算符的真值表，它表示当 a 和 b 的值为不同的组合时，各种逻辑运算所得到的结果。

表 3.5　逻辑运算符真值表

a	b	! a	! b	a&&b	a||b
1	1	0	0	1	1
1	0	0	1	0	1
0	1	1	0	0	1
0	0	1	1	0	0

逻辑运算符中“&&”和“||”的优先级别低于关系运算符，“！”的优先级高于算术运算符。逻辑运算符与其他高级语言的用法基本相似，在此不再举例说明。

3.5.5　位运算符

位运算符反映的是操作数的位运算，在 Verilog 语言中有 7 种位运算符，如表 3.6 所示。

表 3.6　位运算符

序　号	位运算符	含　义
1	~	非
2	&	与
3	|	或
4	^	异或
5	^~	同或
6	~&	与非
7	~|	或非

位运算符中除了“~”是单目运算符外，其余均为双目运算符。位运算中要求对两个操作数的相应位进行运算操作。

例如，若 A=5'b11001，B=5'b10101，则：

```
~A=5'b00110;
A&B=5'b10001;
A|B=5'b11101;
A^B=5'b01100;
```

两个不同长度的数据进行位运算时，自动将两个操作数按右端对齐，位数少的操作数会在高位用 0 补齐。

在此需要注意的是，不要将逻辑运算符和位运算符相混淆，比如，“!”是逻辑非，而“~”是位操作的非，即按位取反。例如，对于前者“!6”结果是 0，后者对位进行操作，“~{0,1, 1, 0}结果为 1001。

3.5.6 缩减运算符

缩减运算符是单目运算符，也有与、或、非等运算。其与、或、非运算规则类似于位运算符的与、或、非运算规则，但其运算过程不同。位运算是对操作数的相应位进行与、或、非运算，操作数是几位数则运算结果就是几位数。而缩减运算则不同，缩减运算是对单个操作数进行与、或、非递推运算，最后的运算结果是一位二进制数。缩减运算的具体运算过程如下。

(1) 先将操作数的第 1 位与第 2 位进行与、或、非运算。

(2) 再将运算结果与第 3 位进行与、或、非运算，依次类推，直至最后一位。得到的运算结果是一位二进制数。

例如：

```
wire[3:0] re_in;
out=&re_in;
```

等效于：

```
out=((re_in[0]&re_in[1])&re_in[2])&re_in[3];
```

若 A=4'b1001，则：

```
&A=0;   //只有当 A 的每位都为 1 时，结果才为 1
|A=1;  //只有当 A 的每位都为 0 时，结果才为 0
```

【程序 3.4】缩减运算符应用示例。

```
module reduction(a,out1,out2,out3,out4,out5,out6);
    input[3:0]a;
    output out1,out2,out3,out4,out5,out6;
    reg out1,out2,out3,out4,out5,out6;
    always @ (a)
      begin
        out1 = &a;          //与缩减运算
        out2 =|a;           //或缩减运算
        out3 = ~& a;        //与非缩减运算
        out4 = ~| a;        //或非缩减运算
        out5 =^ a;          //异或缩减运算
        out6 = ~^a;         //同或缩减运算
      end
endmodule
```

3.5.7 移位运算符

在 Verilog HDL 语言中有两种移位运算符。

(1) <<：左移位运算符。

(2) >>：右移位运算符。

移位运算符用法如下。

```
A<<n              //将操作数 A 左移 n 位
B>>n              //将操作数 B 右移 n 位
```

移位运算时，移出的空位用“0”填补。例如：

```
4'b1001<<2=6'b100100;
4'b1001>>1=4'b0100;
```

也可以将一个操作数移位后赋值给另一个操作数。例如：

```
input[3:0]a;
output[5:0]b;
assign b=a<<2;
```

如果 b 是一个 6 位数，a 左移后，移出的位自动进入 b 的高位，低位补 0。如果 b 也是一个 4 位数，则高位溢出。

【程序 3.5】移位运算符应用示例。

```
module shift(a,b);
   input[3:0] a;
   output[3:0]b;
   always@(a)
      begin
         a = 1;          //a 设为 0001
         b = (a<< 2); //移位后，a 的值为 0100，赋给 b
      end
endmodule
```

从此程序可以看出，a 在移过两位后，用 0 来填补空出的位。

进行移位运算时，应注意移位前后变量的位数，下面给出几个例子：

```
4,b1001<<1 = 5,b10010;
4,b1001<<2 = 6,b100100;
1<<6 = 32,b1000000;
4,b1001>>1= 4,b0100;
4,b1001>>4 = 4,b0000;
```

3.5.8　条件运算符

条件运算符“?:”是一个三目运算符，对 3 个操作数进行运算，其定义和 C 语言中的定义一样，方法如下：

```
信号=条件?表达式 1:表达式 2;
```

当条件成立时信号取表达式 1 的值，当条件不成立时信号取表达式 2 的值。例如：

```
out = sel ? inl : in0;     //表示当 sel=1 时，out=in1;当 sel=0 时，out=in0。
```

【程序 3.6】四选一多路选择器。

```
module  mux_4_1(a,b,c,d,sel,out);
input a,b,c,d;
```

```
input [1:0] sel;
output out;
assign out = (sel[0]) ? a : (sel[1]) ? b :(sel[2]) ? c  : sel[3]) ? d : 1'b0;
endmodule
```

在此程序中，当 sel=2'b00 时，out=a；当 sel=2'b01 时，out=b；当 sel=2'b10 时，out=c；当 sel=2'b11 时，out=d。

3.5.9 位并接运算符

Verilog HDL 语言中有一个特殊的运算符，即位并接运算符“{}”。这个运算符可以将两个或更多个信号的某些位并接起来进行运算操作。其使用方法是把某些信号的某些位详细地列出来，中间用逗号分开，最后用大括号括起来表示一个整体信号，即：

```
{信号 1 的某几位,信号 2 的某几位,...,信号 n 的某几位}
```

例如：

```
output[5:0]cancat;
input[3:0]ina,inb;
assign cancat={ina,inb[1:0]}
```

表示将 ina 和 inb 的低两位并接后赋值给 cancat，其中 ina[3]作为 cancat 的最高位，inb[0]作为 cancat 的最低位。

此外，在 Verilog 语言中还有一种重复操作符{{}}，即将一个表达式放入双重花括号中，复制因子放在第一层括号中。它为复制一个常量或变量提供一种简便记法，如{3{2'b01}} = =6'b010101。{2{m,n}}等同于{{m,n}，{m,n}}，也等同于{m,n，m,n}。

3.6 描述语句

本节将介绍 Verilog HDL 的几种描述语句，包括赋值语句、条件语句、循环语句和逻辑门描述语句。

3.6.1 赋值语句

在 Verilog HDL 中，常用的赋值语句有连续赋值语句和过程赋值语句两种。

1. 连续赋值语句

连续赋值语句用关键字 assign 引出一种逻辑的赋值关系，它用于对网络型变量进行赋值。下面是使用连续赋值语句描述的一个加法器电路。

【程序 3.7】加法器电路。

```
module continuous1(add1,add2,sum);
   input add1,add2;
   output sum;
   assign sum=add1+add2;
endmodule
```

在程序 3.7 中，信号 add1 或 add2 一旦变化，被赋值变量 sum 立刻随之改变，因此称为连续赋值方式。连续赋值语句常用于描述组合逻辑电路。连续赋值语句中，被赋值的变量不能被重复赋值。例如，下面程序中，assign 语句中 sum 两次被赋值是错误的。

【程序 3.8】assign 语句使用。

```
module continuous2(add1,add2,sum);
    input add1,add2;
    output sum;
    assign sum=add1+add2;
    assign sum=add1-add2;  //sum 被重复赋值
endmodule
```

连续赋值语句中被赋值变量需要定义为 wire 型。输出变量默认为 wire 型，可以不用重复定义。

2. 过程赋值语句

过程赋值语句必须在块语句中使用，如 always 块语句、function 块语句等。需要注意的是，过程赋值语句中被赋值的每一个信号都必须定义成寄存器型(reg)。下面的程序说明了过程赋值语句的使用。

【程序 3.9】过程赋值方式。

```
module blocking(clk,a,b,c);
    input clk,a;
    output b,c;
    reg b,c;
    always@(posedge clk)
        begin
          b=a;
          c=b;
          end
endmodule
```

在 Verilog HDL 中，双向端口信号 inout 不能被定义成 reg 型变量，因此不能在过程赋值语句中进行赋值。可以用中间寄存器变量在过程赋值语句中获取数据，然后在连续赋值语句中赋值给 inout 信号。下面的例子描述了 inout 端口信号的使用。

【程序 3.10】inout 端口信号的使用。

```
module inout_port(data,sel);
    inout[3:0]data;                        //双向端口信号
    input sel;
    reg[3:0]midreg;                        //中间寄存器变量
    always@(sel or data)
        begin
          if(sel==1) midreg=~data;     //对中间寄存器变量赋值
          else midreg=data;
        end
    assign data=midreg;                    //利用中间寄存器变量对双向端口信号赋值
endmodule
```

3.6.2 条件语句

在 Verilog HDL 中，条件语句有 if-else 语句和 case 语句两种。

1. if-else 语句

if-else 语句根据表达式的值来执行块中的内容，其格式与 C 语言中的 if-else 语句相似，有以下 3 种表现形式:

```
if(表达式)   语句;                //if 语句的第一种表现形式

if(表达式)  语句 1;              //if 语句的第二种表现形式
else        语句 2;

if(表达式 1)   语句 1;           //if 语句的第三种表现形式
else if(表达式 2)  语句 2;
…
else if(表达式 n)  语句 n;
else  语句 n+1;
```

其中，表达式一般为逻辑表达式或关系表达式，也可能是一位的变量。系统对表达式的值进行判断，若为 0、x、z，则按假处理；若为 1，则按真处理。然后执行指定的语句。语句可以是单句，也可以是多句。为多句时要用 begin-end 语句括起来。

【程序 3.11】4 位比较电路。给定两个 4 位输入 a、b，如果 a>b，则 a_gt_b 输出为高电平；如果 a<b，则 a_lt_b 输出为高电平；如果 a=b，则 a_eq_b 输出为高电平。

```
module compa_4 (a_gt_b,a_lt_b,a_eq_b,a,b);
    input[3:0] a,b;
    output a_gt_b,a_lt_b,a_eq_b;
    reg a_gt_b,a_lt_b,a_eq_b;
    always @(a or b)
      begin
        a_gt_b=0;
        a_lt_b = 0;
        a_eq_b = 0;
        if  ( a==b)   a_eq_b = 1;
        if  ( a> b)   a_gt_b = 1;
        if  (a < b)   a_lt_b = 1;
      end
endmodule
```

程序 3.11 也可以用 if-else 的方式来描述。

【程序 3.12】if-else 方式描述的 4 位比较电路。

```
module compb_4 (a_gt_b,a_lt_b,a_eq_b,a,b);
    input[3:0] a,b;
    output a_gt_b,a_lt_b,a_eq_b;
    reg a_gt_b,a_lt_b,a_eq_b;
    always @(a or b)
      begin
        if  ( a==b)  a_eq_b = 1;
        else a_eq_b = 0;
```

```
      if  ( a> b)   a_gt_b = 1;
      else a_gt_b = 0;
      if  (a < b)   a_lt_b = 1;
      else a_lt_b = 0;
    end
endmodule
```

在上面的描述中，包含了“>”“<”“==”等操作符，在 Verilog 语言中包含很多类似的操作符，这些操作符中的一部分可以通过综合器直接映射成工艺库中的某些电路。不同的综合器支持可综合子集的大小不一样，具体哪些操作符可以被综合则需要查看综合器的参考手册。

【程序 3.13】多路选择器。用 if-else 的形式完成多路选择器。当 sel[3]=1 时，输出 z=d；当 sel[2]=1 时，输出 z=c；当 sel[1]=1 时，输出 z=b；当 sel[0]=1 时，输出 z=a；否则 z=0。

```
module single_if(a, b, c, d, sel, z);
    input a, b, c, d;
    input [3:0] sel;
    output z;
    reg z;
    always @(a or b or c or d or sel)
        begin
          if (sel[3])         z = d
          else if (sel[2])     z = c;
          else if (sel[1])     z = b;
          else if(sel[0])      z = a;
          else               z = 0 ;
        end
endmodule
```

if-else 语句也可以嵌套使用，即 if 语句中可以再包含 if 语句，但是应注意 else 总是与它上面最近的 if 进行配对。如果不希望 else 与最近的 if 配对，可以采用 begin-end 进行分割。例如：

```
if (表达式)
    begin
        if(表达式)  语句1;
    end
else
    语句2;
```

这里的 else 与第一个 if 配对，因为第二个 if 被限制在了 begin-end 内部。

2. case 语句

case 语句与 if-else 语句类似，但它是一种多分支选择语句，多用于条件译码电路，如描述译码器、数据选择器、状态机及微处理器的指令译码等。case 语句有 case、casez、casex 三种表示方式。

case 语句的使用格式如下：

```
case(表达式)
    结果1:语句1;
```

```
        结果 2:语句 2;
        ...
        结果 n:语句 n;
        default:语句 n+1;
    endcase
```

当表达式的值为结果 1 时，执行语句 1；为结果 2 时，执行语句 2；依次类推，直到结果 n。如果表达式的值与列出的所有分支项的值都不相同，则执行 default 后面的语句。default 分支项也可以缺省。

【程序 3.14】用 case 语句描述一个高有效输出的 7 段译码器。其中 decin 为译码输入，decout 为 7 段译码输出。

```
module seg(decin,decout)
  input decin;
  output decout;
  reg decout;
  always@(decin)
    begin
        case(decin)
            4'd0:decout=7'b0111110;
            4'd1:decout=7'b0110000;
            4'd2:decout=7'b1101101;
            4'd3:decout=7'b1111001;
            4'd4:decout=7'b0110011;
            4'd5:decout=7'b1011011;
            4'd6:decout=7'b1011111;
            4'd7:decout=7'b1110000;
            4'd8:decout=7'b1111111;
            4'd9:decout=7'b1111011;
            default:decout=7'b0000000;
        endcase
    end
```

【程序 3.15】带使能端的 3～8 译码器。译码器是最常见的组合电路之一，3 位二进制信号可以译出 8 个不同的信号。所谓带使能端就是当一个使能信号位有效时，译码器工作；信号无效时，译码器不工作。定义使能信号名称 enable 高电平有效，3 位二进制信号用一组向量 binary_in[2:0]表示，8 位输出信号用 decoder_out[7:0]表示。译码器的功能定义如表 3.7 所示。

表 3.7　译码器真值表

enable	binary_in[2:0]	decoder_out[7:0]
0	×××	0000_0000
1	000	0000_0001
1	001	0000_0010
1	010	0000_0100
1	011	0000_1000
1	100	0001_0000
1	101	0010_0000

续表

enable	binary_in[2:0]	decoder_out[7:0]
1	110	0100_0000
1	111	1000_0000

```
module decoder_using_case (binary_in,decoder_out,enable );
    input [2:0] binary_in ;          // 3 位二进制输入信号
    input enable ;                   // 使能信号
    output [7:0] decoder_out ;       // 8 位输出
    reg [7:0] decoder_out ;
    always @ (enable or binary_in)
        begin
        decoder_out = 0;
        if (enable)
            begin
              case (binary_in)
                  3'h0 : decoder_out = 8'h01;
                  3'h1 : decoder_out = 8'h02;
                  3'h2 : decoder_out = 8'h04;
                  3'h3 : decoder_out = 8'h08;
                  3'h4 : decoder_out = 8'h10;
                  3'h5 : decoder_out = 8'h20;
                  3'h6 : decoder_out = 8'h40;
                  3'h7 : decoder_out = 8'h80;
              endcase
             end
         end
endmodule
```

本程序结合了前面所讲的 if 语句，用 if 语句判断 enable 是否有效，当 enable=1 时，译码器就按照表 3.7 所示开始工作。

【程序 3.16】8-3 编码器也是电路设计中很常见的一种，其功能定义如表 3.8 所示。

表 3.8　编码器真值表

data[7:0]	code[2:0]
0000_0000	×××
0000_0001	000
0000_0010	001
0000_0100	010
0000_1000	011
0001_0000	100
0010_0000	101
0100_0000	110
1000_0000	111

```
module encoder(code,data);
    output[2:0]code;
    input[7:0]data;
    reg[2:0]code;
```

```
    always@(data)
        case (data)
        8'h01 : code = 0;
        8'h02 : code = 1;
        8'h04 : code = 2;
        8'h08 : code = 3;
        8'h10 : code = 4;
        8'h20 : code = 5;
        8'h40 : code = 6;
        8'h80 : code = 7;
        default : code = 3'bx;
        endcase
    end
endmodule
```

3. casez 语句与 casex 语句

在 case 语句中，表达式与结果 1 至结果 n 之间必须保证对应位全等。casez 语句与 casex 语句是 case 语句的两种变体。在 casez 语句和 casex 语句中，如果分支表达式某些位的值是 z 或 x，那么对这些位的比较就不予考虑，只需关注其他位的比较结果即可。

例如：

```
casez(value_z)
2'bz0: z=1;  //只需最低位为 0 即可
endcase
```

4. 条件语句使用的注意事项

在使用条件语句时，应注意列出所有条件分支项；否则编译器在条件不满足时会引进一个锁存器保持原值。这一点可用于某些时序电路的设计，如计数器的设计。但对于组合逻辑电路，此结果通常是错误的，因为它隐含了锁存器的存储功能。下面程序描述的模块中就隐含了锁存器。

【程序 3.17】隐含锁存器电路。

```
module buried(buril,buri2,result);
    input buril,buri2;
    output result;
    reg result;
        always@(buril or buri2)
            begin
                if((buril==1)8&(buri2==1)) result=1;
            end
endmodule
```

程序 3.17 中，当 buril 和 buri2 同时为 1 之后，不论 buril 和 buri2 改变为何值，result 始终是 1，这是因为电路中引入了一个锁存器来保存 result 的值。

如果设计中不想引入锁存器，对于 if 语句，需要列出所有的条件分支项。比如，在程序 3.17 的 always 语句中加上一句，修改后程序如下：

```
always@(buril or buri2)
begin
    if((buril==1)&&(buri2==1)) result=1;
```

```
    else result=0;
end
```

对于 case 语句，为避免引入锁存器，应在所有分支项后面加上 default 语句。

3.6.3　循环语句

循环语句包括 for 循环语句、while 循环语句、repeat 循环语句和 forever 循环语句。

1. for 循环语句

for 循环语句与 C 语言的 for 循环语句非常相似，只是 Verilog 中没有增 1(++)和减 1(--)运算符，因此，要使用 i = i+1 的形式。

for 循环语句实现的是一种“条件循环”。其语法结构如下：

```
for(表达式 1;表达式 2;表达式 3)
    语句块;
```

它的执行过程如下。

(1)　先求解表达式 1。

(2)　求解表达式 2，若其值为真(非 0)，则执行 for 语句中指定的内嵌语句块，然后执行下面的第(3)步。若为假(0)，则结束循环，转到第(5)步。

(3)　若表达式 2 为真，在执行指定的语句后，求解表达式 3。

(4)　转回上面的第(2)步继续执行。

(5)　执行 for 语句下面的语句。

for 循环语句中最简单的应用形式是很容易理解的，其形式如下：

```
for(循环变量赋初值;循环执行条件;循环变量增值)
    循环体语句的语句块;
```

【程序 3.18】利用 for 循环语句描述的 7 人投票表决器：若超过 4 人(含 4 人)投赞成票，则表决通过。

```
module vote7(pass,vote);
    output pass;
    input [6:0]vote;
    reg[2:0]sum;                              //sum 为 reg 型变量，用于统计赞成的人数
    integer i;
    reg pass;
    always @(vote)
        begin
            sum = 0;                          //sum 初值为 0
            for(i = 0;i<=6;i = i+1)           //for 语句
               if(vote[i])   sum = sum+1;     //只要有人投赞成票，则 sum 加 1
            if(sum[2])       pass = 1;        //若超过 4 人赞成，则表决通过
            else             pass = 0;
        end
endmodule
```

2. while 循环语句

和 for 循环语句一样，while 循环语句实现的是一种“条件循环”，while 循环的语法如下：

```
while(循环条件)
   begin
   语句块;
   end
```

只有在指定的循环条件为真时才会重复执行语句块，如果条件在开始时不为真(包括假、x 及 z)，语句块将永远不会被执行。

【程序 3.19】利用 while 语句统计输入数据中所包含零比特的个数。

```
module count_zeros_while(
   input [7:0] number,
   output reg [3:0] Count);
   reg[3:0] Count_aux;
   integeri ;
   always@ (number)
       begin
           i= 0;
           Count_aux= 4'b0000;
           while(i< 8)
           begin
               if(!number[i])
                  Count_aux= Count_aux + 1;
               i= i + 1;
          end
          Count= Count_aux ;
       end
endmodule
```

3. repeat(重复)循环语句

repeat 循环语句执行指定的循环次数，如果循环次数表达式的值不确定，即为 x 或 z 时，那么循环次数按 0 处理。repeat 循环语句的语法如下：

```
repeat(循环次数表达式)
     begin
        语句块;
     end
```

其中，“循环次数表达式”用于指定循环次数，可以是一个整数、变量或数值表达式。如果是变量或数值表达式，其数值只在第一次循环时得到计算，从而得以事先确定循环次数；“语句块”为重复执行的循环体。在可综合设计中，“循环次数表达式”必须在程序编译过程中保持不变。

【程序 3.20】利用 while 语句统计输入数据中所包含零比特的个数的功能同样可以利用 repeat 语句来完成。

```
module count_zeros_repeat(number,Count);
input [7:0] number,
```

```
  output [3:0] Count;
reg [3:0] Count
  reg[3:0] Count_aux ;
  integeri ;
  always@ (number)
     begin
         Count_aux= 4'b0000 ;
         i= 0 ;
         repeat(8)
         begin
             if(!number[i])
                 Count_aux= Count_aux + 1 ;
                 i= i + 1;
        end
        Count= Count_aux ;
    end
endmodule
```

4. forever 循环语句

forever 是连续执行过程语句，其格式如下：

```
forever begin
多条语句
end
```

forever 循环语句常用于产生周期性的波形，用来作为仿真测试信号。它与 always 语句的区别在于不能独立写在程序中，而必须写在 initial 块中。forever 循环的应用示例如下：

```
initial
forever begin
if(d) a=b+c;
     else  a=0;
     end
```

虽然 repeat 和 forever 循环语句都可以通过其他控制语句来实现(如 for 循环语句)，但它们使用起来十分简便，尤其是在通过键盘发布交互式命令时，有不需要事先定义任何变量的好处。

3.6.4　逻辑门描述语句

逻辑电路可以使用逻辑门来描述。在 Verilog HDL 中，支持将基本的逻辑门作为预定义的原语。除了在 Verilog HDL 中已经定义好的原语外，其他原语通常在模块中定义。基本的门逻辑包括两种类型：and/or 门类；buf/not 门类。

1. and/or 门类

and/or 门有一个标量输出和多个标量输入。在门终端列表中的第一个终端是输出，而其他为输入。当输入发生改变时，门的输出也将发生改变。and/or 门类中通常有以下几种可使用的门：

```
and     or     xor
nand   nor    xnor
```

and/or 门类的初始化如下：

```
wire OUT,IN1,IN2;
//基本门初始化
and a1(OUT,IN1,IN2);
nand na1(OUT,IN1,IN2);
or or1(OUT,N1,IN2);
nor nor1(OUT,IN1,IN2);
xor x1(OUT,IN1,IN2);
xnor xn1(OUT,N1,IN2);
//多于两个输入；3 个 nand 门
nand na1_3inp(OUT,IN1,IN2,IN3);
//没有实例名的初始化
and (OUT,IN1,IN2);        //合法门初始化
```

2. buf/not 门类

buf/not 门类有一个标量输入和一个或多个标量输出。在端口列表中的最后一个终端被连接到输入，其他终端被连接到输出。在 Verilog HDL 中提供了两个基本的 buf/not 门类原语：buf，not。

3.7 任务和函数结构

Verilog 语言中一种最有效的仿真方法就是将一段代码封闭起来形成任务(task)或函数(function)结构。

任务和函数结构之间有以下几点差异。

(1) 一个任务块可以含有时间控制结构，而函数块没有。也就是说，函数块从零仿真时刻开始运行，结束后立即返回(实质上是组合功能)。而任务块在继续后面的运行过程之前其初始化代码必须保持到任务全部执行结束或是失效。

(2) 一个任务块可以有输入和输出；而一个函数块必须有至少一个输入，没有任何输出，函数结构通过自身的名字返回结果。

(3) 任务块的引用是通过一条语句，而函数块只有当它被引用在一个表达式中时才会生效。例如：

```
tsk (out, in1, in2); //调用了任务结构，名为tsk
```

又如：

```
i= func(a, b,c);
assign x = func(Y); //调用了一个函数，名为func
```

以下是一个任务模块的例子：

```
task tsk;
    input i1, i2;
    output o1, o2;
    $display("Task tsk, i1= %b, i2 = %b", i1, i2);
    #1 o1=i1&i2;
    #1 o2=i1|i2;
endtask
```

函数块举例如下：

```
function[7:0] func;
input i1;
    integer i1;
    reg[7:0]rg;
        begin
          rg = 1;
          for(i = 1; i<=i1; i = i+1)
          rg = rg+1;
          func= rg;
        end
endfunction
```

函数块在编组代码以及增强其可读性和可维护性方面是一种十分重要的工具。

3.8 时序控制

在执行仿真进程语句之前，Verilog 语言提供了两种类型的显式时序控制。一种是延迟控制，在这种类型的时序控制中通过表达式定义了开始遇到这一语句和真正执行这一语句之间的延迟时间。另一种为事件控制，这种时序控制是通过事件表达式来完成的，只有当某一事件发生时才允许语句继续向下执行。在 3.8.3 小节中讲述了 wait 等待语句，其原理是使仿真进程处于等待状态，直到某一特定的变量发生变化。

Verilog 具有离散事件时间仿真器的特性，也就是说，在离散的时间点预先安排好各个事件，并将它们按照时间顺序排成事件等待队列，最先发生的事件排在等待队列的最前面，而较迟发生的事件依次放在其后。仿真器为当前仿真时间移动整个事件队列并启动相应的进程。在运行过程中，有可能为后续进程生成更多的事件，此时需要将它们放置在队列中适当的位置。只有当前时刻所有的事件都运行结束后，仿真器才将仿真时间向前推进，去运行排在事件队列最前面的下一个事件。

如果没有时间控制，仿真时间将不会前进。仿真时间只能被下列一种形式进行推进。

(1) 定义过的门级或线传输延迟。

(2) 由#符号引入的延迟控制。

(3) 由@符号引入的事件控制。

(4) 等待语句。

第(1)种形式是由门级器件来决定的，在此无须讨论，下面对(2)～(4)这 3 种形式以及路径延迟的定义分别进行讲述。

3.8.1 延迟控制

在 Verilog 语言中，延迟控制的格式为：

```
# expression
```

它是将程序的执行过程中断一定时间，时间的长度由 expression 的值来确定。

【程序 3.21】延迟控制结构的应用。

```
module delay;
    reg [1:0] r;
    initial #70 $stop;
    initial
        begin : b1
            #10  r = 1;
            #20  r = 1;
            #30  r=1;
        end
    initial
        begin : b2
            #5 r = 2;
            #20 r = 2;
            #30 r =2;
        end
    always @(r)
        begin
            $display ("r = %0d at time  %0d",r, $time);
        end
endmodule
```

执行 delay 模块产生以下结果：

```
r= 2 at time 5
r =1 at time 10
r =2 at time 25
r =1 at time 30
r =2 at time 55
r =1 at time 60
```

3.8.2 事件控制

一个事件可以通过运行表达式“->event 变量”被激发。用事件变量来控制在同一仿真时刻运行 3 个 initial 块的执行顺序的例子如下。

【程序 3.22】事件控制结构的应用。

```
module  event_control;
    event  e1, e2;
    initial @e1
        begin
            $display ("I am in the middle.");
            ->e2;
        end
    initial @e2
            $display ("I am supposed to execute last.");
            initial begin
                $display ("I am the first.");
            ->e1;
            end
endmodule
```

event_control 模块的执行过程将产生以下结果：

```
I am the first.
I am in the middle.
I am supposed to execute last.
```

时间和事件控制结构的一种特殊形式是它们在赋值语句中的使用。赋值语句：

```
current_state = #clock_period  next_state;
```

等价于：

```
temp= next_state;
#clock_period  current_state = temp;
```

类似地，有：

```
current_state = @(posedge  clock) next_state;
```

等价于：

```
temp = next_state;
@(posedge  clock) current_state = temp;
```

3.8.3　等待语句

一段 Verilog 程序(如 initial 或 always 块)可以通过以下两种形式来实现等待功能，也可以重新排定自身的执行顺序：

```
@ event_expression       //形式 1
wait (expression)        //形式 2
```

在这两种情况下，都是程序的调度将当前运行事件指针从当前仿真时刻的事件列表上移走，放到某个未运行的事件列表上。其中，形式 1 是中断执行过程直到特定事件发生。形式 2 的情况是，如果等待的表达式为假，则中断运行，直到它通过其他程序语句的执行变为真。

这两种结构以及延迟控制结构或是它们的组合都能加在任何语句之前，作为一个必须满足的先决条件。例如，表达式：

```
@ (posedgeclk) #5 out = in
```

表示等到时钟上升沿到来后再等 5 个时间单位，然后将 in 赋给 out。

@ event_expression 的控制时间格式要等待事件发生才继续执行程序块的其他语句，这个事件可以是以下几种形式。

(1) 变量<或变量>……。

(2) 位变量的上升沿。

(3) 位变量的下降沿。

(4) 事件变量。

在格式(1)的情况下，执行过程要延迟到任何一个变量发生变化。在形式(2)和(3)中，执行过程延迟直到变量从 0、X 或 Z 变到 1，或从 1、X 或 Z 变到 0。对于形式(4)，程序的执行过程被中断直到事件发生。

3.8.4 延迟定义块

Verilog HDL 语言可以对模块中某一指定的路径进行延迟定义，这一路径连接模块的输入端口(或双向端口)与输出端口(或双向端口)。延迟定义块在一个独立的块结构中定义模块的时序部分，这样功能验证就可以与时序验证相独立。这是时序驱动设计的关键部分，因为包含时序信息的这部分程序在不同的抽象层次上可以保持不变。

在延迟定义块中要完成的典型任务有以下几个。

(1) 描述模块中的不同路径，并给这些路径赋值。

(2) 描述时序核对，以确认硬件设备的时序约束是否能得到满足。

延迟定义块的内容要放在关键字 specify 和 endspecify 之间，而且必须在某一模块内部。在定义块中还可以使用 specparam 关键字定义参数。举例说明如下，其电路图如图 3.4 所示。

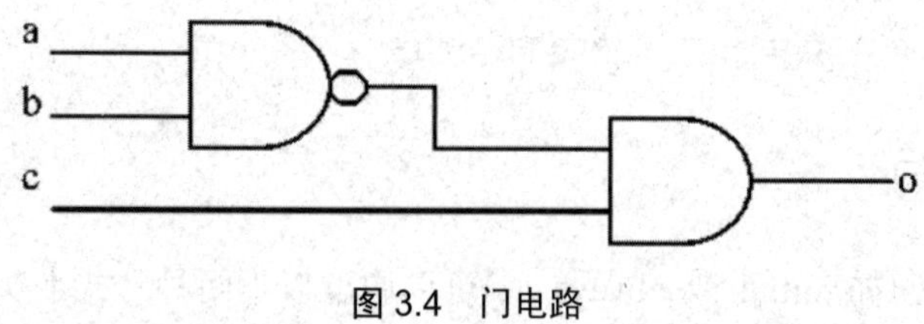

图 3.4 门电路

【程序 3.23】进行路径延迟定义的程序。

```
module noror (o,a,b,c);
    output o;
    input a,b,c;
    nor n1 (net1,a,b);
    or o1 (o,c,net1);
    specify
         (a=>o) =2;
         (b=>o)= 3;
         (c=>o)=1;
    endspecify
endmodule
```

对于这一简单电路的延迟定义可以采用将所有的延迟集中在最后一个或门上定义的方法，简单但不精确；另一种方法就是如上述模块所做，把延迟分布在每个门上，即定义了从 a 点到 o 点的延迟为 2，从 b 点到 o 点的延迟为 3，从 c 点到 o 点的延迟为 1。这种做法比前者精确；但要同时满足一系列等式，工作量大。

思 考 题

3.1 Verilog HDL 语言的发展历程是什么？

3.2 Verilog HDL 语言的数据类型有哪几种？常用的数据类型是什么？

3.3 Verilog HDL 语言的运算符有哪些？逻辑运算符和位运算符的区别是什么？缩减运算符的运算规则是什么？

3.4　assign 语句的应用场合是什么？always 语句块的应用场合是什么？

3.5　使用 if 语句和 case 语句的注意事项有哪些？如何在组合电路中避免产生不必要的锁存器？

3.6　for、while、repeat 这 3 种循环语句之间如何进行转化？

3.7　在仿真中如何进行时序控制？

第 4 章

设计验证——Testbench

学习目标：

- 掌握设计验证流程
- 掌握设计验证方法
- 掌握编写 Testbench 的方法
- 掌握使用 Modelsim 软件验证仿真

本章重点：

- 掌握编写 Testbench 的方法
- 掌握使用 Modelsim 软件验证仿真

本章难点：

- 一般激励信号的产生
- 时钟信号与复位信号的产生

设计验证——testbench 的基本结构(1)

V 设计验证——testbench 的基本结构(2)

设计验证——testbench 的时钟产生(1)

设计验证——testbench 的时钟产生(2)

随着 IC 工艺的不断发展，设计变得越来越复杂，SoC(片上系统)已成为 ASIC/FPGA 设计的一个重要趋势。EDA 业内人士普遍认为，验证是产品到市场的一个瓶颈问题。百万门设计并不困难，而验证百万门的设计是一件非常困难的事情。据估计，目前一个 SoC 设计中，验证工程师的人数是设计工程师的 2 倍左右，验证工作占到整个设计的 60%～70%，而验证代码则占到了全部代码 70%～80%。显然，验证已经成为集成电路设计中非常重要的一个环节。本章将介绍验证的概念、基本方法和验证程序的写法。

4.1 验 证 综 述

4.1.1 验证概念

图 4.1 是 Janick Bergeron 提出的表示验证过程的重复收敛模型(reconvergence)。验证过程是证明设计正确的过程，验证的目的是保证设计实现与设计规范是一致的，即保证从设计规范开始，经过一系列变换后得到的网表与最初的规范是一致的，整个变换过程是正确的。

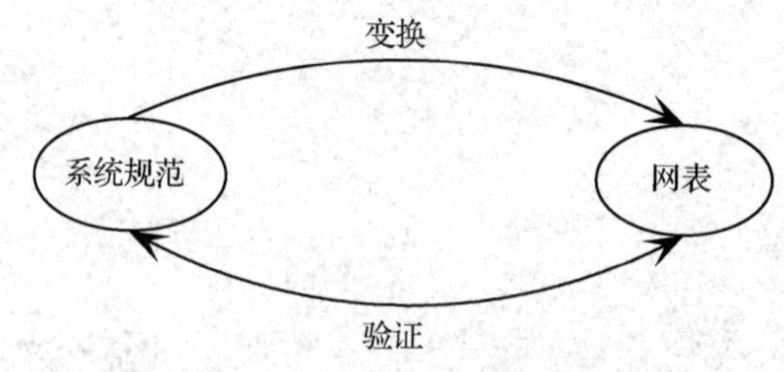

图 4.1 验证过程模型

图 4.1 中的变换可以理解成根据输入产生输出的任何过程，在规范和网表之间可能包含很多个变换，如一个 FPGA 设计可能包含以下几个变换。

① 从自然语言表述的系统规范变换成完整的、可验证的和无二义性的系统规范。

② 从系统规范变换成可实现的模块设计规范。

③ 从模块设计规范变换成 RTL 及代码描述。

④ 从 RTL 代码通过综合工具变换成门级网表。

⑤ 从门级网表通过后端布局布线工具变换成具有延时信息的网表。

从规范到网表之间的变换包含许多问题，如设计规范是否正确，有无矛盾之处？设计人员是否正确理解设计规范？模块设计是否正确反映了其功能？模块之间的接口是否正确？包含延时信息网表的时序是否满足要求？这些问题都是验证过程需要解决的问题。验证过程是为了开始的系统规范和最后的结果一致，如果验证过程和变换过程没有共同的开始点，就不会存在验证。验证是一个多次重复的过程，是一个不断向期望结果靠近的过程。

4.1.2 验证方法

硬件开发过程的发展和软件非常类似，在 20 世纪 80 年代，硬件设计主要依赖手工画原理图，设计速度和规模都不可能很大。在 20 世纪 90 年代后，由于 EDA 工具的快速发展，越来越多的设计公司依赖于高层的 RTL 描述，借助综合工具实现它们的设计，无论是设计复杂度还是设计开发周期都比以前有了较大的提高。为了设计和验证更复杂的系统，硬件设计工程师在硬件设计中借助软件工程的经验和研究方法，形成了适合硬件系统的设计和验证方法。

1. 按照顺序分类

1)　自顶向下的验证方法

在自顶向下的验证方法中，验证分成 4 个阶段。

(1)　系统级验证。在大中型设计项目中，验证往往与系统规范同步开始，在系统规范签收(sign-off)完成之后，就开始了系统级验证。根据系统规范对系统进行建模，并对建立的模型进行验证。用于系统级的建模工具有很多，如通用的语言 C、C++、HDL、SystemC，也可用专门的验证语言如 Sugar、Vera 和 Specman Elite，还可以是形式化的语言。

(2)　功能验证。验证一个设计的 RTL 代码是否符合系统的规范。功能仿真是目前功能验证的主要方法。此外，形式化验证技术可以作为辅助手段完成一些关键模块的功能验证。

(3)　门级网表验证。通过功能仿真或形式化工具如 E-CHECK 或 FORMALITY 检验 RTL 代码和综合后网表是否相等。

(4)　时序验证。验证门级网表变换到含有延时信息的网表后，时序是否满足规范中关于时序的要求。同步设计的时序，一般通过静态时序分析工具完成验证。目前，各主要 FPGA 厂家都有内嵌的静态时序分析工具。

2)　自底向上的验证方法

自底向上的验证流可以用图 4.2 表示，目前这种方法仍被大多数设计厂家所使用。该验证流的解释如下。

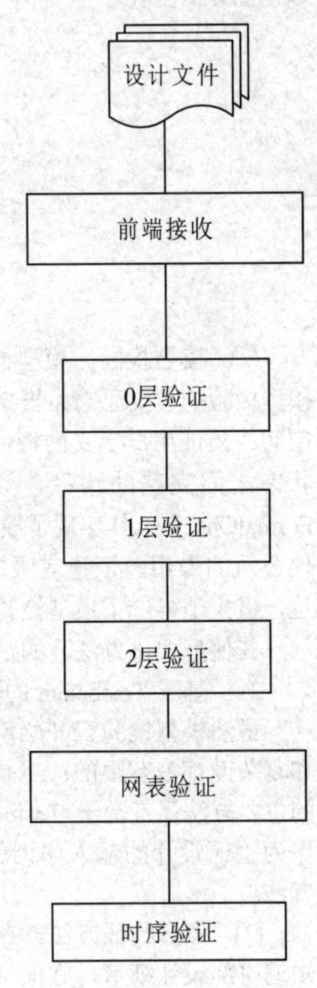

图 4.2　自底向上的验证方法

(1)　设计文件通过词法扫描器(包括 HDL)确认没有语法错误，以保证设计文件是特定验证工具所能接收的语法子集。同时，使用 Lint 检查工具验证设计代码中没有句法违规错误。

(2)　0 层验证：独立地验证每个设计元件/块。这层的验证需要穷举模块的各种情况，保证每个单元的设计质量。直接仿真、随机仿真和模型检验等技术都可以用于 0 层验证。

(3)　1 层验证：验证内部模块之间的接口和系统存储映射是否正确。验证内容包括通过片上处理器或片外处理器对各个模块寄存器的读写操作，各个接口之间的配合是否正确等。

(4)　2 层验证：系统级验证，目标是为了验证集成设计的功能。本层验证主要集中设计和外部环境之间能否协调工作，包括一些极端情况、边界条件和错误处理等。

(5) 门级网表验证和时序验证同自顶向下的验证流是一致的。

2. 按照技术分类

1) 形式化方法

形式化验证技术是通过数学的方法证明设计是否与规范一致。一般而言，如果用形式化工具证明设计的某个特性是正确的，那么验证人员可以不必再用 Testbench 去仿真这些特性。工业界常用的形式化方法主要包括以下两种：

(1) 等价性检验。等价性检验主要检验两个设计是否完全相等。等价性检验主要用于两个方面：一方面是两个网表的比较，其目的是保证一个经过修改、插入扫描链、时钟树综合或手工修改后的网表与原有的网表功能是一致的；另一方面就是网表正确地实现了 RTL 代码。如果设计者完全相信综合工具是正确的，这个验证就可以省略。等价性检验可以用图 4.3 表示。

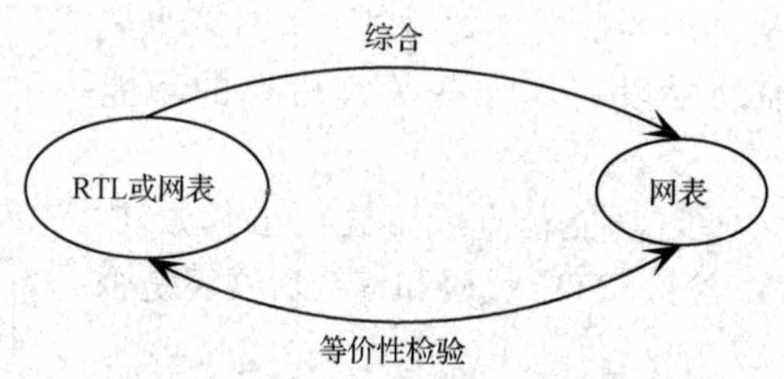

图 4.3 等价性检验

(2) 模型检验。模型检验经过十几年的理论和实践探索，目前已经逐步应用到工业。模型检验的主要思想是根据设计人员的 RTL 代码，提取有限状态机并穷举搜索设计的状态空间，验证用户定义的特性。如果要验证的特性不成立，验证工具产生一条从初态到失败状态之间完整的路径，设计人员根据这条路经找到错误状态。Cadence 公司推出的 FormalCheck 工具实现了模型技术。另外，IBM 公司的 Sugar、Sypopsys 公司的 Vera 和其他公司的专用验证语言吸收了模型检验的有关思想，使复杂逻辑公式能用简洁的方式表达，极大地推广了模型检验的应用。目前，Sugar 语言已成为设计验证方面的工业标准。

其他形式化方法，如定理证明系统 HOL 和 PVS 等，目前还处在研究阶段。

2) 基于 Testbench 的验证方法

虽然模型检验已开始用于工业，但是模型检验还有其局限性：一是能验证设计的规模和复杂度都是有限的；二是模型检验所能描述的特性有限。因此，目前确认功能是否正确的主要方法还是基于 Testbench 的验证方法。Testbench 意思是利用 HDL 语言编写的用于作为验证设计的输入序列的代码，也就是验证程序。基于 Testbench 的验证主要有 3 种方法。

(1) 黑盒验证方法。在黑盒验证方法中，设计被当成一个黑盒子，对设计人员而言不知道内部设计细节，它根据设计规范，验证设计是否符合规范。在这种验证方法中，验证与设计相分离，验证方案与电路的设计方案完全不挂钩，验证人员只关注规范，列出需要验证的特性，然后组织适当的用例(Testcase)来验证这些特性。黑盒验证模型可以用图 4.4 表示。

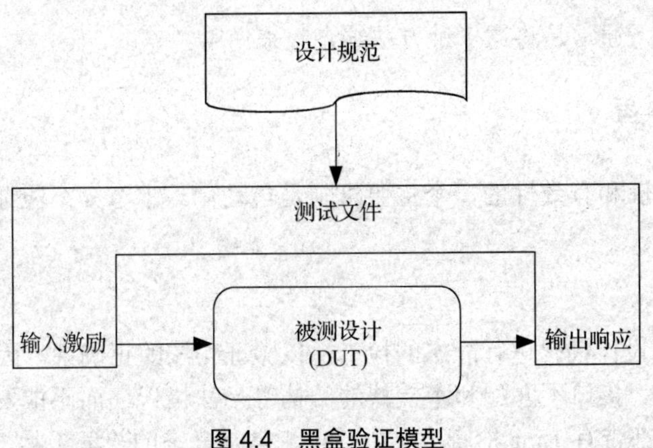

图 4.4　黑盒验证模型

黑盒验证可以发现下面类型的错误。

① 初始化和中止错误。

② 接口错误。

③ 性能错误。

④ 未实现的或实现不正确的功能。

由于缺乏可观测性和可控性，黑盒验证很难发现隐藏在设计内部的错误。

(2) 白盒验证方法。这种方法为设计提供了很好的可控性和可观测性，有时可称为结构验证法。由于知道设计的内部细节，因此可容易产生特殊情况的激励，易于检测内部设计的错误、验证环境的建立相对明确、简单，具有较强的针对性，结果检查相对来说也简单些。这种方法被广泛应用于设计验证中。白盒测试法的缺点是验证人员要知道设计内部的细节。白盒验证模型可以用图 4.5 表示。

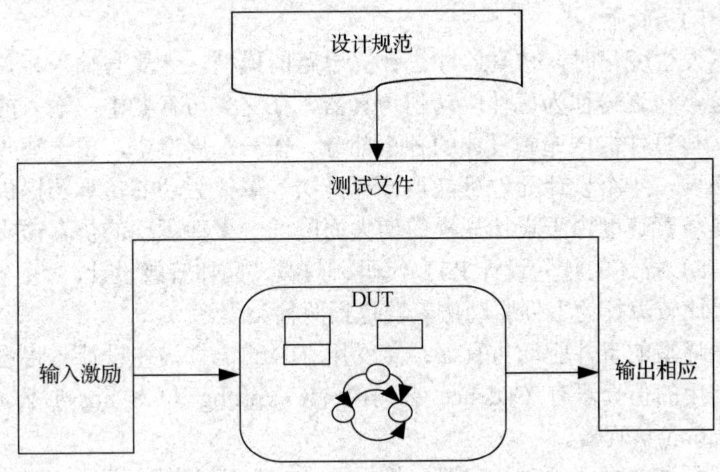

图 4.5　白盒验证模型

(3) 灰盒验证法。灰盒验证是介于白盒验证法和黑盒验证法之间的一种验证方法。验证人员在既关心规范需求的同时又关心电路的详细设计方案，需要依据两者制订验证方案。如同黑盒验证方法，灰盒验证方法通过顶层接口控制和观察整个设计，但是又需要验证一些重要的特定的设计细节。

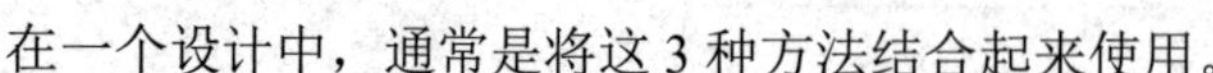

在一个设计中，通常是将这 3 种方法结合起来使用。

4.1.3 验证工具

提高验证可靠性和有效性的一个主要机制是自动化。本节介绍验证过程中涉及的一些主要验证工具。

1．Lint 工具

Lint 工具是对设计代码进行静态的检查，以验证句法的正确性。因此，Lint 工具只能发现初始化的变量、接口不匹配和不支持的结构等句法错误，而不能发现设计错误。大部分仿真器和综合器都带有 Lint 检查工具。Lint 工具是静态的验证工具，它不需要任何附加的信息和用户的动作。

2．仿真器

仿真器是验证中最常用的工具。仿真不是一个项目的目标，所有硬件设计的最终目标是能在市场上销售并产生效益的真实硬件实现。仿真器试图创建一个能够模拟真实设计的人工环境，使设计工程师和设计进行交互，在设计生产之前发现设计错误，以减少损失。之所以称为仿真器，是因为它们是真实状态的一种近似。例如，数字仿真器假设一个信号只有 0、1、X(未知)和 Z(高阻)4 种状态，而实际上信号是连续的，具有无数多值。

仿真器是一个动态的验证工具，它要求验证人员提供一个设计能正常工作的环境信息(或输入激励)，这个环境信息就是通过 Testbench 提供的，仿真器通过一定方式和设计人员进行交互，将设计的输出状态随设计环境变化的信息反映给设计人员。仿真器分为以下两种。

(1) 事件驱动仿真器。

只有在输入发生变化时，仿真器才去计算电路的模型，计算与输入相关的输出或中间信号的状态，这类仿真器称为事件驱动的仿真器。在这类仿真器中，输入的任何变化被定义成一个事件，该事件被传递到设计的各个部分。在一个周期中，由于输入的都到达时间和信号的反馈不同，一个设计元件可能被计算几次。事件驱动的仿真器提供了非常精确的仿真环境，但是仿真速度由于设计规模的增大而降低。事件驱动的仿真器支持下面描述方式的设计：用 HDL 描述的行为设计 RTL 代码、门级、晶体管级设计。

目前工业界比较流行的事件驱动仿真器包括两种类型。

① 代码编译型的事件驱动仿真器：接受用 HDL 语言描述设计，将设计编译成数据结构并执行。常用的仿真器有 Cadence 公司的 NC-Verilog 和 Synosys 公司 VCS(Verilog Compiled Simulation)仿真器。

② 代码解释型的事件驱动仿真器：接受用 HDL 语言描述设计，逐行解释代码并运行，如 Cadence 公司的 Verilog-XL。

(2) 基于周期的仿真器。

另一种仿真器是在每个周期结束时计算电路的稳定状态，这种仿真器称为基于周期的仿真器。由于在一个周期内，仿真模型只计算一次，因此这类仿真器的速度比较快。另外，有些基于周期的仿真器只计算 0 和 1 两种状态，而不考虑 X(未知)和 Z(高阻)状态，因此可以进一步提高仿真速度。然而，基于周期的仿真器只能仿真同步电路，而对于包含异步输入、锁存器和多时钟的设计，靠这类仿真器就不能得到正确的结果。

3．波形观察器

波形观察器是最常见的和仿真器一起使用的验证工具。通过波形观察器的图形界面，设计人员可以直观地观察随时间变化的信号以及信号之间的相互关系，可以非常容易地定位设计错误或测试文件的错误。

4．代码覆盖分析工具

当一个设计的所有测试程序仿真都正确，设计中是否还存在某些功能或功能组没有得到验证呢？哪些设计没有被验证到？覆盖分析工具可以回答这些问题。覆盖分析技术最早源于软件测试，在 IC 验证中引入该技术的目的是找出测试用例集合没有覆盖到的 HDL 代码，创建附加的测试用例以提高代码覆盖率，从而提高设计质量。在许多工程中，验证是否结束是以覆盖率是否达到规定的要求为标准的，代码覆盖分析主要包括以下几个方面。

(1) 语句覆盖(statement coverage)：分析一个测试文件能覆盖代码的全部行数。分析工具可以让用户快速地浏览源代码，并快速标识没有被执行的设计代码。

(2) 路径覆盖(path coverage)：分析一个验证程序是否通过 if-else 或 case 结构的所有可能的路径。

(3) 表达式覆盖(expression coverage)：分析哪一个 if-else 分支或 case 分支已被执行过。

(4) 触发覆盖(triggering coverage)：分析敏感变量中的信号是否唯一触发一个过程。

(5) 表达式覆盖(expression coverage)：分析 if 条件或赋值语句执行的情况。

(6) 自动机覆盖(FSM coverage)：分析仿真用例是否覆盖了所有的状态，所有的状态是否都 100%可达。

使用代码覆盖技术必须非常了解设计细节，以便通过代码覆盖分析工具了解哪些路径已经被执行，哪些表达式已经被执行，哪些过程没有被触发等，然后修改测试程序，提高代码覆盖率。

工业界常用的一些代码覆盖工具有 Synopsys 的 VCS、Cadence 的 NC-sim 以及 TransEDA 的 Verification navigator 等。

4.1.4　验证流程

随着设计规模的不断加大，验证在整个设计周期中所占的比例越来越大，制订验证计划是功能验证过程的一个重要环节，验证计划可以提高验证效率，减少验证的盲目性。一个典型的验证流程如图 4.6 所示。验证计划是在设计规范结束(signoff)之后就开始，验证工程师应该和总体设计师以及设计人员一起讨论整个设计功能，详尽理解设计规范以及和 DUT(被验证的设计)相连接的接口信号等，在此基础上制订验证计划以确定设计需要验证的所有特性、确定验证策略、规划验证环境和验证程序的开发，确定整个验证所需的验证人员的数目、资源和时间等。

验证计划中需要说明下面这些问题。

(1) 确定设计需要验证的特性。从理解验证规范入手，确定设计需要验证的特性。和总体设计师以及设计人员认真讨论，确定设计要验证的特性。

(2) 确定验证方法。确定验证过程中采用的方法，如前面所介绍的自底向上法自顶向下方法或其他验证方法。

(3) 确定验证策略。采用什么样的策略验证一个设计，主要包括以下内容。

① 确定实施验证的抽象层次和验证策略：不同的层次采用的验证策略是不一样的，如果在模块级验证，可能采用白盒验证法；而为了测试接口，可能采用黑盒验证法；而系统功能验证，则有可能采用灰盒验证法。

② 激励产生策略：直接仿真激励或随机仿真激励。

③ 如何验证响应：响应的验证一般采用 3 种方法，即观察法、记录法和自检查(self-checking)方法。根据验证的内容，在这 3 种方法之间作一折衷。

(4) 确定验证的质量标准。如功能覆盖率、代码覆盖率等。

(5) 根据验证的质量标准，制订相应的验证方案。

(6) 确定验证资源和其他的相关问题。包括人力资源、机器资源和软件资源等，也包括验证过程的质量跟踪等方面的问题。

典型的验证流程如下。

(1) 确定验证规范。和总设计师以及设计人员认真讨论，确定设计要验证的特性。对这些特性做一些简短的描述，最好和设计规范有一个参考列表，以便没有疏漏地列出所有的验证特性。同时，说明这些特性的验证是从哪个层次上进行的，如系统级、子系统级还是模块级等。从验证特性制定测试用例，将列出的验证特性，按其重要性进行优先级划分，有些特性对设计的成功有非常重要的影响，而有些特性只是锦上添花，许多用户可能都不用，验证应该更关注重要特性。如果重要特性验证得比较充分，那么设计的成功率就比较高，对于那些用户不用的特性，即便有些漏洞，也不会影响芯片的使用。

另外，对于具有相同配置的特性或相关性比较密切的特性，可以将它们归入同一个测试用例中。

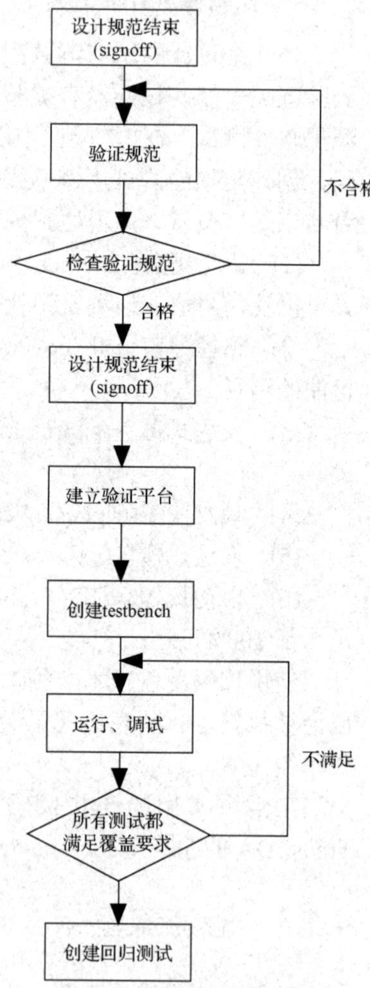

图 4.6 典型的验证流程

(2) 提交验证方案并和设计人员一起讨论，检查是否有疏忽？是否存在不合理？如果有问题则修改验证规范，如果没有问题则验证规范就可以结束了。

(3) 根据验证规范的要求，建立相应的验证平台，也可以借助已有的验证平台增加新的内容，节约开发时间和投入。如果没有相关的验证平台，则需要根据项目的功能进行新的开发。

(4) 在验证平台基础上，验证人员根据验证规范列出验证特性的优先级，制定测试用例，编写验证程序。

(5) 在验证平台上，运行验证程序，发现设计错误。

(6) 如果所有的验证用例都满足验证规范制定的覆盖率，那么可以进入回归测试步骤(7)。如果验证用例没有达到验证规范制定的覆盖率，则采用随机测试或基于约束的验证用例。

(7) 如果设计有修改，则进行回归测试；否则，验证结束。

回归测试是软件测试术语，也是电路功能验证时常用到的一种方法。它的基本思想是对修复好的缺陷再重新进行测试，目的在于验证以前出现过但已经修复好的缺陷不再重新出现。若在修正缺陷时必须更改源代码，有可能影响这部分源代码所控制的功能，所以在验证修正的缺陷时不仅要按照缺陷原来出现时的步骤重新测试，而且还要测试有可能受影响的所有功能。

4.2 功 能 验 证

4.2.1 Testbench 基本结构

验证程序一般是指描述一个设计确定的输入序列和输出响应的代码集合，也可以包括外部数据文件或 C 程序。仿真程序提供设计的输入激励并监控设计的响应。

图 4.7 说明了仿真程序与被验证设计 DUT(Device Under Test)之间的关系。注意，Testbench 是完全封闭的，没有输入也没有输出。一个典型的 Testbench 应该由下面 6 个部分构成。

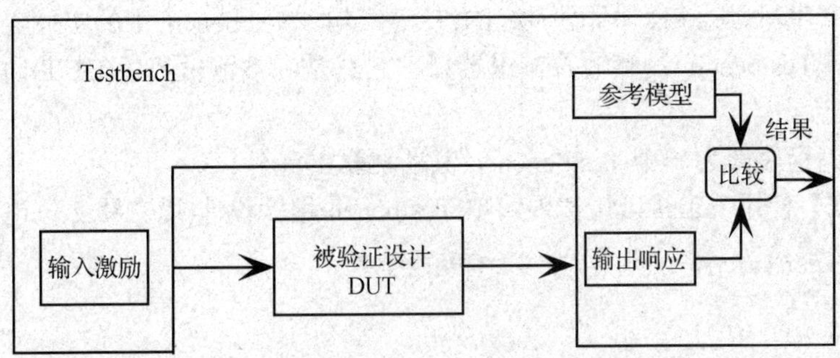

图 4.7　测试程序的构成

(1) DUT：已完成的设计，可以是 RTL 代码，也可以是网表。

(2) 输入激励：能使 DUT 工作的输入激励。

(3) 时序控制模块：用于产生仿真电路和 DUT 所需要的时钟信号。

(4) 参考模型：参考模型是用于和被验证的设计比较用的设计，参考模型可以是行为模型，也可以是已经验证过的设计。

(5) 诊断记录：在验证过程中，用于记录被验证设计中相关信号的变化情况。设计人员可以利用记录的信息找到错误。一种比较好的方法就是所谓的自检查方法，用期望的激励和被验证设计输出响应进行比较，如果结果不正确，那么报告出错，及时停止仿真。

(6) 断言检查器：断言是一种白盒验证方法，可以通过断言检查机制发现设计内部的错误。关于断言的使用，后文将详细介绍。

有了这 6 个构件，就不难理解为什么图 4.7 是一个既没有输入也没有输出的封闭系统了。下面说明 Testbench 的构成。

【程序 4.1】 Testbench 的构成。

```
timescale 1ns/100ps;     //指定仿真精度，表示时延单位为 1ns，时延精度为 100ps
module 模块名;            //一般简单的测试文件无输入输出
    reg 输入信号(in1,in2,in3…);
    wire 输出信号(out1,out2,out3…);    //信号或变量声明定义
                         //逻辑设计中输入信号在这里对应 reg 型
                         //逻辑设计中输出信号在这里对应 wire 型
    Initial begin
        in1 = 1'b0;
    #100 in1 = 1'b1;     //#100 为间隔时间，间隔时间根据实际定义
    …
    end
    always  clk=~clk;    //使用 initial 或 always 语句块产生激励
    DUT_T  DUT(in1,in2,in3…out1,out2,out3…);    //例化模块 DUT
                         //监控和比较输出响应
endmodule
```

说明：“#”符号的意思是指延迟响应的时间单位。该时间单位由 timescale 决定。一般在 Testbench 的开头定义时间单位和仿真精度，如“'timescale 1ns/1ps”中的代表时间单位，1ps 代表仿真时间精度。

从上面的基本结构中可以看出，其中包含几个最基本的语句，即指定仿真精度、定义信号或变量、产生激励语句、例化模块 DUT 等语句。Testbench 中的实体定义中不需要端口，也就是说，Testbench 没有输入输出端口，它只是和被测试元件(DUT)通过内部信号相连接。

下面的实例程序即为一个 Testbench 及其所测试的元件。

【程序 4.2】使用 initial 语句实现简单 Testbench 程序设计(以左移 2 位电路为例)。

```
module shift(a,b);        //左移 2 位功能程序
input  [3:0]  a;
output [5:0]  b;
reg    [5:0]  b;
always@(a)
  begin
    b = a<<2;
  end
endmodule

'timescale  1ns/10ps;          //测试程序
module shift_t;
reg   [3:0]    a;
wire  [5:0]    b;
shift   DUT(.a(a),.b(b));      //元件例化
initial                        //使用 initial 语句产生激励
```

```
  begin
      a = 4'b0100;
    #100 a = 4'b0011;
    #100 a = 4'b1101;
    #100 a = 4'b1010;
   end
 endmodule
```

【程序 4.3】使用 for 循环语句实现 Testbench 程序设计(以加法器电路为例)。

```
module add(a,b,c,d,e);               //模块接口
        input [5:0] a;               //输入信号 a
        input [5:0] b;               //输入信号 b
        input [5:0] c;               //输入信号 a
        input [5:0] d;               //输入信号 b
        output[7:0] e;               //求和输出信号
        assign e = a+b+c+d;          //把四部分输出结果合并
endmodule

    timescale 1ns / 1ps
    module add_tb();
        reg [5:0] a;
        reg [5:0] b;
        reg [5:0] c;
        reg [5:0] d;
        wire[7:0] e;
        reg [5:0] i;  //中间变量
                      //调用被仿真模块
    add uut (
            .a(a),
            .b(b),
            .c(c),
            .d(d),
            .e(e));
     initial
        begin         //initial 是仿真用的初始化关键词
         a=0 ;        //必须初始化输入信号
         b=0 ;
         c=0 ;
         d=0
           for(i=1;i<31;i=i+1)
             begin
              #10 ; a = i; b = i; c = i; d = i;
             end
        end
    initial
       begin
        $monitor($time,,,"%d + %d + %d + %d ={%d}",a,b,c,d,e);
          // 信号打印输出
         #500
         $finish;
       end
    endmodule
```

程序 4.3 所列程序使用 Modelsim 软件仿真波形如图 4.8 所示。

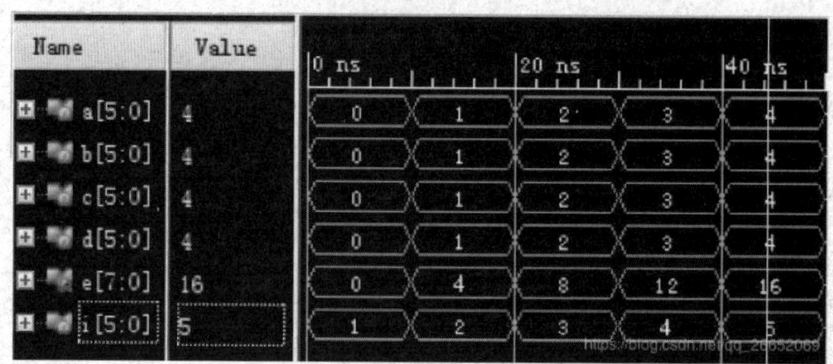

图 4.8　加法器仿真波形

4.2.2　自动生成 Testbench

如果自己不想写这些 Testbench 的固定格式，可以在 Quartus II 软件里自动生成 Testbench 文件的模板，然后往里面添加激励信号即可。具体步骤如下。

(1) 在 Quartus II 软件中设置 EDA 仿真工具。打开 Quartus II，选择菜单中的 Assignments→Settings 命令，在 Settings 对话框中单击左侧 EDA Tool Settings 下的 Simulation，如图 4.9 所示。

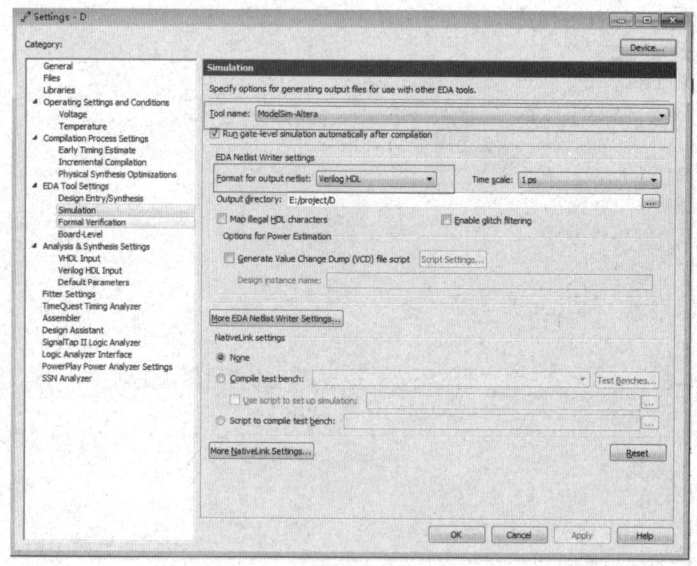

图 4.9　设置 EDA 仿真工具

(2) 在 Tool name 下拉列表框中选择 ModelSim-Altera，在 Format for output netlist 下拉列表框中选择 Verilog HDL，在 Output directory 输入框中选择该输出模板文件的路径。

(3) 自动生成 Testbench 模板。选择菜单中的 Processing→Start→Start Test Bench Template Writer 命令，如图 4.10 所示，自动生成一个后缀为.vt 的 Testbench 模板。

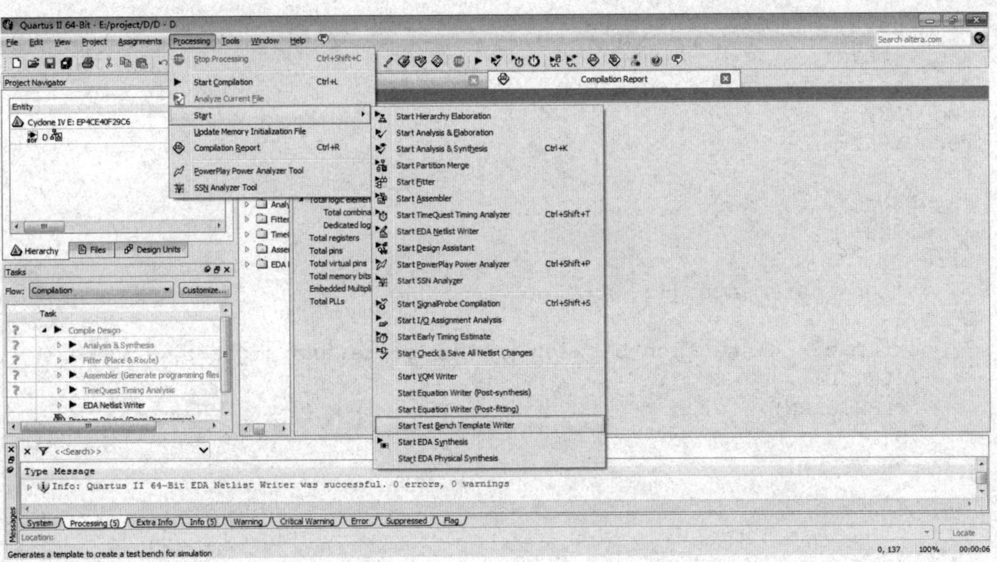

图 4.10　自动生成 Testbench

【程序 4.4】D 触发器自动生成的 Testbench 模板。

```
// Copyright (C) 1991-2012 Altera Corporation
// Your use of Altera Corporation's design tools, logic functions
// and other software and tools, and its AMPP partner logic
// functions, and any output files from any of the foregoing
// (including device programming or simulation files), and any
// associated documentation or information are expressly subject
// to the terms and conditions of the Altera Program License
// Subscription Agreement, Altera MegaCore Function License
// Agreement, or other applicable license agreement, including,
// without limitation, that your use is for the sole purpose of
// programming logic devices manufactured by Altera and sold by
// Altera or its authorized distributors.  Please refer to the
// applicable agreement for further details.

//
*************************************************************************
*****
// This file contains a Verilog test bench template that is freely
editable to
// suit user's needs .Comments are provided in each section to help the
user
// fill out necessary details.
//
*************************************************************************
*****
// Generated on "02/17/2020 15:05:10"

// Verilog Test Bench template for design : D
// Simulation tool : ModelSim-Altera (Verilog)
'timescale 1 ps/ 1 ps
module D_vlg_tst();
// constants
```

```
// general purpose registers
reg eachvec;
// test vector input registers
reg CLK;
reg CLRN;
reg D;
reg PRN;
// wires
wire Q;
// assign statements (if any)
D i1 (
// port map - connection between master ports and signals/registers
    .CLK(CLK),
    .CLRN(CLRN),
    .D(D),
    .PRN(PRN),
    .Q(Q)
);
initial
begin
// code that executes only once
// insert code here --> begin
// --> end
$display("Running testbench");
end
always
// optional sensitivity list
// @(event1 or event2 or .... eventn)
begin
// code executes for every event on sensitivity list
// insert code here --> begin
@eachvec;
// --> end
end
endmodule
```

4.2.3 Testbench 编写方法

1. 使用行为级代码描述验证模型

有经验的硬件设计工程师通常习惯于编写第 3 章讨论的可综合代码模型，他们在编写 Verilog 代码时，无论是设计代码还是用于验证的代码，往往从实现的角度出发，写出的代码都是可综合的。实际上，用于验证的代码没有必要考虑内部的实现，只需要按规范描述出设计功能就可以了，也就是说，只要建立一个设计模型即可。

【程序 4.5】考虑一个简单的设计。在 SDH 帧结构中，需要根据帧定位 A1 的位置来确定指针 H1 和 H2 的位置。也就是说，在 A1 信号变高后的 270 个周期后，H1 先变高电平并保持一个周期，H2 在 H1 后一个周期变为高电平并保持一个周期，假设 A1 信号每 810 个时钟周期来一次。

设计工程师一般用计数器的方法，统计 A1 后周期的个数，计算出 H1 的信号，他们的代码往往是 RTL 可综合风格的。而验证工程师则从功能的角度出发，他们的代码往往是描述行为的。RTL 和行为代码的区别如图 4.11 所示。

这两种写法都能根据 A1 信号正确产生 H1 和 H2 信号，但是它们之间是有区别的。

```
// Rtl  module
....
Reg [8:0] cnt_270;
Wire h1_pos;
Assign h1_pos ;
Always @(clock clk)
If (a1_pos)
   Cnt_270 <= 9'd 0;
Else
   Cnt_270 <= cnt_270 + 1;
Assign h1_pos = (cnt_270 == 269)
...
```

```
//Behavior;
Reg h1_pos;
Initial
Begin
 H1_pos = 1'b0;
 Forever begin
 If (a1_pos) = 1'b0
    h1_pos = 1'b0;
 else begin
       # (269 * cycle) h1_pos = 1'b0
       #cycle            h1_pos = 1'b1;
   end
```

图 4.11　行为模型和 RTL 代码

在 Rtl_module 描述中，由于 always 对时钟 clk 敏感，因此在每个时钟周期，仿真器都重复计算,并更新推断出的寄存器值。而行为模型并不随时钟而同步改变状态，只是在需要时才计算，因此行为模型的仿真速度比 RTL 级的速度要快。另外，为了观察波形，RTL_module 记录的信息量要比行为模型记录的信息量大得多。假设仿真 1000ns，在 Cadance 环境下，记录.shm 文件，在仿真结束后，比较两个 shm 文件，结果 rtl_module.shm 文件比 behavioral_module.shm 大 100 倍之多。

设计工程师从物理实现上考虑 Verilog 代码的写法，受综合工具的影响，他们编写的代码需要遵循一定的规则，代码的好坏、划分是否合理直接影响综合的结果。而验证工程师则不关心物理实现，他们关心的是验证代码是否真实地描述了规范。因此，他们写出的代码可以是不可综合的。验证工程师不必像设计工程师那样遵循特定的编码风格和划分模块的原则，他们往往可以根据规范的要求，按照功能来划分模块。

由于目前 Verilog 语言的可综合子集支持的数据结构非常少，因此硬件设计工程师描述复杂设计时必须把复杂的结构映射为二值逻辑，用一维向量或存储器类型结构实现。但是行为描述则不局限于此，验证工程师可以灵活地使用实数、多维数组、记录和链表等丰富的数据结构描述一个功能。

据估计，在大规模的 IC 设计中，验证文件的代码量占到整个设计代码量的 80%左右，验证代码与设计代码一样，需要调试。如果验证代码写成行为模型风格的 Verilog 代码，描述同样规范的行为代码比 RTL 代码要简单，代码越简单，越容易查错，调试的工作量就越少。在行为代码中，大部分代码是顺序执行，它们比并发型代码更容易纠错，因为它们不牵扯并行代码之间的同步问题和复杂的数据交换问题。

无论是可综合的子集还是不可综合的子集，都可以用来编写 Testbench。可综合子集编写的仿真代码有以下优点。

① 便于移植到基于周期的仿真器上。

② 仿真电路的代码没有冒险和竞争。

可综合代码编写的仿真电路的缺点如下。

① 代码比较长，可读性较差。

② 从仿真器的角度来看，可综合 RTL 代码的仿真性能比较低。

③ 只能处理可综合实现的数据类型，如比特、向量比特和整数；而其他一些数据结构如实数、多维数组、记录等无法实现。

2. 使用抽象数据类型

行为级代码可以不受可综合代码的约束，可以在更高的层次上实现数据的抽象，使得验证的层次与设计层次相对应。本节主要讨论用 Verilog 语言实现一些抽象数据结构的方法。

(1) 实数。

在 Verilog 语言中，实数不能通过接口进行传递，函数可以返回一个实数值，但是实数不能作为函数或任务的输入变量。为了能让实数作为任务或函数的输入变量，可以通过调用系统函数$realtobits 和$bitstoreal 将一个实数转换成 64 比特向量或将 64 比特向量转换成实数。

【程序 4.6】用 Verilog 实现一个滤波器函数。

$$y(n) = a_0x(n) + a_1x(n-1) + a_2x(n-2) + b_1y(n-1) + b_2y(n-2);$$

在上面的表达式中，$y(n)$的值是通过上一次的函数值 $y(n-1)$、$y(n-2)$、$x(n)$、$x(n-1)$和$x(n-2)$计算得到的，在计算过程中，需要保留每一次的计算结果。这个表达式可以通过函数调用实现。在 Verilog 语言中所有的寄存器变量都是静态的，它们在编译时就被分配好了，仿真过程中在内存中一直有变量的备份。

```
module test_real;
    parameter a0= 0.50000,a1=1.125987,a2=-0.097743,b1=-
0.1009373,b2=0.009672;
real y;
    function real yn;
    input [63:0] xn;
    real xn_1,xn_2,yn_1,yn_2;   //寄存器变量
      begin
        yn = a0 * $bitstoreal(xn) + a1 * xn_1 + a2 * xn_2 + b1 * yn_1 + b2 * yn_2 ;
        xn_2 = xn_1;
        xn_1 = $bitstoreal(xn);
        yn_2 = yn_1; yn_1 = yn;
        $display("%f %f %f",yn,yn_1,yn_2);
        $display("%f %f %f",xn,xn_1,xn_2);   end
      endfunction
initial
  begin
   //初始化滤波器参数
   yn.xn_1 = 0.0;  yn.xn_2 = 0.0;  yn.yn_1 = 0.0;  yn.yn_2 = 0.0;
    y = yn ($realtobits(1.0));
    repeat (10) begin
      y = yn($realtobits(0.0));
      $display("%f",y);
    end  end
endmodule
```

(2)　记录。

记录是一种抽象的数据结构，可以由不同类型信息组成，可以方便地表示为具有一定结构的数据。例如，ATM 中的信元就可以用记录表示；SDH 中的帧结构也可以用记录实现。Verilog 语言本身并不支持记录结构，但是可以通过一些方法来模拟记录的实现。

模拟的基本方法：创建一个没有参数的 module，内部的所有变量都用寄存器类型声明。当模块实例化后，用模块中定义的变量表示记录中的域。

(3)　多维数组。

二维数组是一种常用的数据结构，在实际设计中，常常用于对 RAM 等数据结构进行建模。对于仿真而言，二维数组提供了构造较复杂数据结构的一种简单方法。有些情况下，测试激励需要构造有固定格式的循环反复的数据，使用二维数组是一种较好的方法。

3. 编写有结构的仿真代码

从代码可维护的角度，行为代码通常按功能和需求划分结构，如果功能非常复杂，应该把功能划分成若干个子功能，然后编写行为代码实现这些子功能。在 Verilog 中，可以用 module、function 和 task 实现仿真代码结构化。

封装是实现结构化仿真编码的主要手段，封装的主要思想是将实现的细节隐藏起来，将功能及其实现完全分离开，只要封装的接口不变，实现的修改和优化就不影响用户的使用。这也是仿真代码可重用的基本出发点。下面介绍实现封装的几种方法。

1)　变量局部化

(1)　方法 1：变量声明。

最简单的封装是尽可能地将变量的声明局部化，这种方法避免了局部变量与其他模块相互作用而产生不正确的结果。

【程序 4.7】在下面的两个循环句子中，I 是公用的，在执行时可能会导致意想不到的结果。

```
integer I;
always
    begin
     for (I = 0; I<=32, I = I + 1) begin
     …
    end
always
    begin
     for (I=5; I>0, I = I - 1) begin
     …
    end
```

对程序 4.7 所列结构稍加修改，使得变量说明局部化。为每个 always 块命名一个名称，为了使重复执行的次数 I 不影响其他模块的执行，将变量 I 声明在每个模块的内部。

```
always begin : block_1
integer I;
for (I=0; I<=32, I = I+1)
    begin
     …
    end
```

```
end
always begin : block_2
integer I;
for (I=5; I>0, I=I-1)
   begin
    …
   end
end
```

通过正确的封装，这些局部变量就不会被其他 always 和 initial 块所访问而产生不良的效果。

(2) 方法 2：用 task 和 function 使变量局部化。

在 Verilog 语言中，用 task 和 function 也可以使声明局部化。

【程序 4.8】sin 函数可以用 function 实现，在 function 中定义的 x，x1，y，y2，y3，y5，y7，sum，sign 都是局部变量。

```
function real sin;
  input x;
  real x;
  real x1,y,y2,y3,y5,y7,sum,sign;
   begin
    …
   end
endfunction
```

2) 封装子程序

有些子程序在整个项目中或不同的项目中都非常有用，有 3 种方法可以实现子程序的封装。

(1) 方法 1：在使用子程序时，将它们复制到测试程序中，这种方法的缺点是代码可维护性差，增加了代码量。

(2) 方法 2：将这些公用的代码放在一个文件中，然后通过'include 命令将它们包含在需要它们的测试程序中。

【程序 4.9】下面的一段代码是显示错误信息的常用代码，它是以任务的形式构造的，放在 msg.v 文件中。其他模块显示错误信息时，用 include 将代码包含进来。

```
/*  FILE msg.v */
task write_error;
input[14:0] addr;
   begin
        $display ("read register %h doesn't equal write value, -ERROR-", addr);
endtask

/* invoke msg.v */
…
'include "msg.v"
   if (…) error(14'h 0090);
   …
if (…) error(14'h 0010)
```

但是这种实现方法的缺点如下。

① 每个包含任务的模块要编译 task，因而 task 任务不可能包含全局变量；

② 不能将编码封装在所需要的模块中，因为 task 没有包含在一个模块中。

(3) 方法 3：将任务放在仿真模块中，但是不在任何使用任务的模块实例化，可通过一个绝对的层次路径访问该模块。

【程序 4.10】 示例代码如下。

```
module syslog;
    integer warings;
    integer errors;
    initial
       begin
         warning = 0;
         errors  = 0;
       end
    task warn;
      input [80:0] msg;
        begin
           $write("warning at %t : %s",$time,msg);
           warnings = warnings + 1;
        end
endtask
    …
endmodule

module testcase
  initial
    begin
      …
       if (…) syslog.warn("Unexpected respones")
      …
       end
endmodule
```

4. 总线功能模型(Bus Function Module，BFM)

(1) BFM 简介。

目前，EDA 界广泛使用总线功能模型 BFM，有时也称其为事务处理程序(transactions)。所谓 BFM 就是 DUT 和 Testbench 之间的一种抽象，它是任务的集合，集合中的每个任务完成一个特定的事务，事务可以是非常简单的操作，如内存的一次读、写，也可以是非常复杂的操作，如通信中有结构的数据包。BFM 被直接链接到 DUT 上。图 4.12 中给出了 BNF、Testbench 和 DUT 之间的关系。

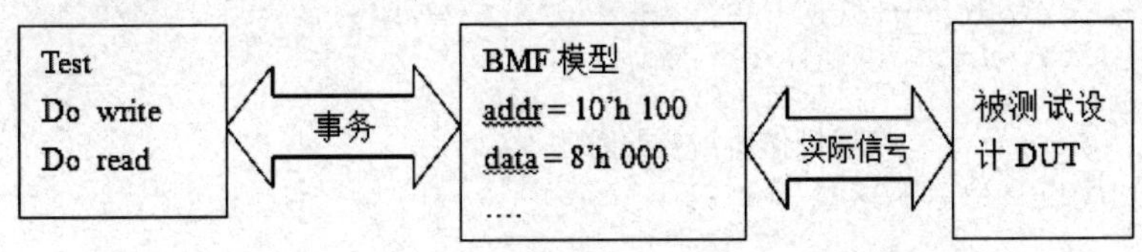

图 4.12　事务和事务处理程序之间的关系

(2) 下面通过一个 CPU 接口的例子说明 BFM 的概念。

【程序 4.11】在 CPU 接口应用中，通常需要对某个寄存器的特定位进行设置。为了

完成这个任务，首先根据地址读出寄存器的值，然后将改写位(设置位)的值和不改写位的值一起再回写到该寄存器中。

可以将 CPU 接口抽象成图 4.13 所示形式，根据预定义的协议，由 CPU BFM 产生 CPU 接口所需要的实际物理信号，如图 4.13 右侧所示，而由左侧接口用特定的数据初始化一个事务，根据不同的事务，CPU BFM 产生不同的物理信号，把左侧的接口称为过程接口。

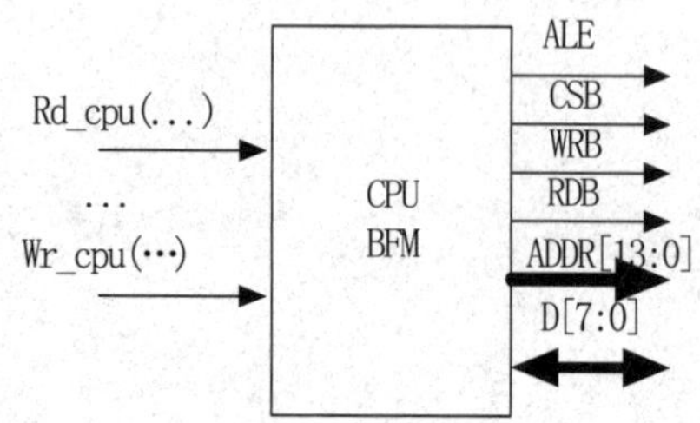

图 4.13　CPU 接口模型

可以根据 CPU 接口的时序，应用 task 产生一次 CPU 读写操作所需要的 CPU 地址、读写信号、片选信号等。假设这个 CPU 接口的地址总线是 14 位，数据总线是 8 位。

```
/* 定义 CPU 接口所需要的信号 */
module cpu_interface(A,    // 地址总线
D,          //数据总线
ALE,        //ALE 地址使能信号
WRB,        //CPU 写信号
RDB,        //CPU 读信号
CSB);       //CPU 片选信号
    Output [13:0] A;
    inout [7:0] D;
    output ALE;
    output WRB;
    output RDB;
    output CSB;
    reg [13:0] A;
    reg ALE;
    reg WRB;
    reg RDB;
    reg CSB;
// 定义 CPU 读写信号的所需要的时序参数
    parameter tSalr = 10,  tSlr = 5, Prd = 30, tHrd = 10, tHar = 10, tVl
            = 5, tSalw = 10, tVwr = 40, tSdw = 20, tSlr = 5;
    parameter data_width = 8, addr_width = 14;
    reg [data_width :0] work_reg;

    task rd_cpu;    //读操作所需要的时序
    input [addr_width:0] Addr;
    begin
        #10   A  = addr;
            CSB = 1'b0;
        #(tSalr-tVl) ALE= 1'b0;
        #tVl     ALE=1'B1;
        #tSlr    RDB = 1'B0;
```

```
        #Prd       work_reg = D;
        #tHar      A = 14'h 0000;
                      CSB = 1'b1;
        end
    endtask

    task wr_cpu ; //写CPU操作
        input [addr_width:0] addr;
        input [data_width:0] write_value;
        begin
        #10 A = addr;
          CSB = 1'B0;
        #(tSalw-tVl) ALE = 1'B1;
        #tVl       ALE = 1'B0;
        #tSlw      ALE = 1'B0;
        #(tVwr-tSdw) D = write_value;
                        wrb = 1'b1;
        #tHdw      Release D;
                       A = 14'H 0000;
                       CSB = 1'B0;
        end
    endtask

    /* 设置CPU所写值 */
        task set_value;
        input [addr_width:0] addr;   //进行CPU操作的地址
        input [data_width:0] expect_bits;
        //8位，如果在对哪一位进行操作，则把该位设置成1
        input[data_width:0] expect_value;
        //8位，设置的值
        reg [data_width:0] written_value;
            begin
                rd_cpu(addr);
                //调用读任务，从相应的地址中读出相应的值，放在寄存器变量work_reg中
                written_value = ~expect_bits & work_reg | expect_bits & expect_value;
                //将需要设置的值写入对应位
                wr_cpu(addr, written_value);
                //写入对应位
                rd_cpu(addr);
                if (~(work_reg == written_value)) begin // 写入值是否正确
                 $display("—ERROR—, register %h write wrong !",addr);
                 $stop; //如果写入值错，那么仿真暂停
            end
        endtask
    endmodule
```

程序 4.11 包含了 3 个任务，第一个任务 rd_cpu 是读指定地址的寄存器内容；第二个任务 wr_cpu 是将指定的值写入指定的寄存器中；第三个任务 set_value 是在前两个任务的基础上构造而成的，首先读出指定寄存器的内容，然后将读出的寄存器内容用指定位(expect_bits) 的内容 (expect_value) 替换，其他位的值保持不变，得到一个值放在 written_value 中，将它的值再写入指定寄存器(addr)中。最后将写入寄存器的内容和 written_value 相比较。如果结果正确，说明所指定的值正确地写入了指定的寄存器；否则给出错误提示，同时仿真暂时停止。

另外，上面的程序 4.11 包含了一些参数定义，这些参数可以根据不同类型 CPU 的读写时序进行定义。在调用任务时省略了 CPU 时序参数的传递。

(3) BFM 的调用。

验证程序调用 cpu_interface 接口中的任务 rd_cpu、wr_cpu、set_value 的方法如下。

① 方法 1：在测试程序中，通过实例化 cpu_interface 模块，直接将 cpu_interface 的实例和被测试的设计连接，通过层次关系调用元件 CPU 中的任务。

【程序 4.12】调用 cpu-interface 接口。

```
module testcase;
   …
   …
   cpu_interface cpu_inst (.A(A),
      .D(D),
      .ALE(ALE),
      .WRB(WRB),
      .RDB(RDB),
      .CSB(CSB));
   DUT   DUT_inst( /* other signal */
      …
      /* cpu signal */
      .A(A),
      .D(D),
      .ALE(ALE),
      .WRB(WRB),
      .RDB(RDB),
      .CSB(CSB),
      /* other signal */
      …    );
   initial
     begin
      #300  cpu.set_value(14'h 0010, 8'b0010_1000, 8'h0000_1000);
      …;  //other operation
      #1000 cpu.set_value(14'h 0001, 8'b0011_1100, 8'h0010_1100);

         … ; //other operation
     end
endmodule
```

cpu_interface 的信号可以直接连接到 DUT 上。在 initial 中，有两次对寄存器的设置；第一次是在开始后的 300 时间单元，通过调用 cpu 模块下的 set_value 将寄存器 14'h0010 的比特 3 位设置成 1、比特 5 位设置成 0；第二次调用 set_value，设置寄存器 14'h0001 的比特 2、3、4、5 位为 1110。

② 方法 2：将测试程序中所有与 DUT 有关的模块分离出来，形成另一个层次，它在测试文件和 BFM 中间。

```
module harness;
   …
   cpu_interface  cpu_inst (.A(A),
      .D(D),
      .ALE(ALE),
      .WRB(WRB),
      .RDB(RDB),
```

```
        .CSB(CSB));
    DUT   DUT(…,    //other signal
        .A(A),
        .D(D),
        .ALE(ALE),
        .WRB(WRB),
        .RDB(RDB),
        .CSB(CSB),
        …    ); //other signal;

        …
endmodule
```

在测试程序中调用 harness 模块。

```
module testcase;
…
harness th();
initial
    begin
        #300  th.cpu.set_value(14'h0010, 8'b0010_1000, 8'h0000_1000);
        …  //other operation
      #1000 th.cpu.set_value(14'h0001, 8'b0011_1100, 8'h0010_1100);

        … ; //other operation
    end
endmodule
```

由于 harness 模块没有和其他模块连接的任何信号，因此可以不用实例化，并可以形成附加的仿真项，与 Testbench 和 DUT 同时运行，可以通过绝对名称访问 harness 中的任务和函数。

在 Modelsim 中，使用下面命令：

```
-vlog testbench.v harness.v cpu.v dut.v
-vsim testcase harness cpu DUT
```

从上面的例子可以看出，引入 BFM 的优点在于以下几点。

① 有利于验证重用。测试程序可以直接应用到功能相同但不具有相同接口的设计中，而事务处理程序则可以重用在具有相同接口的不同设计中。

② 由于事务处理程序封装了接口的实现细节，因此可以极大地提高测试程序的开发效率。

③ 提高了仿真代码的可读性。

5. 编写具有层次结构的仿真代码

在上面的 CPU 接口的仿真代码例子中，包含了一定的层次结构。验证工程师在最顶层，只需要写出特定的完成某项验证功能的事务序列，用这些序列中的事务去调用不同的事务处理程序，这些不同的事务处理程序又去调用更低层的事务处理程序，以产生 CPU 接口所需要的物理信号。这种层次化结构，可以为验证工程师提供一个良好的可操作环境，使他们更关注于 DUT 的验证而不是关注如何产生 DUT 接口信号。

可以将验证代码的构成划分成图 4.14 所示的 4 个层次结构，低层为高层提供一定的服务，而高层事务通过 BFM 将所处理的事务传递给低层。

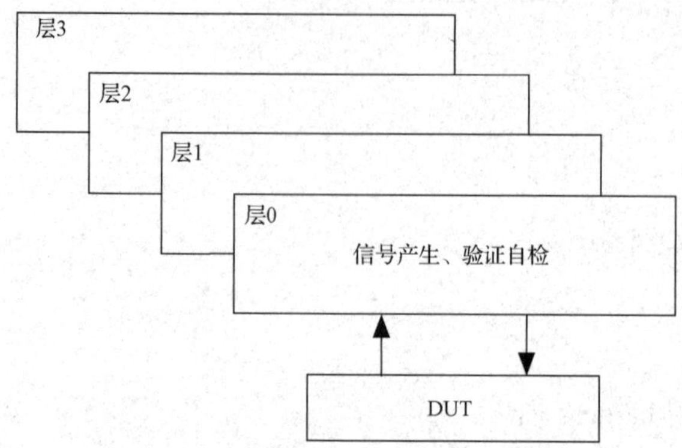

图 4.14　测试环境的逻辑层次结构

(1)　第 0 层用于信号产生和验证自检查。0 层直接连接到 DUT 上，这层根据更高层所处理的事务，产生各类 DUT 所需要的正常数据和异常数据，同时 DUT 的输出也直接连接到本层，以便自动检查输出激励是否和预期值一致。在这层中，可以按功能划分模块提高验证代码的可重用性。

(2)　第 1 层为低层 BFM，这层的 BFM 将第 1 层的事务形成满足第 0 层所需要的具体信号，同时为其上层提供功能调用。

(3)　第 2 层为高层 BFM，这层的 BFM 利用第 1、2 层提供的低级 BFM，构造更高级的 BFM。第 1 层和第 2 层之间没有明确的界限，可根据不同设计项目确定。

(4)　第 3 层是面向应用层，这层由验证工程师们使用，根据被验证设计的验证方案，调用第 1 层和第 2 层提供的 BFM 以产生不同约束的测试序列。

在上面的层次结构中，第 0 层由熟悉被验证芯片时序的工程师完成，同时他也完成底层的 BFM。因为底层的 BFM 需要直接产生第 0 层所需要的信号，这些信号的具体时序只有设计工程师清楚。而其他层 BFM 可由验证工程师完成，验证工程师可以不必关心仿真信号时序，也不必关心第 0 层的实现细节。有了这样一个层次结构，验证工程师通过图 4.14 所示的第 3 层控制第 0 层所需要的激励或进行自检。

6．编写具有自检查功能的仿真程序

设计的有效性必须通过设计对激励响应的结果得以体现，有几种方式可以检查设计响应是否正确。

(1)　方法 1。通过人工观测 DUT 输出波形的结果是否正确，是常用的一种方法，这种方法简单、直观。在出错时，通过人工干预，可以立即停止仿真。但是，其缺点是工作量大、易出错。

(2)　方法 2。通过日志的方式将一些结果输出到文件中，在仿真结束后，分析日志文件的结果。这种方法的主要缺点是，等到仿真结束才能结果分析。

(3)　方法 3。自检查方式，所谓的自检查方式是在仿真过程中，自动将预期的结果和仿真输出的结果进行比较，一旦出错，仿真自动停止。这种方法的优点是能在仿真过程中并行地自动检查设计的正确性。

在理想情况下，预期的结果通过参考模型体现，图 4.15 给出了参考模型、激励、DUT 之间的关系。通常，建立一个功能非常完善的参考模型比较困难，需要大量的时间。对于功能比较复杂的设计，纯用 Verilog 或 VHDL 语言比较难以实现，可以使用一些专用的验证语言，如 Syopsys 公司的 Vera、VCS 或 Cadence 公司的 Testbuilder 等，也可以使用 C/C++等高级语言构造参考模型。

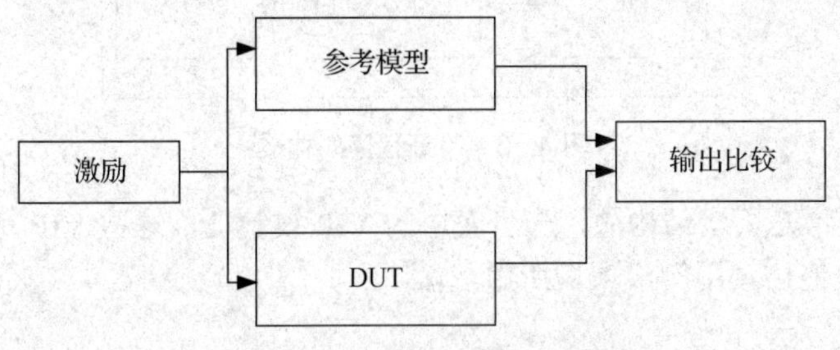

图 4.15　具有自检查结构的仿真

然而，对于一些比较特殊的设计，如果能知道特定激励下的期望响应，就可以采用一些特殊的方式来实现自检查的设计。例如，对于 SDH 设计和以太网等与输入激励有密切关系的输出，可以通过 FIFO 对输入进行缓存，在特定的时刻将输入和输出进行比较，实现自检查功能。

7. 编写可重用的验证代码

大规模 FPGA/ASIC 设计一般由多个层次构成，设计人员必须对各个层次上的子模块逐一验证，然后将这些验证过的模块连接在一起，形成高层规模较大的设计。为这些不同的子模块开发不同的验证环境，需要花费大量的时间和精力，验证重用是解决这一问题的有效方法，设计人员根据大量的可重用验证模块可构造出不同层次模块的验证环境。

验证可重用有两种形式：一种是同一个芯片设计中验证重用；另一种是不同芯片设计之间的重用。在同一个芯片设计中的重用是指在验证的不同周期或设计的不同阶段验证代码的重用。好的验证代码可以在子模块级和系统级验证时均可重用。不同芯片设计验证重用是指验证代码可以用于同一芯片的更新换代上，或用于一个包含许多标准设计模块的芯片或与以前设计有相同性的新设计中。

一般而言，需要重用的模块越多，所考虑的事项和投入的精力就越多，所以需要在验证重用所取得的效果和投入重用的资源之间做些平衡。资源控制、项目领导和安排以及重用所取得的效果都影响开发和对源代码的改变策略。

为了优化重用，验证元件应该与公用的总线和 I/O 端口的功能块一致。

通常，仿真程序被划分成两个主要的部分，即可重用的验证代码和专用的验证代码，两者之间的关系如图 4.16 所示。图中的 VIP 是指经过验证的仿真模块，可以重用。

将验证程序分成两个部分后，验证工程师可以利用 VIP 快速地构造适应于本项目的验证程序。如果本项目的 DUT 所有信号都已产生，那么验证工程师只需要关注 DUT 的验证，专注于编写专用的验证代码即可。

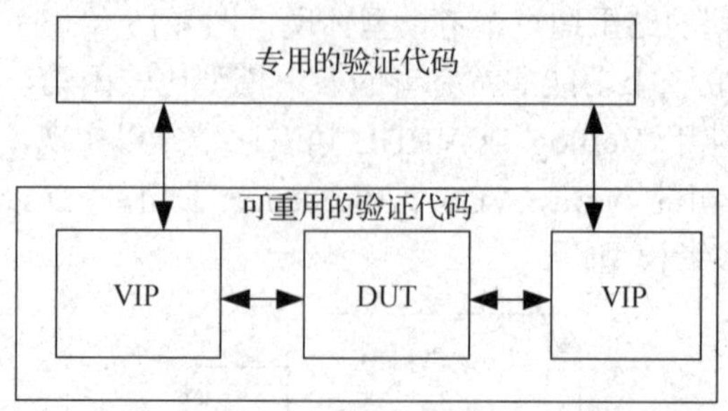

图 4.16　验证程序的构成

VIP 的构造通常是层次结构的，一旦底层的 VIP 被验证，这些 VIP 可以被高层 VIP 所共享，也可以为其他仿真用例或项目所用。

4.2.4　激励信号的产生

有两种方式产生激励信号：一种是以一定的离散时间间隔产生激励信号波形；另一种是基于实体的状态产生激励信号，也就是说，基于实体的输出响应产生激励信号。

在测试平台文件(Testbench)中，有两种常用的激励信号：一种是周期性的激励信号，其波形是周期性变化的；另一种是时序变化的，如复位信号及其他输入信号。下面用实例来讲述激励信号的产生。

1. 时钟信号

周期性的激励信号可以使用并行的信号赋值语句来建立，如下面的语句即建立周期为40ns 的信号，其波形如图 4.17 所示。

```
forever #20 A=~A;        --产生一个周期为 40ns 的信号 A
```

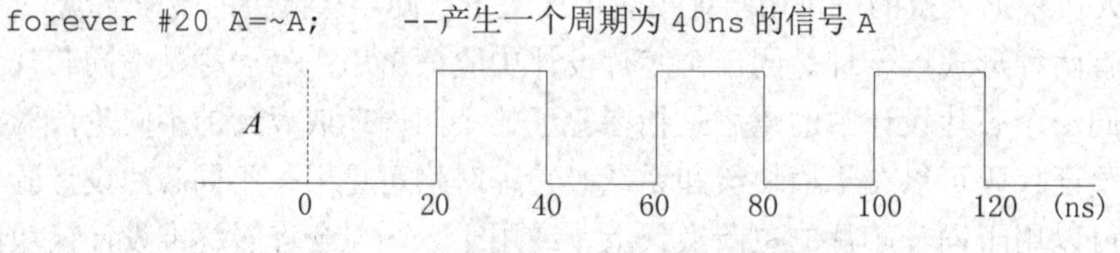

图 4.17　周期性的信号波形

时钟信号是同步设计中最重要的信号之一，它既可以用并行的信号赋值语句产生(如上面的语句)，也可以用时钟产生的进程来实现定义。当使用并行信号赋值语句时，产生的时钟信号可以是对称的或不对称的，但是信号的初始值不能为“u”，它的初始值必须是明确声明的(“1”或“0”)；如果使用进程来定义时钟信号，也可以产生各种时钟信号，包括对称的和不对称的。

在大部分情况下，时钟信号是一直运行的，并且是对称的。当定义不对称时钟信号时，如果使用并行信号赋值语句，则需要使用条件信号赋值语句；如果使用进程则比较简单，使用顺序逻辑就可以。例如，下面的语句使用了条件信号赋值语句，定义了一个 25%占空比的时钟信号。

```
#75       CLK=1;
#25       CLK=0;
```

上述两个时钟信号。即对称的和不对称的时钟信号。它也可以使用进程来定义，下面的语句即可以分别实现上述并行语句所定义的时钟信号。

【程序 4.13】 产生对称的时钟信号，周期为 40ns。

```
'timescale 1ns/100 ps          //定义时间单位/时间精度
reg clk;
parameter TIME_PERIOD=40;      //定义时间周期常量
initial  begin
   clk=0;                      //初始化
   forever
   #(TIME_PERIOD/2)  clk=~clk;
end
```

【程序 4.14】 产生非对称的时钟信号，周期为 100ns，占空比为 25%。

```
'timescale 1ns/100 ps              //定义时间单位/时间精度
parameter HI_TIME=25,LO_TIME=75;   //定义时间周期常量
reg clk;
initial   clk=0;                   //初始化
always begin
   #LO_TIME  clk=1;
   #HI_TIME  clk=0;
end
```

2. 复位信号

在仿真开始时，通常需要使用复位信号对系统进行复位，以便初始化系统。通常复位信号可以以并行赋值语句来实现，也可以在进程中设定。例如，下面的复位信号的设置中，仿真开始时，复位信号为 0；经过 20ns，复位信号变为 1；再经过 20ns，复位信号变为 0，其波形如图 4.18 所示。

```
RESET= 0 ;# 20 RESET= 1 ;# 20 RESET =0 ;
```

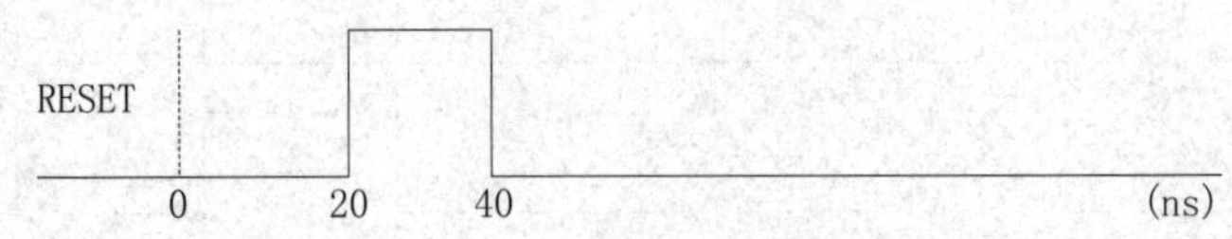

图 4.18　复位信号波形

再看另一个复位信号设置实例，如下面的代码：RESET 信号初始为“0”；经过 100ns，变为“1”；再经过 80ns，该信号变为“0”；经过 30ns，该信号返回到“1”。其波形如图 4.19 所示。

```
RESET=0; #100 RESET=1; #80 RESET=0; #30 RESET=1;
```

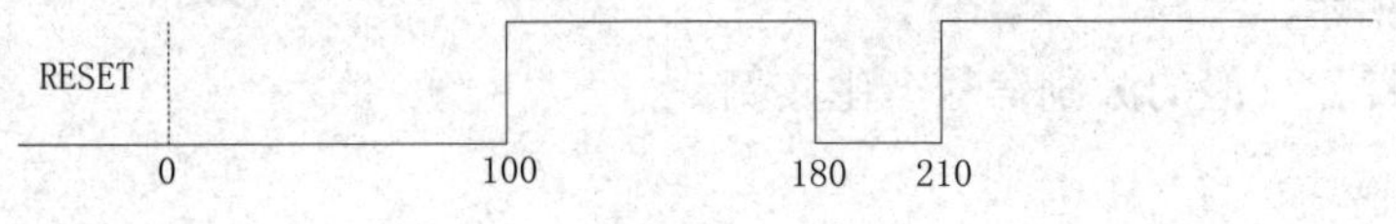

图 4.19　复位信号波形

复位信号也可以在 initial 语句中进行设定。

【程序 4.15】同步复位信号产生实例。

```
initial begin
    rst = 0 ;
    @( negedge clk) ; //等待时钟下降沿
    rst = 1 ;
    repeat(3)@( negedge clk) ; //等待 3 个时钟下降沿
    rst = 0 ;
end
```

3. 周期性的信号

在进程中可以使用信号赋值语句实现信号的周期性设置。例如，下面的实例代码定义了两个周期性信号，为了实现信号的周期性变化，后面使用一个 WAIT 语句。其波形如图 4.20 所示。

【程序 4.16】两个周期性的信号产生实例。

```
reg CLK1,CLK2;
always
    begin
           CLK1=0;  CLK2=0;
        #5   CLK1=1;
        #5   CLK1=0;  CLK2=1;
        #10  CLK1=1;  CLK2=0;
        #5   CLK1=0;  CLK2=1;
        #5   CLK2=0;
        #10  CLK1=1;
        #5   CLK1=0;  CLK2=1;
        #10  CLK1=1;  CLK2=0;
        #5   CLK1=0;  CLK2=1;
        #5   CLK2=0;
end process;
```

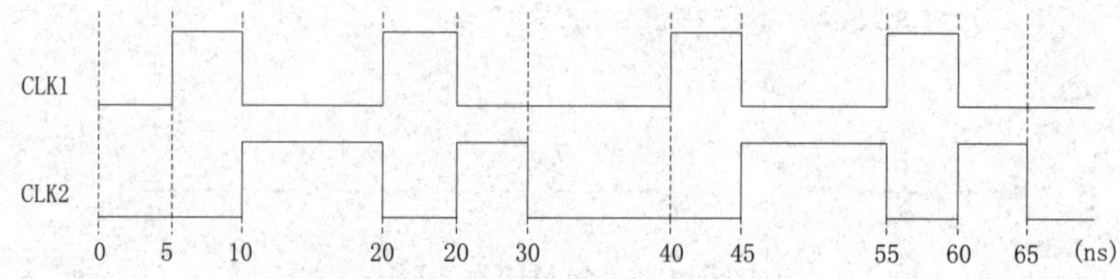

图 4.20　产生两个周期性的波形

4. 一般的激励信号

可以定义普通的激励信号作为模型的输入信号。一般的激励信号通常在 initial 语句中定义。通常都可以使用#来定义一般的激励信号。例如下面的代码是激励信号的定义，其波形如图 4.21 所示。

【程序 4.17】一般的激励信号产生实例。

```
initial begin
       C=0;
  #80  C=1;
  #50  C=0;
  #60  C=1;
```

```
  #120  C=0;
end
```

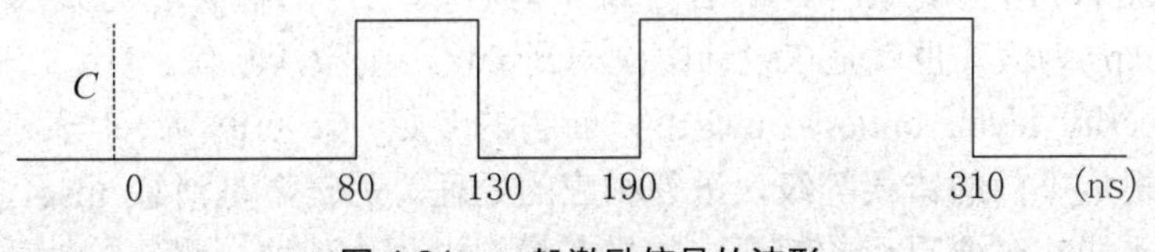

图 4.21　一般激励信号的波形

4.3　基于断言的验证

在软件设计中，断言已经得到了广泛的应用，它可以帮助软件工程师在软件开发及测试过程中更早、更快地发现并定位出软件中可能存在的错误，是一种非常高效的调试方法。现在这种方法被引入集成电路设计的验证中，成为一种非常有效的调试电路方法。

基于断言的验证是一种有效的白盒验证方法，它是 RTL 设计的源程序监视系统的关键行为，特别是在某些特殊情况下的行为。通过断言的方法，可以增加观测点，以便在仿真过程中及时发现设计错误。

为了说明基于断言的验证方法，首先介绍一些断言中用到的概念。

(1)　特性(Property)。用于刻画设计特性的一些通用的行为属性。特性可以是高阶属性，如进入或退出网络的数据包的一些特性，也可以是低阶属性，如 FIFO 的空满等。

(2)　事件(Event)。事件指在验证过程一种希望出现的行为。例如，如果内存访问过程出错，我们希望能有一个合适错误处理函数。作为验证的一部分，观测事件的目的是为了保证验证的完整性。确定事件出现的数目，可以得到一些特殊的极端情形 (corner case)量化信息，并指示其他已验证特性。事件的统计信息形成了功能覆盖度量(function coverage metric)。

(3)　断言(Assertion)。断言是设计中希望特定性质为真的描述语句，其目的是捕获不希望在设计中出现的行为。断言是用于监控或检查施加在设计上的一些规则和假设的一种机制。

用户可以用各种硬件描述语言如 Verilog、VHDL 或 SystemC 等形成断言以监视设计在仿真过程中的行为，也可以利用已有的断言库将断言直接加入设计中。此外，一些专用的硬件特性描述语言(Property Specification Language，PSL)和断言语言已经成为工业标准，并开始推向市场，例如，IBM 公司开发的 Suger 语言已被 Accellera 组织接受，成为 PSL 工业的标准，而 Synopsys 的 OVA 则是另一个经过实际设计验证的断言描述语言。

断言可以有多种实现方法，其中最常用、最简单的方法是所谓的叙述性实现方法，即在设计结构中描述断言，断言和设计中的其他结构一起并发地计算。限于本书篇幅，仅简单介绍用 Verilog 语言实现叙述性断言的方法。

叙述性断言实际上是一些代码，这些代码中一般需要包含 3 部分：一是断言的条件；二是报告信息；三是错误的严重程度以及相关处理。

例如，不变性断言 assert_always [#(severity_level, options, msg)] inst_name (clk, reset_n, test_expr)代码含义如下。

- assert_always：断言的名称。

- inst_name：断言的实例化名称。
- test_expr：断言的条件，断言在每个时钟的上升沿检查表达式 test_expr，如果 test_expr 为假，也就是在设计中检测到错误，则激活断言。
- [#(severity_level, options, msg)] ：断言的参数，severity_level 表示错误的严重等级，根据不同的错误等级，进行相应的处理。另一个是消息 msg，用于表示某个性质不成立时要显示的信息。如果在模拟过程中违背了设定的性质，就会触发监视器。另一个是可选的信息 options。

【程序 4.18】assert_always 断言的代码。

```
module assert_always (ck, reset_n, test_expr);
    input ck, reset_n, test_expr;
    parameter severity_level = 0;
    parameter msg="ASSERT ALWAYS VIOLATION";

  'ifdef ASSERT_ON
    integer error_count;
    initial error_count = 0;

  always @(posedge ck) begin
     'ifdef ASSERT_GLOBAL_RESET
    if ('ASSERT_GLOBAL_RESET != 1'b0)
        begin
         'else
           if (reset_n != 1'b0)
            begin
     'endif
           if (test_expr != 1'b1)
         begin
                error_count = error_count + 1;
         'ifdef ASSERT_MAX_REPORT_ERROR
           if (error_count <= 'ASSERT_MAX_REPORT_ERROR)
         'endif
$display("%s : severity %0d : time %0t : %m",msg, severity_level, $time);
        if (severity_level == 0) $finish;
   end
  end
 end // always
'endif
endmodule // assert_always
```

上述的断言用于检测某个表达式是否永远为真，如果 test_expr 表达式不为真，那么错误计数器计算不为真的次数，如果错误计算器的值小于用户定义的错误次数，那么显示错误信息。如果定义错误等级为 0，则退出仿真。

从上面的实现可以看到，一个断言实际上就是一段 Verilog 代码，用模块的形式将其封装起来。因此，叙述性断言的用法非常简单，直接采用实例化的形式把断言嵌入设计中就可以了，当测试条件不成立时，触发该断言。程序 4.19 是说明如何使用 assert_always 断言的。该例子是一个模 9 计数器，如果计数器的值不在 0～9 之间，那么启动该断言中的监控机制，并报告错误时信息。如果错误等级定义在 0，那么在出现错误时仿真结束。

【程序 4.19】模 9 计数器中使用 always 断言。

```
module counter_0_to_9(reset_n,clk);
input reset_n, clk;
reg [3:0] count;
always @(posedge clk)
   begin
      if  (reset_n == 0 || count >= 9) count = 1'b0;
      else count = count + 1;
   end
assert_always #(0, 0, "error: count not within 0 and 9")   //always 断言
valid_count (clk, reset_n, (count >= 4'b0000) && (count <= 4'b1001));
endmodule
```

从上面的例子可以看到，用 Verilog 叙述方法实现的断言，可以直接嵌入设计的源代码中，说明静态和时序断言能提供统一的信息报告机制。

利用断言的优点是明显的，具体如下。

① 可以节约仿真时间，在仿真过程中动态检查断言可以及时发现设计中不希望的行为，一旦出现了仿真错误，可以立即停止仿真。

② 增加了设计的可观察性。

③ 减少设计错误定位时间，可以准确而快速地定位设计错误。

④ 提供了一种捕获并确认接口约束的手段。

Accellera(www.accellera.com)推出了采用了断言思想的验证库 OVL(Open Verification Library)，该库中用 HDL 语言(VHDL 和 Verilog)定义和实现了一些很常用的属性。这个库资源是免费的，设计人员可以在设计中直接使用这些属性来检测设计是否遵从相应的设计属性，也可以对其进行修改以用于不同的设计中，本节的例子就源于 OVL 库。

【程序 4.20】利用 OVL 中的 assert_never 监视 FIFO 的溢出情况。

```
module guarded_fifo (clk, reset_n, read, write, data_in, data_out);
input clk, reset_n, read, write;
input [15:0] data_in;
output [15:0] data_out;
wire fifo_full, fifo_empty;
  fifo fifo (clk, reset_n, read, write, data_in, data_out, fifo_full,
           fifo_empty);
  assert_never #(0, 0, "Fifo overflow") fifo_overflow (clk, reset_n,
               fifo_full && write);
  assert_never #(0, 0, "Fifo underflow") fifo_underflow (clk, reset_n,
               fifo_empty && read);
endmodule
```

4.4　Modelsim 验证实例

Modelsim 是 Mentor 的子公司 Medel Technology 开发的一款出色的 Verilog HDL/VHDL 混合仿真软件，它属于编译型仿真器(进行仿真前必须对 HDL 源代码进行编译)，其仿真速度快、功能强。下面通过一个例子简单介绍 Modelsim 仿真过程。

【程序 4.21】BCD 码加法器电路与 Testbench 验证程序。

```
module BCD(A,B,Sum,Cout);
```

```
    input [3:0]A,B;
    output [3:0]Sum;
    output Cout;
//  reg [3:0]Sum;
//  reg Cout;
    wire [4:0]Temp;
    assign Temp = A + B;
    assign {Cout , Sum} = (Temp > 9 )? Temp +6 : Temp;    //assign 语句实现

/*  always@(A or B)          //always 语句实现
        begin
        {Cout , Sum} = A + B;
        if({Cout , Sum} > 9 )
            {Cout , Sum} = {Cout , Sum} + 6;
        end
*/

'timescale 1ns/1ns            //时间标尺定义 ·timescale <时间单位>/<时间精度>
module BCD_tb;                //BCD_TB、BCD_tb、BCD_TB1 名称可不相同
  reg [3:0]addend1,addend2; //输入激励信号定义为 reg 型
  wire [3:0]sum;
  wire C;                     //输出信号定义为 wire 型

  parameter DELAY = 100;      //
  integer i,j;

  BCD U1( .A(addend1),
         .B(addend2),
         .Cout(C),
         .Sum(sum)
         );       // BCD UI(addend1,addend2,sum,C);  该调用方法注意顺序不能颠倒
                  //调用测试对象

 initial        //激励波形设定(初始化)
 begin
   addend1 = 0;
   addend2 = 0;
   for(i = 0;i < 10;i = i + 1)
   for(j = 0;j < 10;j = j + 1)
   begin
     #DELAY addend1 = i;
            addend2 = j;
   end
 end

 initial
 $monitor($time,,,"%d + %d = %d , carry = %d ",addend1,addend2,sum,C);
 //输出格式定义
 //$monitor("格式控制符",输出变量名列表);
 /* ===>每次信号的值发生变化，都会激活该语句，并显示当前仿真时间
  可看作一个持续监控器，可在 transcript 下查看 wave 的仿真结果。 */
endmodule
```

仿真软件 Modelsim 的使用方法参见第 2 章，这里不再赘述。具体的仿真操作步骤如下。

(1) 新建仿真库。执行仿真前先建立一个单独的文件夹 simulation。启动 Modelsim，

将当前路径修改到 simulation 文件夹下，并新建仿真库 work。

(2) 编译源文件和仿真文件。将 Verilog 设计源文件和 Testbench 测试文件编译到仿真库 work 中，编译成功。

(3) 执行仿真。选择菜单中的 Simulate→Start Simulation 命令，会出现 Start Simulation 对话框，选择 Design 选项卡中 work 库下的 BCD_tb 文件，然后单击 OK 按钮，如图 4.22 所示。

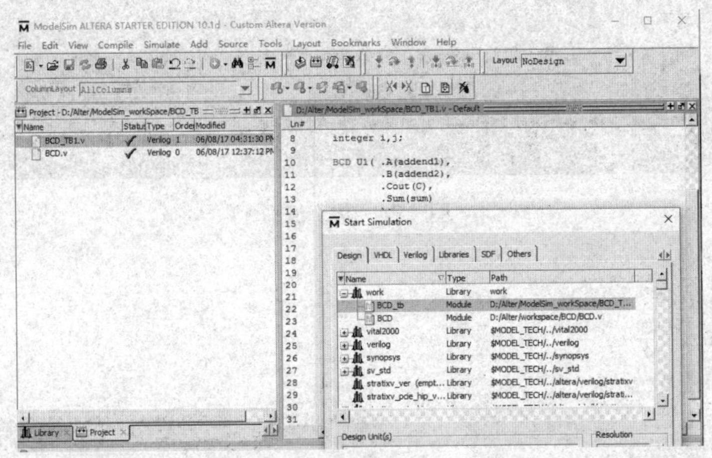

图 4.22 Start Simulation 对话框

在 Workspace 里弹出 sim 标签。用右键单击 BCD_tb，选择 Add Wave 命令，出现图 4.23 所示 Wave 窗口。默认仿真时间为 100ns，修改仿真时间为 5000ns，单击 Run 按钮，执行仿真，仿真波形结果如图 4.24 所示。

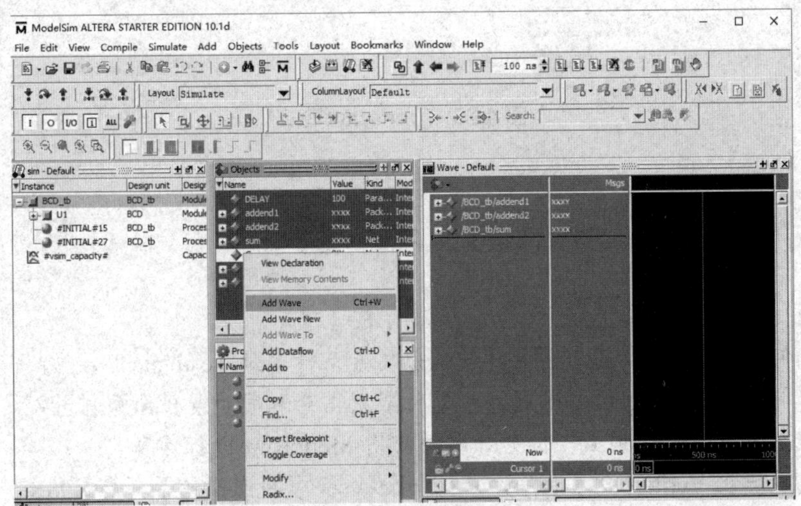

图 4.23 Wave 窗口

另外，任何操作都可以用命令实现。如在 Transcript 区域中输入命令 run-all，$monitor 的持续监控结果可以文本形式在 Transcript 中显示，如图 4.25 所示。

图 4.24　仿真波形

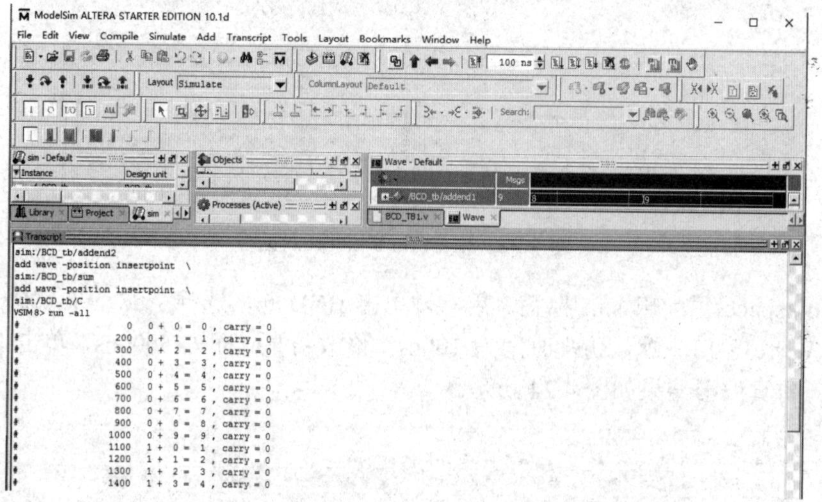

图 4.25　Transcript 窗口

思　考　题

4.1　简述 Verilog 仿真流程。

4.2　如何使用 Verilog 语句生成时钟激励信号？什么是 Testbench?

4.3　如何使用 Verilog 语句生成异步复位激励信号和同步复位激励信号？

4.4　试使用基本元件构成一位全加器并使用 Modelsim 进行仿真。

4.5　编写一个 Verilog 仿真程序，产生一个 reset 复位激励信号，要求 reset 信号在仿真开始保持低电平，经过 10 个时间单位后变为高电平，再经过 100 个时间单位恢复成低电平。

4.6　用 Verilog 编写一个用于仿真的时钟发声程序，要求输出时钟激励信号 clk，周期为 50ns。

4.7　试探索用多种方式在仿真时实现不同的时钟激励信号。

第 5 章 可综合模型设计

学习目标：

- 理解阻塞赋值和非阻塞赋值的区别
- 掌握触发器电路的设计方法
- 掌握计数器电路的设计方法
- 掌握存储器电路的设计方法
- 掌握层次化的设计方法
- 了解可综合模型的设计风格

D 触发器的设计

存储器的设计

计数器的设计

阻塞赋值和非阻塞赋值

本章重点：

- 掌握触发器电路的设计方法
- 掌握计数器电路的设计方法
- 掌握存储器电路的设计方法
- 理解层次化的设计方法

本章难点：

- 阻塞赋值和非阻塞赋值的区别
- 层次化的设计方法

用 Verilog HDL 编写模块的目的有两个：一是编写测试模块，这在第 4 章中已经介绍过；二是编写设计模块，编写设计模块并不像测试模块那样毫无顾忌，因为测试模块是不要求最终能生成电路的，只是在软件层次上进行仿真，而设计模块最终是要生成实际工作电路的，这一点就决定了设计模块的语法和编写代码风格会对后期的电路产生影响。所以，若要编写可以实现的设计模块，就要注意一些问题，本章就对这些问题进行统一介绍，读者可以带着以下问题来阅读本章。

(1) 综合的过程中到底发生了什么？

(2) 延迟是如何被赋值的？

(3) 哪些语句是可综合的？哪些语句是不可综合的？

(4) 常见的代码书写要求有哪些？

5.1 阻塞赋值和非阻塞赋值

在 Verilog 中有两种类型的赋值语句，即阻塞赋值语句和非阻塞赋值语句。正确地使用这两种赋值语句对于 Verilog 设计和仿真非常重要。下面以示例说明阻塞赋值和非阻塞赋值的区别。

【程序 5.1】三级移位寄存器的设计。本例将给出移位寄存器 3 种不同的 Verilog 代码描述，其综合结果分别为图 5.1～图 5.3 所示。

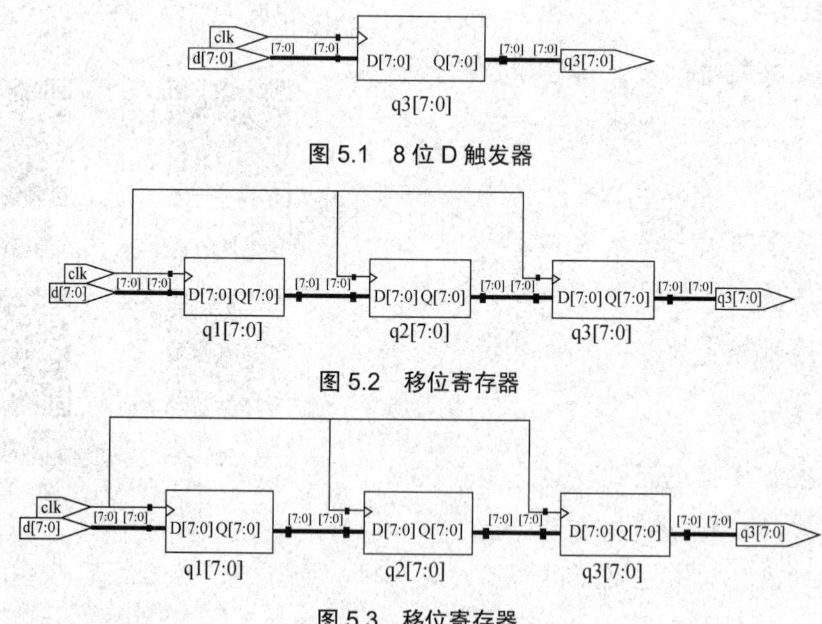

图 5.1　8 位 D 触发器

图 5.2　移位寄存器

图 5.3　移位寄存器

实现 1：

```
module pipeb1 (q3, d, clk);
    output [7:0] q3;
    input [7:0] d;
    input clk;
    reg [7:0] q3, q2, q1;
```

```
    always @(posedge clk)
    begin
        q1 = d;
        q2 = q1;
        q3 = q2;
    end
endmodule
```

实现 2：

```
module pipeb1 (q3, d, clk);
  output [7:0] q3;
  input [7:0] d;
  input clk;
  reg [7:0] q3, q2, q1;
  always @(posedge clk) begin
    q1 <= d;
    q2 <= q1;
    q3 <= q2;
  end
endmodule
```

实现 3：

```
module pipeb1 (q3, d, clk);
  output [7:0] q3;
  input [7:0] d;
  input clk;
  reg [7:0] q3, q2, q1;
  always @(posedge clk) begin
    q3 = q2;
    q2 = q1;
    q1 = d;
  end
endmodule
```

从这个示例中可以看出，在阻塞赋值语句中，赋值的次序非常重要；在非阻塞赋值语句中，赋值的次序并不重要。实现 1 和实现 2 使用了相同的赋值次序，但是结果却不同，区别在于它们使用了不同的赋值方式。而实现 3 得到的结果与实现 2 相同，实现 3 使用了阻塞赋值，但是在实现 3 中明确了移位寄存器的移位次序。

此处总结一下阻塞赋值和非阻塞赋值的含义。在 always 语句中的“=”赋值称为阻塞性过程赋值，在下一语句执行前该赋值语句完成。因此，实现 1 和实现 3 虽然都是阻塞赋值，但是得到的结果却不同。而非阻塞赋值语句被执行时，计算表达式右端的值赋给左端，并继续执行下一条语句，在当前的时间结束时或时钟的有效沿到来时，更新左端的值。在本例中，当时钟的上升沿到达时，更新表达式左端的值。非阻塞语句的执行可以归纳为以下两点。

① 在仿真周期的开始，计算赋值符号右边表达式(RHS)的值。

② 在仿真周期结束，更新赋值符号左边变量(LHS)的值。

为了更清楚地了解两种赋值的区别，再举一个例子加以说明。

【程序 5.2】

(1) 阻塞赋值语句。

```
module fbosc2 (rst_n, clk ,y1, y2);
   input rst_n, clk;
   output y1, y2;
   reg y1, y2;
      always @(posedge clk or negedge rst)
          if (~rst_n) y1 = 0; // reset
          else   y1 = y2;

      always @(posedge clk or negedge rst)
          if (~rst_n) y2 = 1; // reset
          else   y2 = y1;
endmodule
```

(2) 非阻塞赋值语句。

```
module fbosc2 (rst_n, clk ,y1, y2);
    input rst_n, clk;
    output y1, y2;
    reg y1, y2;
        always @(posedge clk or posedge rst)
             if (~rst) y1<= 0; // reset
             else    y1 <= y2;
    always @(posedge clk or posedge rst)
             if (~rst) y2 <= 1; // preset
             else   y2 <= y1;
endmodule
```

程序 5-2 中的(1)和(2)的差别只是使用了不同的赋值语句，其仿真结果却大相径庭。(1)的结果与两个 always 语句执行的顺序有关，如果 rst_n 结束后第一个 always 语句先执行，那么 y1、y2 的值均为 0；如果第二个 always 先执行，那么 y1、y2 的值均为 1；其后保持不变。(2)的结果是 y1 和 y2 是时钟信号 clk 的二分频，y1 和 y2 相位相差 180°。

关于阻塞语句和非阻塞语句，有以下的使用建议。

建议 1：在描述组合电路时，使用阻塞赋值语句。

当在 always 过程中建立组合电路时，许多人喜欢用非阻塞赋值语句。如果在 always 语句中只有一个赋值语句，那么使用阻塞赋值和非阻塞赋值的结果是一样的。但是如果使用多条赋值语句，写法不当可能会导致仿真不正确。

【程序 5.3】本例是一个组合电路，但是仿真结果是不正确的。因为非阻塞赋值在更新 LHS 之前计算 RHS 的值，因此，tmp1 和 tmp2 使用的是 a 和 b 进入 module 的旧值而不是在仿真结束时的新值。

```
    module ao4 (a, b, c, d,y);
    input a, b, c, d;
    output y;
    reg y, tmp1, tmp2;
    always @(a or b or c or d) begin
tmp1 <= a & b;
tmp2 <= c & d;
y    <= tmp1 | tmp2;
```

```
end
endmodule
```

要想使上面的电路正确工作，必须把 tmp1 和 tmp2 也加入到敏感变量表中。由于 tmp1 和 tmp2 的变换引起 always 语句重新计算，因此结果正确，但这会导致仿真器多次对 always 过程进行计算，降低仿真的性能。

```
module ao5 (a, b, c, d,y);
    input a, b, c, d;
    output y;
    reg y, tmp1, tmp2;
    always @(a or b or c or d or tmp1 or tmp2) begin
        tmp1 <= a & b;
        tmp2 <= c & d;
        y <= tmp1 | tmp2;
    end
endmodule
```

但是如果 ao4 用阻塞赋值语句，那么结果就是正确的。这是因为 tmp1 和 tmp2 在当前时间的更新导致 y 的计算。

```
module ao6 (a, b, c, d,y);
    input a, b, c, d;
    output y;
    reg y, tmp1, tmp2;
    always @(a or b or c or d) begin
        tmp1 = a & b;
        tmp2 = c & d;
        y = tmp1 | tmp2;
endmodule
```

建议 2：用一个过程 always 描述时序电路时，使用非阻塞赋值语句。组合电路和非组合电路在一个过程中描述时，也使用非阻塞赋值语句。

【程序 5.4】非阻塞赋值语句。

```
module nbex1 (rst_n, clk, a, b, q);
    input rst_n ,clk;
    input a, b;
    output q;
    reg q;
    always @(posedge clk or negedge rst_n)
    if  (!rst_n) q <= 1'b0;
    else   q <= a ^ b;
endmodule
```

更好的一种代码风格是将组合电路和非组合电路分别描述。

```
module nbex1 (rst_n, clk, a, b, q);
    input rst_n ,clk;
    input a, b;
    output q;
    reg q;
    wire y;
```

```
    assign y = a ^ b;
    always @(posedge clk or negedge rst_n)
    if (!rst_n)  q <= 1'b0;
    else         q <= y;
endmodule
```

5.2 触发器电路设计

D 触发器是时序电路的基本记忆单元，其应用十分广泛，它是构成各种复杂时序逻辑电路或数字系统的基本单元，本节以基本 D 触发器、同步复位和异步复位 D 触发器为例，来讲述 D 触发器的相关设计方法。

5.2.1 时序电路概念

时序逻辑电路简称时序电路，由于其输出状态与电路的原来状态有关，因此其结构包括组合逻辑电路和具有记忆功能的存储电路。时序电路的状态是由存储电路来记忆的，因此时序电路中可以没有组合电路，但不能没有存储电路。

如图 5.4 所示，$X=(x_1\cdots x_n)$为输入信号，$Y=(y_1\cdots y_n)$为输出信号，$P=(p_1\cdots p_n)$为存储电路的输入信号，$Q=(q_1\cdots q_n)$为存储电路的输出信号。存储电路用于记忆时序电路中的状态。

根据存储单元状态变化的特点，时序电路又分为同步时序电路和异步时序电路两类。在同步时序电路中，所有触发器的时钟输入端都连在一起，在外加时钟脉冲作用下，凡是具备翻转条件的触发器在同一时刻改变状态。也就是说，触发器的状态变化都是在同一时钟信号作用下同时发生的。而在异步时序电路中，外加时钟脉冲只触发部分触发器，其余触发器则是由电路内部信号触发的。因此，凡具备翻转条件的触发器状态的翻转有先有后，并不都和时钟脉冲的有效触发沿同步。异步时序电路根据电路的输入是脉冲信号还是电平信号，又可分为脉冲异步时序电路和电平异步时序电路。

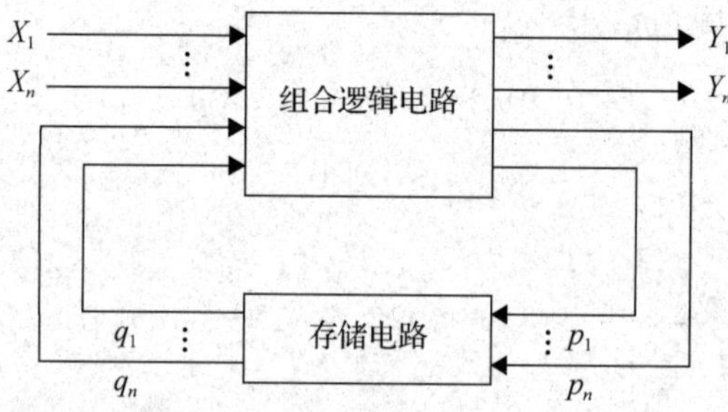

图 5.4 时序逻辑电路模型

5.2.2 D 触发器

在数字电路中，基本 D 触发器的逻辑符号与真值表如表 5.1 所示。

表 5.1　基本 D 触发器的符号与真值表

符　号	输　入		输　出	
	CP	D	Q	QB
D　Q CP　QB	0	×	保持	保持
	1	×	保持	保持
	↑	0	0	1
	↑	1	1	0

【程序 5.5】基本 D 触发器的 Verilog HDL 描述。

分析：从基本 D 触发器的真值表中可以看出，基本 D 触发器只有在时钟脉冲 CP 的上升沿到来时，输入信号 D 的数据才会传递给输出端口 Q 及其反向输出 QB；否则输出端口将保持原来的值。Verilog HDL 程序设计如下：

```
module D_EF(Q,D,QB,CP)
   input D,CP;
   output Q,QB;
   reg Q,QB;              //在 always 语句中被赋值的信号要声明为 reg 类型，寄存器定义
   always @ (posedge CP) //上升沿，下降沿用 negedge 表示
      begin Q <= D; QB<=~D; end
endmodule
```

基本 D 触发器的仿真波形如图 5.5 所示。从图中可以看出，CP 每发生一次上升沿跳变，Q 的输出与 D 的状态相同，QB 的输出与 D 的状态正好相反。

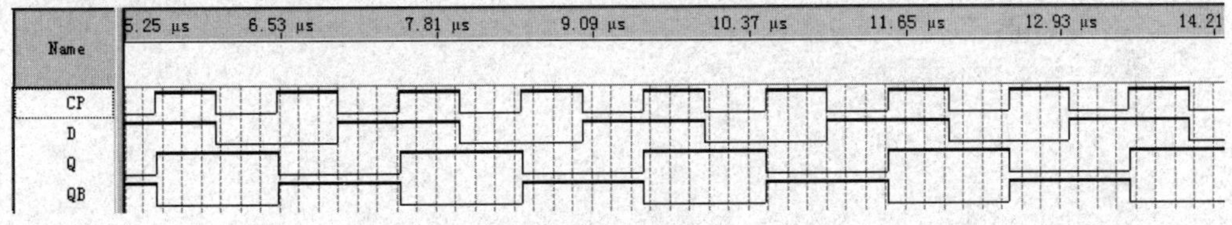

图 5.5　基本 D 触发器的仿真波形

【程序 5.6】异步复位 D 触发器 Verilog HDL 描述。

```
module Dflip(rst_n,
             clk,
             din,
             dout);
   input rst_n;
   input clk;
   input  [3:0] din;
   output [3:0] dout;
   reg  [3:0] dout;
   always @(negedge rst_n or posedge clk)
      if ( !rst_n)
         dout <= 1'b0;
      else
         dout <= din;
endmodule
```

程序 5.6 所列代码是一个简单的具有异步复位 D 触发器的建模风格，综合结果见图 5.6。注意其 always 中复位信号和时钟信号的写法，可以看到，rst_n 信号出现在敏感变量表中，并出现在第一个 if 语句中，而 clk 虽然也出现在敏感变量表中，但是在整个分支语句中没有任何 clk 的编码信息。在这种写法中，综合器可以推测出 D 触发器的结构。rst_n 表是一个低有效的复位电路。无论什么时候，只要 rst_n 为低电平，且低电平具有一定的宽度时，则 D 触发器的输出端 dout 变成 0。在 rst_n 为高电平且时钟的上升沿到来时，dout 由 din 更新。

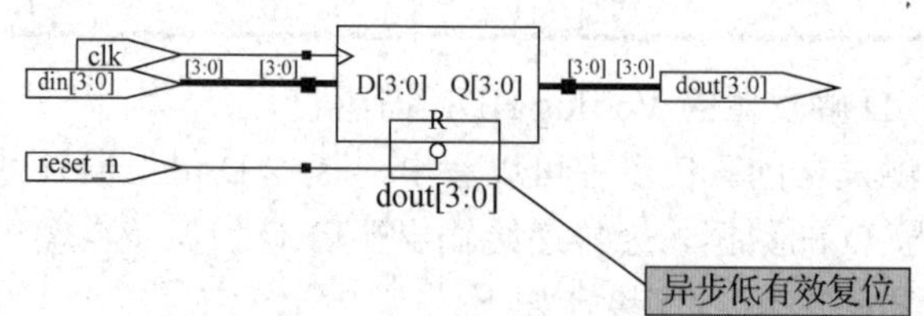

图 5.6　异步复位 D 触发器

【程序 5.7】同步复位功能 D 触发器。

```
module Dflip(rst_n,
             clk,
             din,
             dout)
    input rst_n;
    input clk;
    input  din;
    output  dout;
    reg  dout;
    always @( posedge clk )
       if (!rst_n)
          dout <=1'b0;
       else
              dout <= din;
endmodule
```

程序 5.7 是一个简单的具有同步复位 D 触发器的建模风格，综合结果见图 5.7。注意其 always 中已经没有复位信号 rst_n，本例同样没有对 clk 进行任何编码。在上述描述的电路中，rst_n 的优先级高于 din。如果在时钟 clk 的上升沿到来时，rst_n 为低电平，dout 变成低电平。所谓的同步复位，是指复位信号只有在时钟上升沿到来时且复位信号为低有效时，才完成复位。

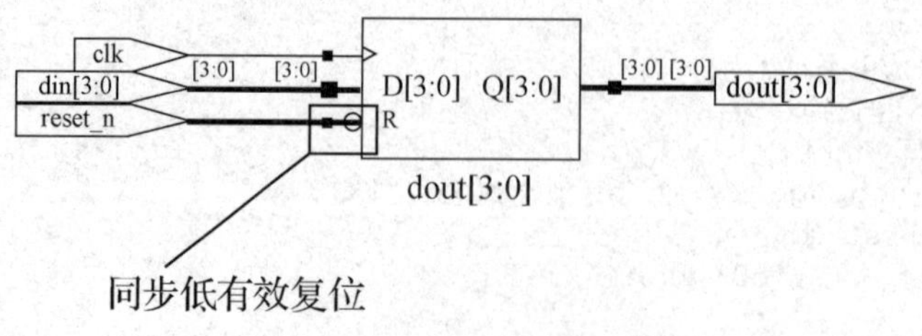

图 5.7　同步复位 D 触发器

【程序 5.8】带使能端的 D 触发器。

```
module Dflip(rst_n,
             clk,
             din_en,
             din,
             dout)
    input rst_n;
    input clk;
    input din;
    input din_en;
    output dout;
    reg dout;
    always @(negedge rst_n or posedge clk)
        if (!rst_n)
          dout <= 1'b0;
        else if (din_en)
             dout <= din;
    endmodule
```

程序 5.8 描述的是一个简单的具有异步复位和使能端的 D 触发器的建模风格。在 rst_n 为高电平且使能端 din_en 为高电平时，在时钟的上升沿，dout 由 din 更新。

5.3　计数器电路设计

计数器是用于累计时钟脉冲个数的时序逻辑部件。计数器是数字系统中用途最广泛的基本部件之一，几乎在各种数字系统中都有计数器。它不仅可以计数，还可以对输入脉冲进行分频，以及构成时间分配器或时序发生器，对数字系统进行定时、程序控制操作。

计数器有多种分类方法，根据脉冲输入方式的不同，可分为同步计数器和异步计数器两种；根据计数增、减趋势的不同，可分为加法计数器、减法计数器和可逆计数器 3 种；根据进位数制的不同，可分为二进制计数器和非二进制计数器。

5.3.1　基本同步计数器

基本同步计数器是指能够实现简单计数功能的计数器。将计数脉冲引到所有触发器的时钟脉冲输入端，使各个触发器的状态变化与计数脉冲同步，这种方式构成的计数器称为同步计数器，其特点是计数速度快。

基本同步计数器的端口信号主要有 clk、cnt、co。其中 clk 为时钟输入信号；cnt 为计数器输出信号，计数位数由参数 $n-1$ 设定，$n-1$ 的默认值为 3；co 为进位输出信号。

通过设置计数位数参数 $n-1$ 可以实现指定 2^{n-1} 进制计数器。若将 $n-1$ 设置为 4，则可以实现 32 进制计数器。

【程序 5.9】4 位同步二进制计数器的 Verilog HDL 描述。

分析：在 clk 上升沿跳变时执行过程块，使用 if 语句判断计数值 cnt 是否为“1111”。如果 cnt=“1111”，则将 cnt 清零，co 输出置为 1；否则 cnt 进行加 1 运算，且 co 输出置为零。4 位同步二进制加法计数器的 Verilog HDL 程序编写如下：

```
module cnt16(clk,co,cnt);
input clk;
output co;
output [3:0]cnt;
reg co;
reg [3:0]cnt;
always @(posedge clk)
   begin
   if(cnt==4'b1111)
      begin
      co<=1;
      cnt<=0;
      end
   else
      begin
      cnt<=cnt+1;
      co<=0;
      end
   end
endmodule
```

从图 5.8 中可以看出，时钟信号 clk 每发生一次上升沿跳变，计数器进行一次加 1 计数。当计数到 F 时，在下一个时钟信号 clk 的上升沿，其进位输出信号 co 为高电平，且保持一个时钟周期，同时计数值为 0；否则计数值加 1 且进位输出信号 co 为低电平。

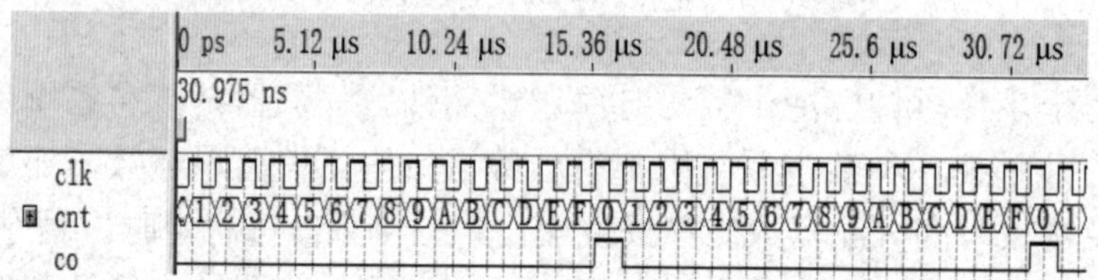

图 5.8　4 位同步二进制计数器的仿真波形

5.3.2　具有复位端口的计数器

1. 同步复位计数器

同步复位计数器是在基本同步计数器的基础上，增加了同步复位功能的计数器，其端口有 clk、rst、cnt 和 co。其中 clk 为时钟输入信号；rst 为同步复位输入信号；cnt 为计数器输出信号；co 为进位输出信号。

【程序 5.10】4 位同步复位二进制计数器的 Verilog HDL 描述。

分析：在 clk 上升沿跳变时执行过程块，先判断 rst 是否为高电平。如果 rst 为高电平，则将计数值清零，且 co 也清零。否则进一步判断 cnt 是否为“1111”，如果 cnt=“1111”，则 cnt 清零，co 输出为 1；否则 cnt 进行加 1 运算，且 co 输出为零。

```
module cnt16 (clk,rst,co,cnt);
input clk,rst;
output co;
output [3:0]cnt;
reg co;
reg [3:0]cnt;
```

```
always @(posedge clk)   begin
    if(rst) begin co<=0; cnt<=0; end
    else
        if(cnt==4'b1111)  begin
            co<=1;
            cnt<=0;
            end
        else
            begin
            cnt<=cnt+1;
            co<=0;
            end
    end
endmodule
```

从图 5.9 中可以看出，时钟信号 clk 每发生一次上升沿跳变时，计数器进行加 1 计数。当计数到 F 时，在下一个时钟信号 clk 的上升沿，其进位输出信号 co 为高电平，且保持一个时钟周期，同时计数值为 0；否则计数值加 1 且进位输出信号 co 为低电平。

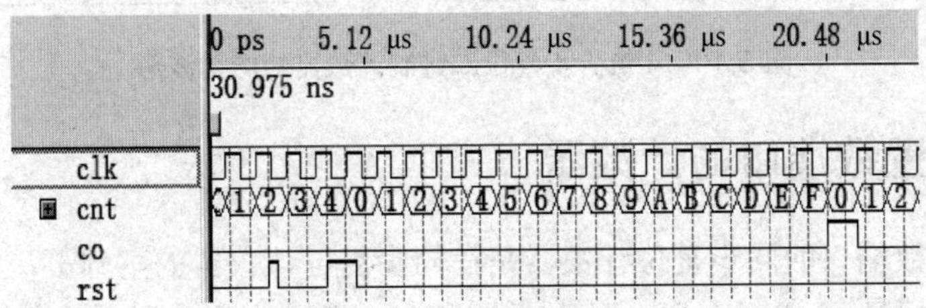

图 5.9　4 位同步复位二进制计数器的仿真波形

2. 异步复位计数器

异步复位计数器是指当异步复位信号有效时，不管触发器的计数脉冲处于何种状态，立即执行计数器清零。异步复位计数器端口信号有 clk、rst、cnt 和 co。其中 clk 为时钟输入信号；rst 为异步复位输入信号；cnt 为计数器输出信号；co 为进位输出信号。

【程序 5.11】4 位异步复位二进制计数器的 Verilog HDL 描述。

分析：在 clk 上升沿跳变时执行过程块，先判断 rst 是否为高电平。如果 rst 为高电平，则将计数值清零，且 co 也清零。否则进一步判断 cnt 是否为“1111”，如果 cnt=“1111”，则 cnt 清零，co 输出为 1；否则 cnt 进行加 1 运算，且 co 输出为零。

```
module cnt16 (clk,rst,co,cnt);
input clk,rst;
output co;
output [3:0]cnt;
reg co;
reg [3:0]cnt;
always @( posedge clk or posedge rst)
begin
    if(rst) begin co<=0; cnt<=0; end
    else
        if(cnt==4'b1111)  begin
            co<=1;
            cnt<=0;
```

```
            end
        else
            begin
            cnt<=cnt+1;
            co<=0;
            end
    end
endmodule
```

从图 5.10 中可以看出，当 cnt 计数到 2 时，rst 为高电平后，不管时钟信号 clk 的上升沿是否到来，cnt 立即变为 0，因此 rst 是异步复位信号。

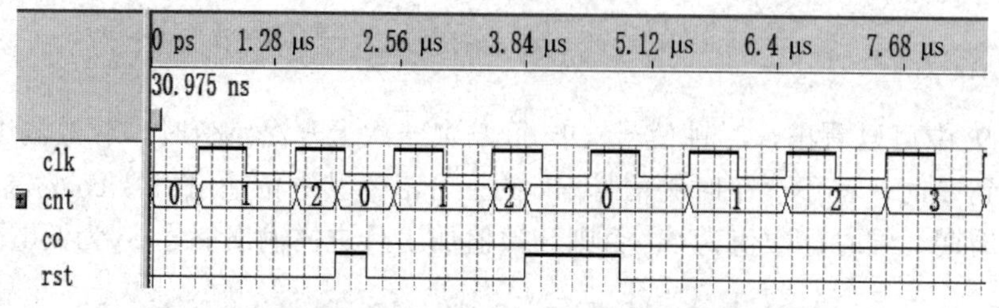

图 5.10　4 位异步复位二进制计数器的仿真波形

5.3.3　具有置数端口的计数器

具有同步置数端口的同步复位计数器是在同步复位计数器的基础上，增加了同步置数功能。它的端口信号有 clk、rst、set、d、cnt 和 co。其中 clk 为时钟输入信号；rst 为同步复位输入信号；set 为同步置数信号；d 为待置入的输入数据；cnt 为计数器输出信号；co 为进位输出信号。

【程序 5.12】具有置数端口的 4 位同步复位二进制计数器的 Verilog HDL 描述。

分析：在 clk 上升沿跳变时执行过程块，先判断 rst 是否为高电平。如果 rst 为高电平，则将计数值清零，且 co 也清零。接着判断 set 是否为高电平，如果 set 为高电平，则将 d 中的数据赋值给 cnt，使计数值在此基础进行计数。然后进一步判断 cnt 是否为“1111”，如果 cnt=“1111”，则 cnt 清零，co 输出为 1；否则 cnt 进行加 1 运算，且 co 输出为零。

```
module tt(clk,rst,set,d,co,cnt);
input clk,rst,set;
input [3:0]d;
output co;
output [3:0]cnt;
reg co; reg [3:0]cnt;
always @(posedge clk)
    begin
    if(rst) begin co<=0; cnt<=0; end
    else if(set) cnt<=d;
    else begin
        if(cnt==4'b1111) begin
            co<=1;
            cnt<=0; end
        else begin
```

```
            cnt<=cnt+1;
            co<=0;end
        end
    end
endmodule
```

从图 5.11 可以看出，计数器计到 4 时，同步复位信号有效，计数器从 0 开始计数；当置位信号 set 为高电平时，计数器被置成 d 的值“1010”(A)，计数器从“1010”(A)重新开始计数。

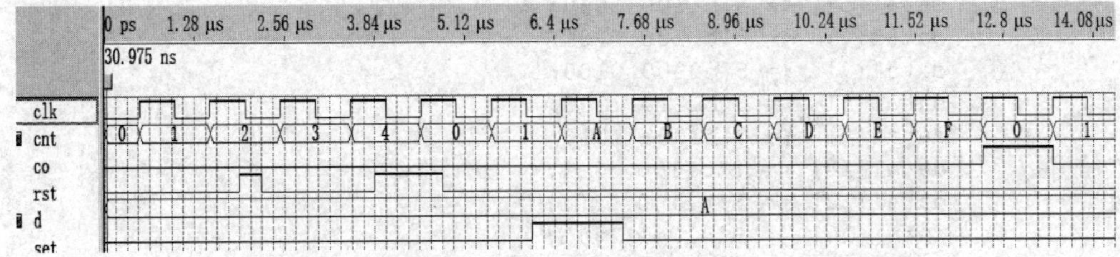

图 5.11　具有置数端口的 4 位同步复位二进制计数器的仿真波形

5.4　存储器电路设计

5.4.1　存储器定义

存储器是数字系统的重要组成部分，是用于存储程序和数据的部件。存储器还可以完成一些特殊的功能，如多路复用、速率变换、数值计算、脉冲形成、特殊序列产生及数字频率合成等。根据功能的不同，可以将存储器分为只读存储器(Read Only Memory，ROM)和随机存储器(Random Access Memory，RAM)两大类。具有先进先出存储规则的读/写存储器，又称为先进先出栈(FIFO)；具有后进先出存储规则的读/写存储器，又称为后进先出栈(LIFO)。

从应用的角度出发，各个公司的编译器都提供了相应的库文件，有利于减轻编程难度，并加快编程进度，这些模块均符合工业标准，应用非常方便。Altera 公司的 QuartusⅡ软件库 Megafunction 中提供了 ROM、RAM、FIFO 等参数化存储器宏模块，使用时可通过原理图或 Verilog HDL 程序的方式直接调用相应的宏模块。

在使用存储器之前，首先应该清楚该存储器的类型(是双端口还是单端口)、大小是否够用、速度是否满足设计要求、是否需要读出时钟等。

5.4.2　ROM(只读存储器)

ROM 是一种重要的时序逻辑存储电路，它的逻辑功能是在地址信号的选择下，从指定存储单元中读取相应的数据。ROM 只能进行数据的读取，而不能修改或写入新的数据，

【程序 5.13】以 16×8 的 ROM 为例，介绍 ROM 的设计方法。

```
module ROM_ex1 (addr, data, en);
    input [3:0] addr;//地址选择信号
    input en;        //使能端
```

```
    output reg [7:0] data;//数据输出端
    reg[7:0] data1 [15:0];

        always @(*)
           begin
           data1[0]  <= 8'b1010_1001;
           data1[1]  <= 8'b1111_1101;
           data1[2]  <= 8'b1110_1001;
           data1[3]  <= 8'b1101_1100;
           data1[4]  <= 8'b1011_1001;
           data1[5]  <= 8'b1100_0010;
           data1[6]  <= 8'b1100_0101;
           data1[7]  <= 8'b0000_0100;
           data1[8]  <= 8'b1110_1100;
           data1[9]  <= 8'b1000_1010;
           data1[10] <= 8'b1100_1111;
           data1[12] <= 8'b1100_0001;
           data1[13] <= 8'b1001_1111;
           data1[14] <= 8'b1010_0101;
           data1[15] <= 8'b0101_1100;
           if (en)
              begin
              data[7:0] <= data1[addr];
              end
           else
              begin
              data[7:0] <= 8'bzzzz_zzzz;
              end
           end
 endmodule
```

5.4.3 RAM(随机存储器)

RAM 可以随时在任一指定地址写入或读取数据，其优点是可方便读/写数据，但是掉电后所存储的数据会丢失。RAM 是并行寄存器的集合，主要用于数据存储。数据可被写入任意内部寄存器单元，也可从任意内部寄存器单元读出。每个寄存器单元对应一个地址，由地址线确定对哪个寄存器单元进行数据读/写。RAM 在时钟和写使能有效时，将外部数据写入某地址对应的单元；在时钟和读使能有效时，将某地址对应单元的数据读出。RAM 可分为单口 RAM(读/写地址线合用)和双口 RAM(读/写地址线分开)两种。

【程序 5.14】下面是一个 128×8 的 RAM 设计，这是一个双端口的 RAM，具有读、写时钟，在读使能和写使能控制下进行 RAM 的读写操作。

```
module
ram_128X8(wr_clk,wr_en,wr_addr,wr_dat8,rd_clk,rd_en,rd_addr,rd_dat8)
input wr_clk,wr_en, rd_clk,rd_en;
input [7:0] wr_dat8;
input [6:0] wr_addr;
output [7:0] rd_dat8;
output [6:0] rd_addr;

reg [7:0] rd_dat8;
```

```
reg [6:0] rd_addr;
reg [7:0] ram[127:0] ;

always @(posedge wr_clk)
if (wr_en)
  ram[wr_addr] <= wr_dat8 ;

always @(posedge rd_clk)
if (rd_en)
  rd_dat8 <= ram[rd_addr] ;
endmodule
```

该电路用 Synplify 综合器可以得到一个标准的双口 RAM，然而使用 ISE、Quartus 等工具中自带的综合器却会综合成 D 触发器堆，耗费大量资源，因而在使用该综合器时，必须将 RAM 模块注释成黑盒子(black_box)，然后在布线时用例化出的 RAM 块替代之。

5.4.4　FIFO 存储器

FIFO(First In First Out，先入先出)是一种特殊功能的存储器，数据以到达 FIFO 输入端口的先后顺序存储在存储器中，并以相同的顺序从 FIFO 的输出端口送出。

对于同步 FIFO，读写指针都指向一个内存的初始位置，每进行一次读/写操作，相应的指针就递增一次，指向下一个内存位置。当指针移动到内存的最后一个位置时，它又重新跳回初始位置。在 FIFO 非满或非空的情况下，这个过程将随着读/写控制信号的变化一直进行下去。如果 FIFO 处于空状态，下一个读动作将会导致向下溢出(underflow)，一个无效的数据被读出；同样，对于一个满了的 FIFO，进行写动作将会导致向上溢出(overflow)，一个有用的数据被新写入的数据覆盖。这两种情况都属于误动作，因此需要设置满和空两个信号，对满信号置位表示 FIFO 处于满状态，对满信号复位表示 FIFO 非满，还有空间可以写入数据；对空信号置位表示 FIFO 处于空状态，对空信号复位表示 FIFO 非空，还有有效的数据可以读出。当读指针和写指针相等也就是指向同一个内存位置时，FIFO 可能处于满或空两种状态。可以通过不同的方法判断或区分 FIFO 究竟是处于满状态还是空状态，也就是究竟是写指针从后赶上了读指针还是读指针从后赶上了写指针。

本书所应用的方法是分别将读、写地址寄存器扩展一位，将最高位设置为状态位，其余位作为地址位，指针由地址位及状态位组成。巧妙地应用地址位和状态位的结合，能实现对空、满标志位的控制。当读/写指针的地址位和状态位全部吻合时，读/写指针经历了相同次数的循环移动，也就是说，FIFO 处于空状态；如果读/写指针的地址位相同而状态位相反，写指针比读指针多循环一次，标志 FIFO 处于满状态。

【程序 5.15】本书介绍的 32×8 FIFO 设计采用了双体存储器，程序如下：

```
module fifo_mem(data,clk,rstN,wrN,rdN,empty,full);
    inout [7:0] data;
    input clk,rstN,wrN,rdN;
    output empty,full;
    reg [4:0] wr_cntr,rd_cntr;
    wire [3:0] addr;
    ram16X8 ram(.data(data),.addr(addr),.wrN(wrN),.oe(wrN));
    always @(posedge clk or negedge rstN)
```

```
if(!rstN) wr_cntr<=0;
else if (!wrN) wr_cntr<=wr_cntr+1;
always @ (posedge clk or negedge rstN)
  if(!rstN) rd_cntr<=0;
  else if(!rdN) rd_cntr<=rd_cntr+1;
assign addr=wrN?rd_cntr [3:0]: wr_cntr [3:0];
assign empty=(wr_cntr [3:0] == rd_cntr [3:0])&&!(wr_cntr[4]^rd_cntr[4]);
assign full=(wr_cntr [3:0] ==rd_cntr [3:0])&&(wr_cntr[4]^rd_cntr[4]);
endmodule
```

5.5 层次化设计

5.5.1 元件例化

元件例化就是将预先设计好的设计实体定义为一个元件，然后利用映射语句将此元件与另一个设计实体中的指定端口相连，从而进行层次化设计。

1. 例化语法

一个模块能够在另一个模块中被引用，就建立了描述的层次。模块实例化语句形式如下：

```
module_name instance_name(port_associations);
```

定义模块语句为：

```
module Design(端口1,端口2,端口3,……);
```

引用时，会严格按照模块定义的端口顺序来连接，不用标明原模块定义时规定的端口名：

```
Design u_1(u_1的端口1, u_1的端口2, u_1的端口3, u_1的端口……); //和Design对应
```

引用时用“.”符号标明原模块定义时规定的端口名：

```
Design u_2(    .(端口1(u_1的端口1),
                .(端口2(u_1的端口2),
                .(端口3(u_1的端口3),
                                   ……  );
//建议：在例化的端口映射中采用名字关联,这样当被调用的模块管脚改变时不易出错
```

因此，信号端口可以通过位置或名称关联；但是关联方式不能混合使用。端口关联形式如下：

```
port_expr               //位置关联
.portName (port_expr)   //名称关联
```

【程序 5.16】举例说明位置关联和名称关联。

```
module and (C,A,B);
   input  A,B;
   output C;
   ...
and A1(T3,A,B);
//实例化时采用位置关联，T3对应输出端口C，A对应A，B对应B
and A2(.C(T3),.A(A),.B(B));
//实例化时采用名字关联，.C是and器件的端口，其与信号T3相连
```

(1) port_expr 可以是以下的任何类型。

① 标识符(reg 或 net)，如.C(T3)，T3 为 wire 型标识符。

② 位选择，如 .C(D[0])，表示 C 端口接到 D 信号的第 0bit 位。

③ 部分选择，如 .Bus (Din[5:4])。

④ 上述类型的合并，如 .Addr({ A1,A2[1:0]}。

⑤ 表达式(只适用于输入端口)，如 .A (wire Zire = 0)。

在例化的端口映射中应采用名字关联，这样当被调用的模块管脚改变时不易出错。

(2) 悬空端口的处理。

【程序 5.17】在实例化中，有些管脚未用到，可在映射中采用空白处理。

```
DFF d1 (
    .Q(QS),
    .Qbar ( ),
    .Data (D ) ,
    .Preset ( ), // 该管脚悬空

.Clock (CK)
); //名称对应方式
```

输入管脚为悬空的，则该管脚输入为高阻 Z；输出管脚被悬空的，该输出管脚废弃不用。

(3) 不同端口长度的处理。

【程序 5.18】当端口和局部端口表达式的长度不同时，端口通过无符号数的右对齐或截断方式进行匹配。

```
module Child (Pba, Ppy) ;
input [5:0] Pba;
output [2:0] Ppy;
. . .
endmodule
module Top;
wire [1:2] Bdl;
wire [2:6] M p r;
Child C1 (Bdl, Mpr) ;
endmodule
```

2. 实例说明

【程序 5.19】用 Verilog 描述一位半加器。

半加器有两个输入即 *A*、*B*(加数和被加数)，以及两个输出即 *C*、*S*(进位和加法和)，电路符号如图 5.12 所示。其真值表如表 5.2 所示。

表 5.2　半加器真值表

A	*B*	*C*	*S*
1	1	1	0
1	0	0	1
0	1	0	1
0	0	0	0

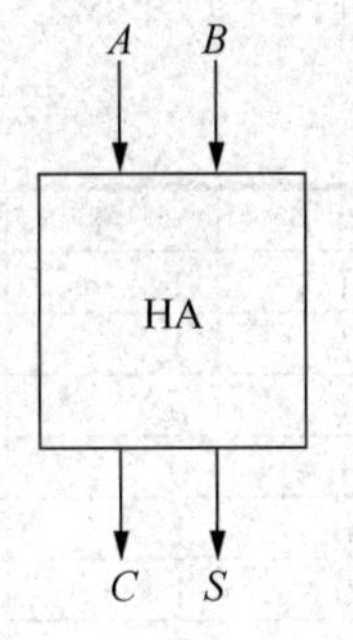

图 5.12　半加器符号

(1) 用 case 语句实现半加器电路。

```
 module  HA(a,b,c,s)
   input a, b;
   output c,s;
    reg c,s;
always @(a or b)
  C = 0;
begin
  case {a,b} begin
  2'b 00 : s = 0;
  2'b 01 : s = 1;
  2'b 10 : s = 1;
  2'b 11 : begin s =0 ;
             c = 1;

  end
end
   endmodule
```

(2) 分模块实现半加器电路。

```
module  HA_1(a,B,C,S)
   input a, b;
   output c,s;
   wire c,s;
   assign c = a & b;
   assign s = a ^ b;
endmodule

module  HA_2 (a,b,c,s);
   input a, b;
   output c,s;
   wire c,s;
   wire [1:0] adder;
   assign adder = a + b;
   assign s =adder[0];
   assign c = adder[1];
  endmodule
```

【程序 5.20】用 Verilog 语言描述一个全加器。

全加器有 3 个输入即 *A*、*B*、carry_in，其中 *A* 和 *B* 是加数，而 Carry_in 是从低位来的进位，两个输出即 Sum 和 Carry_out，电路如图 5.13 所示，其真值表如表 5.3 所示。

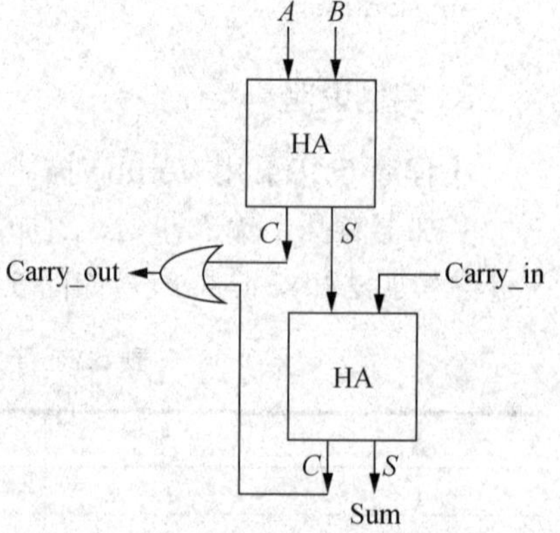

图 5.13　由半加器构成的全加器

表 5.3　全加器真值表

A	*B*	Carry_in	Carry_out	Sum
1	1	1	1	1
1	1	0	1	0
1	0	1	1	0
1	0	0	0	1
0	1	1	1	0
0	1	0	0	1
0	0	1	0	1
0	0	0	0	0

使用元件例化方式实现全加器电路程序如下：

```
module  FA_1(a,b,carry_in,sum,carry_out)   //结构描述
   input a, b,carry_in;
   output sum,carry_out;
   wire c,s,c1;
   HA HA_1(.a(a),
      .b(b),
      .c(c),
      .s(s));
   HA HA_2(.a(s),
      . b (carry_in),
      .c(c1),
      .s(sum));
  assign carry_out = c ^c1;
endmodule
```

5.5.2　模块划分

模块(module)是 Verilog HDL 最基本的概念，是 Verilog HDL 设计中的基本单元，每个 Verilog HDL 设计的系统都由若干模块组成。

(1) 模块在语言形式上是以关键词 module 开始，以关键词 endmodule 结束的一段程序。

(2) 模块的实际意义是代表硬件电路上的逻辑实体。

(3) 每个模块都实现特定的功能。

(4) 模块的描述方式有行为建模和结构建模之分。

(5) 模块之间是并行运行的。

(6) 模块是分层的，高层模块通过调用、连接低层模块的实例来实现复杂的功能。

(7) 各模块连接完成，整个系统需要一个顶层模块(top-module)。

无论多么复杂的系统，总能划分成多个小的功能模块。系统的设计可以按照下面 3 个步骤进行：

(1) 把系统划分成模块。

(2) 规划各模块的接口。

(3) 对模块编程并连接各模块，完成系统设计。

设计描述包括顶层设计和详细设计两个阶段。根据系统规范的要求，将系统划分成若干个模块，形成顶层模块图，顶层模块完成系统定义的全部功能。在顶层设计完成之后，定义各个模块的功能和接口，并以原理图的形式划出各个子模块之间的连接关系。在顶层模块的基础上，将子模块进一步划分成更小的模块，重复这个过程，直到所细分的模块能实现相对单一的功能为止。设计描述阶段，应该定义每个模块的功能、本模块和其他模块之间的接口。对于包含一些特定算法的模块，应该说明算法的原理、实现细节等。模块划分多大、如何划分取决于设计人员对所设计系统的理解和设计经验，并没有一个非常严格的规则，但大体上有一些基本原则，这些原则最初是针对 IC 设计总结的，但是对 FPGA 设计也同样适合，使用这些规则可以清晰地划分电路，形成较为合理的电路结构，帮助设计形成良好的习惯。下面简单列举一些模块划分的原则。

1. 分离特殊逻辑和核心逻辑

在芯片级应该把特殊功能的逻辑如存储器模块、I/O 模块、时钟模块和复位模块等从核心逻辑中分离出来。一种比较合理的顶层划分如图 5.14 所示。I/O 模块包含了所有 I/O 缓冲器；时钟模块包含了所有核心模块用到的时钟，并且每个时钟应该通过一定的方式进入到 FPGA 全局时钟网络中；复位模块包含了核心逻辑模块中用到的所有复位信号；核心逻辑模块包含了基本的设计层次。

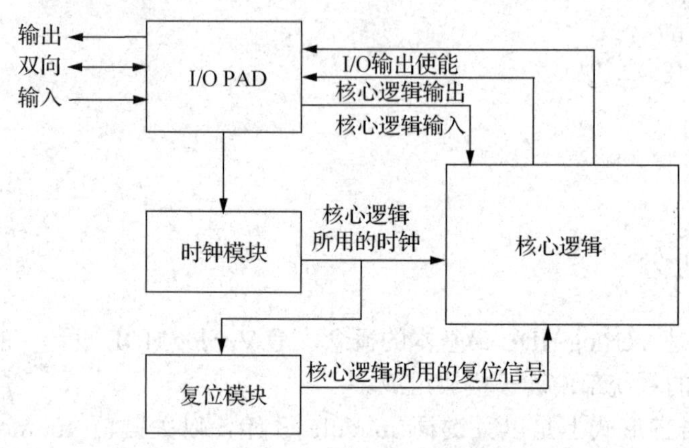

图 5.14　顶层划分

2. 不要在模块之间使用黏合逻辑

不要在设计的模块之间实例化门级逻辑。一个设计应该只在层次结构的最底层模块中包含门电路的实例。例如，在图 5.15(a)中的两个二级模块中，存在一个异或门。综合编译器不可能将异或门与模块 B 中的组合逻辑合并，因此限制了逻辑优化；图 5.15(b)将黏合逻辑合并到模块 B 的组合逻辑中。

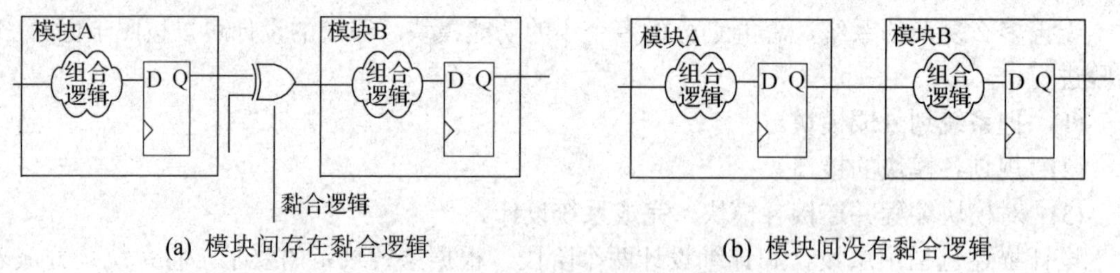

(a) 模块间存在黏合逻辑　　(b) 模块间没有黏合逻辑

图 5.15　模块之间有无黏合逻辑

3. 除了时钟处理模块外，一个模块内只使用一个时钟

如果一个设计中包含多个时钟，按时钟管辖的范围划分模块。将具有多个时钟的设计划分成若干个模块，一个时钟管理一个模块。这样做的目的是便于做时序分析，实施综合约束。

4. 相关的组合逻辑放到同一模块

相关的组合逻辑应该划分在一个模块中。当相关的组合逻辑被划分在一个模块内时，综合编译器可以灵活地优化这些组合逻辑。一般情况下，综合编译器不能将一个模块的组合逻辑搬到另一个模块中，除非在编译之前将不同的模块展平。图 5.16(a)中，相关的逻辑被划分在 3 个不同的模块中，应该改成图 5.16(b)所示的划分较为合理。

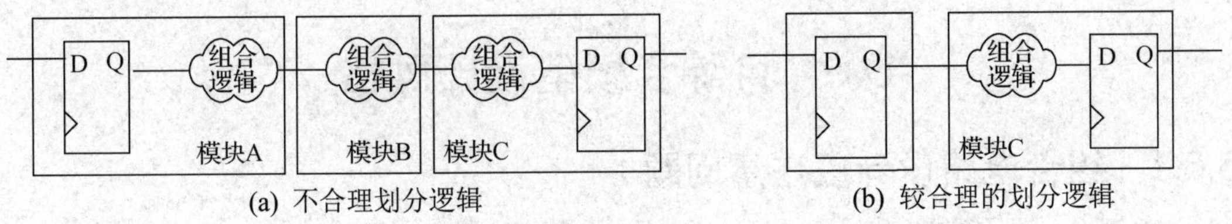

图 5.16　划分逻辑

5. 按照不同的设计目标划分模块

将影响系统工作速度的关键路径模块从非关键路径的模块中分离出来，这样编译器可以对关键路径按速度优化，而对非关键路径则按面积优化，如图 5.17 所示。

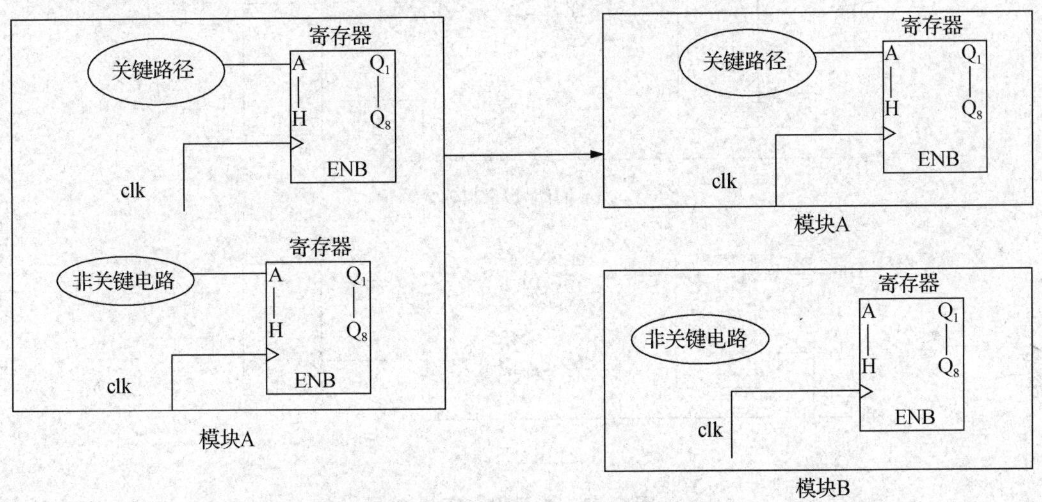

图 5.17　关键路径与非关键路径分离

6. 锁存所有输出

每个模块经过 D 触发器锁存后再输出，如图 5.18 所示。这个原则实际上就是使寄存器和输出端口之间没有组合逻辑。

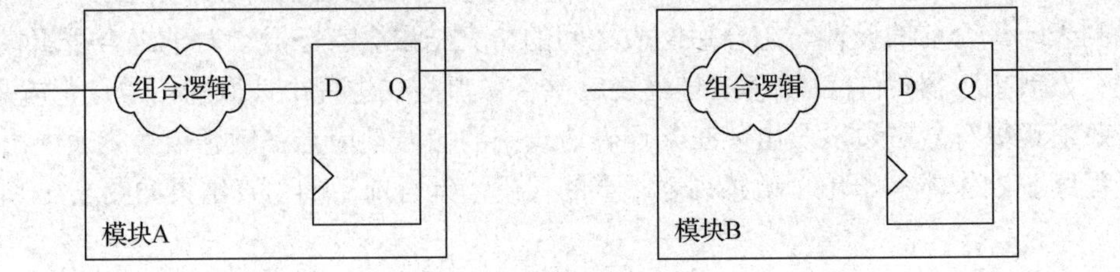

图 5.18　锁存所有输出

7. 独立异步逻辑

在 FPGA 设计中，应该尽力避免异步逻辑设计。如果必须使用异步逻辑，将异步逻辑放在一个独立的模块中，这样可以更方便地检查代码、功能和时序。

5.6 可综合模型设计风格

5.6.1 组合电路设计应注意问题

1. 避免组合逻辑反馈

初学者容易在设计组合电路时产生组合环。在电路中使用组合环会引起包含时序分析不正确在内的众多问题，应该避免使用。有组合环的结构如图 5.19(a)所示，没有组合环的结构如图 5.19(b)所示。

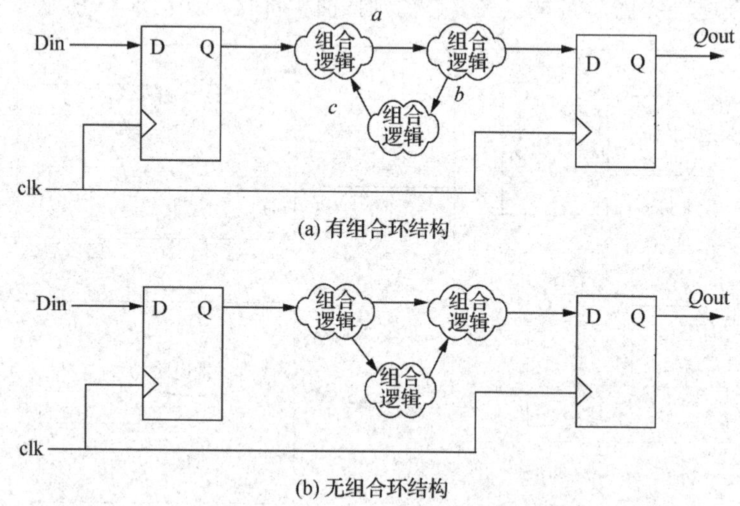

图 5.19 有无组合环结构

如果信号 a 是通过信号 c 和其他信号组合产生的，而信号 b 是通过信号 a 和其他信号组合产生的，信号 c 是通过信号 b 和其他信号组合产生的，那么就会产生组合环。

2. 在敏感变量表中列出所有的敏感信号

组合电路设计中，在每个 always 中应该给出完整的敏感信号列表。如果没有完整的敏感信号列表，综合前的设计与综合后网表之间的仿真结果会有差异。对于组合逻辑模块(不包含寄存器或锁存器)而言，敏感信号列表应该包含那些在进程中读取的信号，也就是说，出现在赋值运算符号右边以及出现在条件表达式中的信号都应当在敏感信号列表中出现。

【程序 5.21】本例给出了敏感列表不全的代码，综合前后的仿真结果如图 5.20 所示。

```
    always@ (a)
c <= a or b;
```

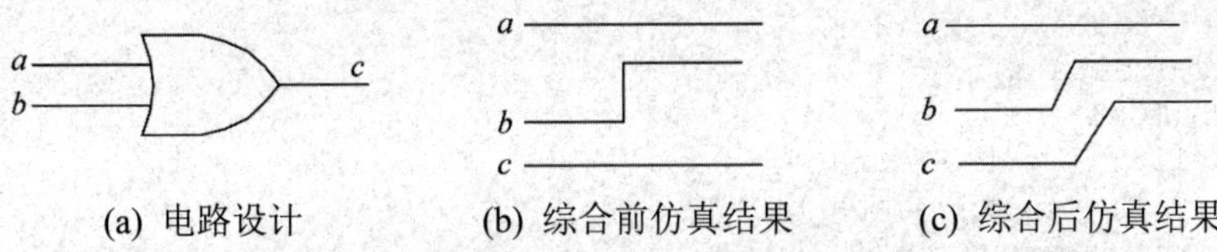

(a) 电路设计　　(b) 综合前仿真结果　　(c) 综合后仿真结果

图 5.20　敏感变量不全电路的综合前后仿真

3. 避免设计锁存器

在组合电路设计中，由于疏忽，非常容易写出锁存器。锁存器一般会导致特殊的时序关系，在设计中应该避免使用锁存器。

【程序 5.22】下面设计将产生锁存器，综合结果见图 5.21。

```
module mux_latch(sel_a, sel_b, data_a, data_b ,y_out);
input sel_a;
input sel_b;
input data_a;
input data_b;
output y_out;
   always @(sel_a or
       sel_b or b
       data_a or
       data_b)
   case({sel_a,sel_b})
   2'b 10 : y_out = data_a;
   2'b 01 : y_out = data_b;
   endcase
endmodule
```

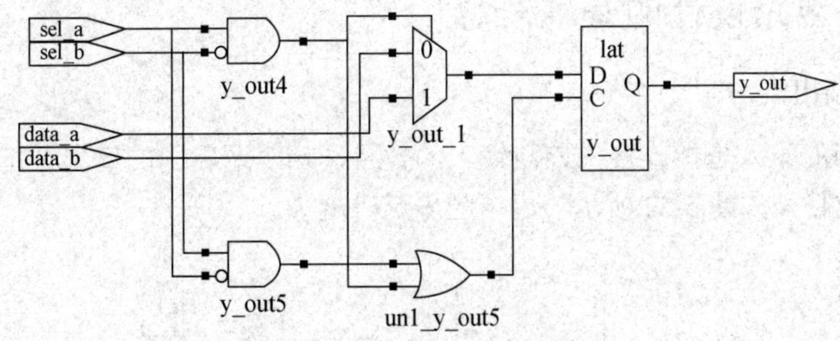

图 5.21　带锁存器的多路选择器

【程序 5.23】为避免编码中隐含锁存器，如果使用 case 语句，则在列举完所有的情况后，增加 default 语句，如图 5.22 所示。如果使用 if 语句，则在最后分支中应该使用 else 语句。

```
module mux_latch(sel_a, sel_b, data_a, data_b ,y_out);
    input sel_a;
    input sel_b;
    input data_a;
    input data_b;
    output y_out;
       always @(sel_a or
           sel_b or
```

```
            data_a or
            data_b)
    case({sel_a,sel_b})
    2'b 10 : y_out = data_a;
    2'b 01 : y_out = data_b;
    default : y_out = 2'b 00;
    endcase
endmodule
```

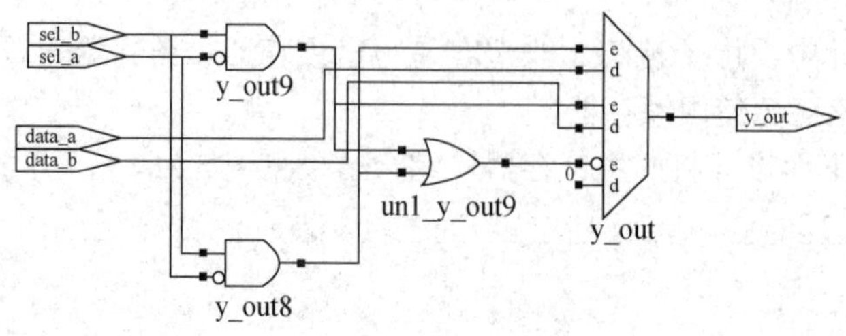

图 5.22　没有锁存的多路选择器

【程序 5.24】利用 if-then-else 设计组合电路。

```
combinational_proc : always @ (decode or a or b)
 begin
     if (decode == 1'b0)
        c <= a;
     else
         c <= b;
     end
```

5.6.2　时序电路设计的基本概念

1. 扇入和扇出

一个逻辑门的扇入是指连接到该门输入的数目，一个逻辑门的扇出是指连接到该门输出的负载门的数目，如图 5.23 所示。扇出越多延时越大。

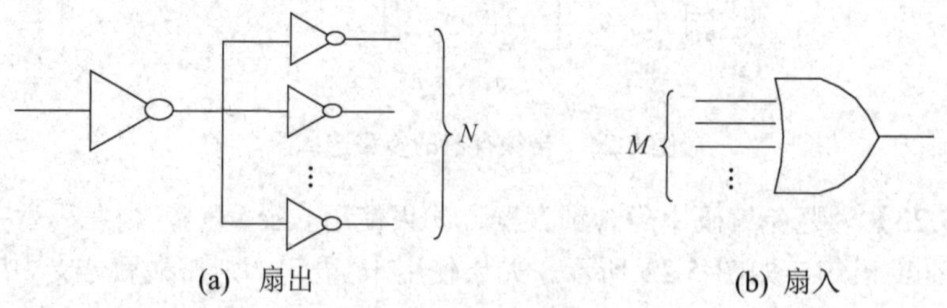

图 5.23　扇入和扇出

2. 压摆率(slew rate)

压摆率指电压变化的速度，工程上一般把压摆率定义为

$$\frac{\mathrm{d}V}{\mathrm{d}t}=\frac{(V_{\mathrm{OH}}-V_{\mathrm{OL}})\times 80\%}{T_{\mathrm{r}}(T_{\mathrm{f}})}$$

式中：V_{OH} 为输出电平为逻辑 1 时的最大输出电压。

V_{OL}为输出电平为逻辑 0 时的最小输出电压。

上升时间 T_r：输出电压从 $0.1V_{CC}$上升到 $0.9V_{CC}$所需要的时间(见图 5.24)。

下降时间 T_f：输出电压从 $0.9V_{CC}$下降到 $0.1V_{CC}$所需要的时间。

延时时间 T_{pd}：输出电压从 0 上升到 $0.5V_{CC}$所需要的时间(见图 5.24)。

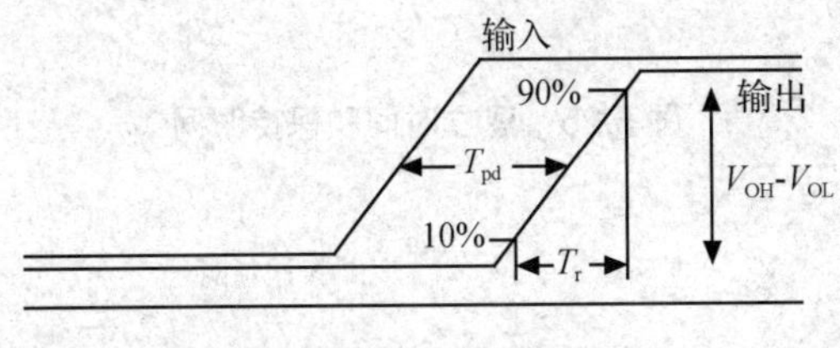

图 5.24　时序说明

信号的压摆率对门的延时有影响。压摆率越大，延时越小；压摆率越小，延时越大。

3. 时钟歪斜(clock skew)

时钟在经过时钟路径后，到达存储元件的时间存在差别，这种时间差称为时钟歪斜。在时钟网络上，各条时钟路径的长度不一样，因此会出现时钟歪斜。时序上相邻的寄存器，在时钟歪斜较大的电路中，可能在同一时钟沿上出现时间违规或不能正确锁定数据的现象。所谓的时序相邻寄存器，是指两个寄存器之间只有组合逻辑和它们之间的互连线，如图 5.25 所示。

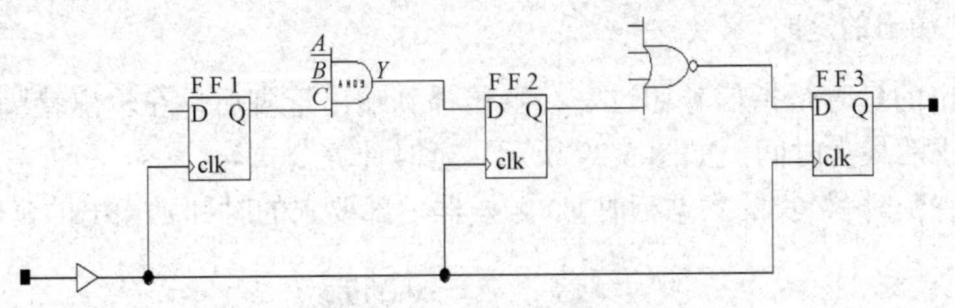

图 5.25　时序相邻的寄存器

因此，在图 5.25 中只有 FF1 和 FF2，FF2 和 FF3 之间的时钟歪斜才有意义，而 FF1 和 FF3 之间的时钟歪斜是没有意义的。给定时序相邻的两个寄存器 R_i 和 R_j 以及一个时钟网络，R_i和 R_j之间时钟歪斜定义为：$T_{skew}(i,j)= T_{ci} - T_{cj}$，其中 T_{ci}和 T_{cj}分别表示从源时钟到达寄存器 R_i和 R_j的时钟延时。

4. 寄存器的建立和保持时间

寄存器的建立和保持时间的验证是静态时序分析最重要的一个功能。所谓的建立时间，是指一个数据信号在有效的时钟沿到达前必须稳定的最小时间，如图 5.26 和图 5.27 所示。数据的建立时间计算式(5.1)所示，其中 Micro t_{su}是 D 触发器内部固有的要求建立时间，不受外部信号的影响。

$$\text{数据的建立时间=最长的数据延时}-\text{最短的时钟延时}+\text{Micro } t_{su} \tag{5.1}$$

保持时间是指一个数据信号在有效时钟沿结束后必须稳定的最短时间，如图 5.26 和图 5.28 所示。保持时间的计算公式为：最长的时钟延时－最短的数据延时+ Micro t_H，其中 t_H为寄存器内部要求的保持时间。

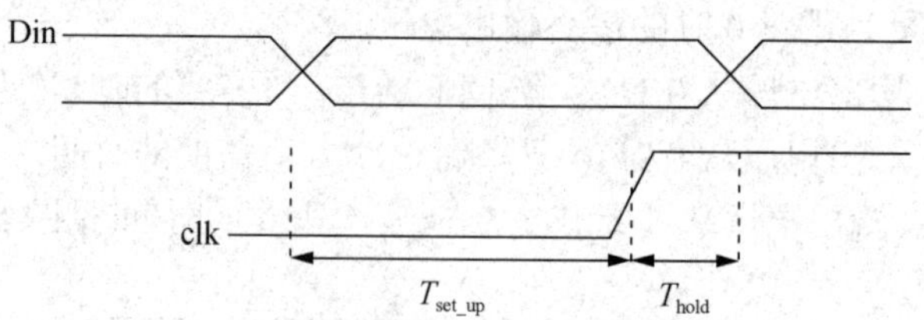

图 5.26　建立时间和保持时间

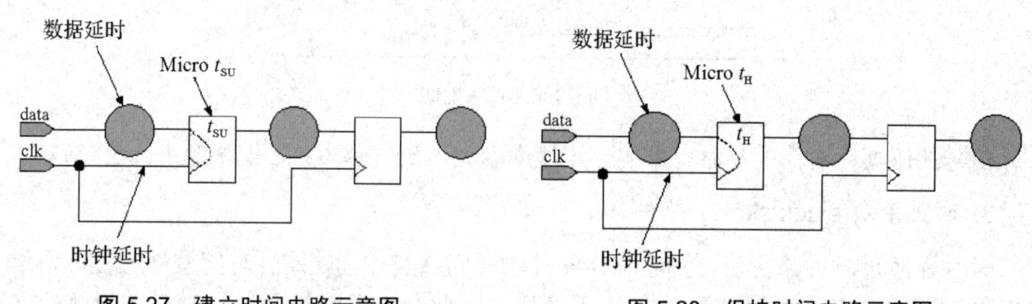

图 5.27　建立时间电路示意图　　图 5.28　保持时间电路示意图

建立时间和保持时间都是相对于某个时钟沿而言的，如相对于时钟的上升沿。如果系统中寄存器元件的建立时间或保持时间存在违规，那么系统将不能正常工作。

5. 时钟到输出的延时

时钟到输出的延时是指信号通过寄存器传播到输出管脚后，在输出管脚上获得稳定有效的数据所要求的最大时间，如图 5.29 所示。延时计算公式为：

最长的时钟延时+最长的数据延时+D 触发器内部要求的时钟到输出的延时(Micro T_{co})

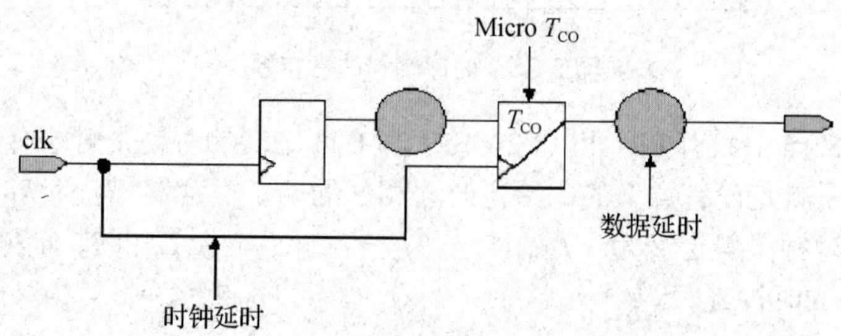

图 5.29　时钟到输出的延时

6. 输入延时与输出延时

一个 FPGA 设计总是和其他外围电路一起工作的，输入延时表示从 FPGA 设计外部的寄存器到 FPGA 一个特定输入管脚的延时，等于外部寄存器的时钟到其输出延时加实际 PCB 板的延时，如图 5.30 所示。输出延时表示从 FPGA 设计一个管脚到外部寄存器的延时，这个值是外部寄存器的建立时间加实际 PCB 板的延时。

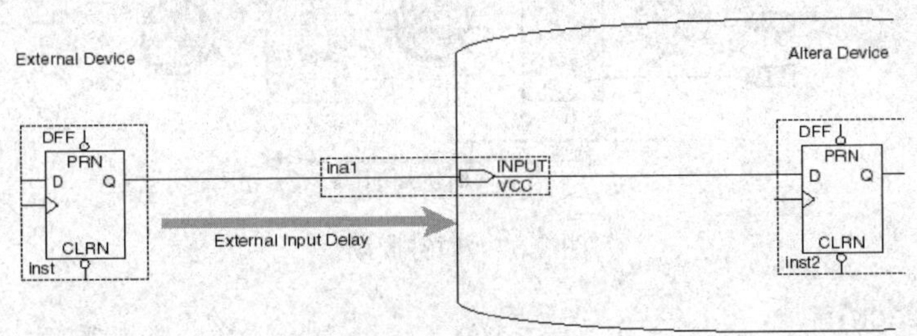

图 5.30 输入延时示意图

7. 恢复(Recovery)数据/撤销(Removal)数据时间

在时钟有效沿跳变前，异步控制输入信号(如 reset、clear)必须稳定的最小时间称为恢复时间。在时钟有效沿跳变后，异步控制输入信号(如 reset、clear)必须稳定的最小时间称为撤销时间，如图 5.31 所示。如果时钟有效沿和异步复位信号的结束之间的时间太短，寄存器无法判断是继续保持复位值，还是该由时钟沿打入新的数据，会导致寄存器的内容不确定。

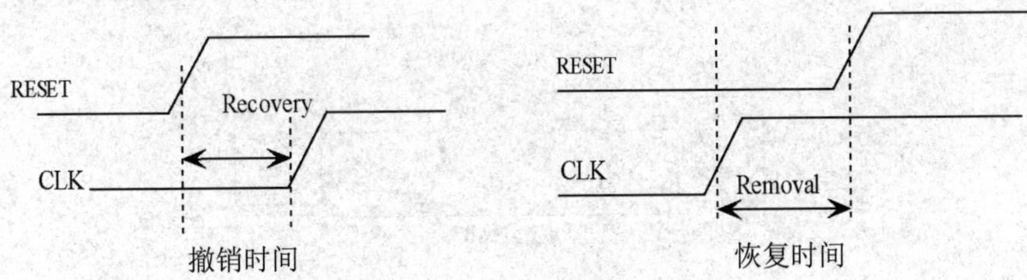

图 5.31 恢复时间和撤销时间

8. 时钟脉冲宽度

时钟脉冲宽度定义为一个时钟周期的高电平或低电平的最小宽度。如果脉冲宽度过小，那么存储器就不能正确锁存数据，如图 5.32 所示。

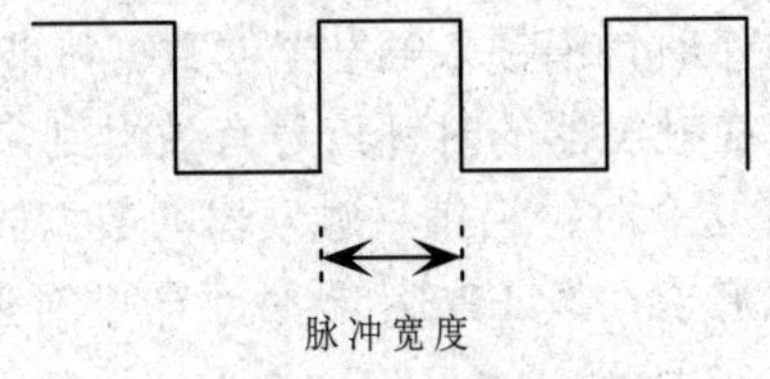

图 5.32 脉冲宽度

9. 最大时钟频率

最大时钟频率是指在不违背内部要求的建立和保持时间前提下，电路工作的最快速度。最大时钟频率计算式为(见图 5.33)

$$\text{频率} = \frac{1}{\text{最大的时钟周期}}$$

$$\text{最大的时钟周期} = \text{时钟到输出的时间+数据延时+建立时间}-\text{时钟的歪斜}$$

$$= t_{co} + B + t_{su} - E + C$$

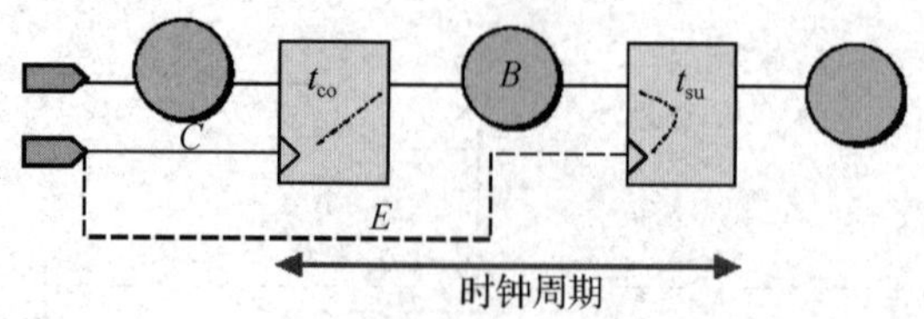

图 5.33　时钟周期

10．裕度(slack)

裕度是时序要求与实际时序之间的差值，它反映了时序是否满足要求。正的裕度表示设计满足时序要求，而负的裕度表示设计不满足时序要求，图 5.34 所示为裕度的一种示意。

$$
\begin{aligned}
\text{裕度} &= \text{要求的时间} - \text{实际的时间} \\
&= \text{裕度时钟周期} - \text{数据延时} - t_{co} - t_{su}
\end{aligned}
$$

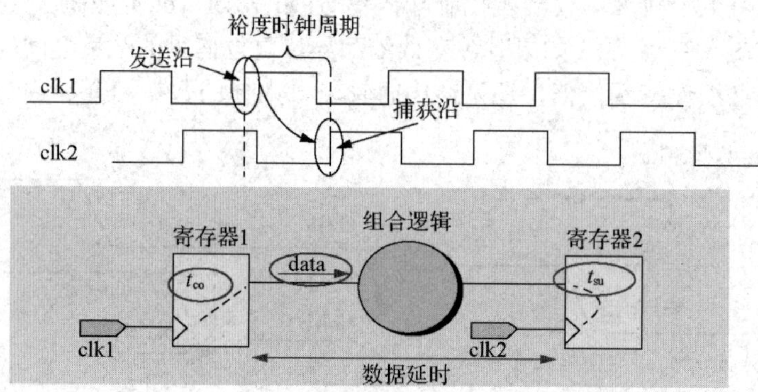

图 5.34　裕度

5.6.3　时序电路设计应注意问题

1. 触发器的建立和保持时间

建立时间(setup time)是指在触发器的时钟信号有效沿到来以前，数据稳定不变的时间，如果建立时间不够，在这个时钟沿锁入触发器的数据可能不正确。

保持时间(hold time)是指在触发器的时钟信号有效沿到来以后，数据保持稳定不变的时间，如果保持时间不够，在这个时钟沿锁入触发器的数据同样可能不正确。数据稳定传输必须满足建立和保持时间的要求，在 FPGA 器件手册中对建立和保持时间都有规定。建立时间和保持时间示意如图 5.35 所示。

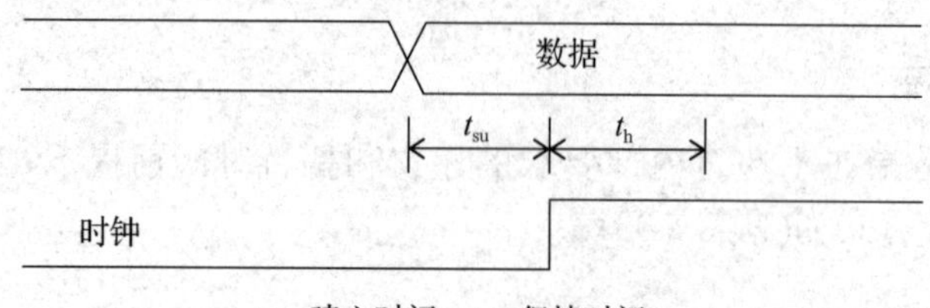

t_{su}：建立时间；t_h：保持时间

图 5.35　建立时间和保持时间

2．同步电路和异步电路

时序电路可以分成“同步”和“异步”两种。一个时序电路，如果其中的所有 D 触发器的时钟端(锁存器除外)都与同一个时钟相连接，则称为同步时序电路；否则就称为异步时序电路。

在 FPGA 设计中，一个最重要的概念就是同步设计。虽然，异步电路在功耗、面积上都比较有优势，但一般而言，异步电路的设计难度比较大，时序也难以控制，每修改一次设计，都要花费很长的时间去调整电路的时序，每次布局布线的结果都会对电路时序造成比较大的影响。甚至温度、电压或者加工器件的方法发生一些变换，都会导致异步电路中信号的时序发生变化，造成电路设计不可靠。

同步电路设计有一套完整的设计方法，使用它设计出的电路可靠性高。另外，目前大部分 EDA 工具都是针对同步电路开发的，因此，在 FPGA 设计中提倡使用同步电路。一个系统最好只有一个时钟，但是事实上，有些系统不可避免地要用到多个时钟源，在这种情况下，需要对两个不同时钟域的信号进行同步。在 FPGA 设计中，如果要使用多个时钟，首先要考虑 FPGA 能提供的全局时钟资源，根据这个资源和电路设计的需要，决定哪些信号使用全局时钟，使用几个时钟。因此，时钟的使用没有一个统一的标准，取决于设计者对系统所做的分析，以及如何取得一个合理的平衡。虽然如此，还是提倡尽量少用多个时钟，而是采用同步设计。

3．时钟树

为了让 FPGA 能可靠地工作，一般使用同步设计。在同步设计中，要求时钟信号必须在同一时间到达电路中每个寄存器的时钟输入端，而且时钟信号经过输入管脚到达触发器的路径具有很小的延时。在 FPGA 中，给专用的 I/O 模块配置了速度非常快的时钟驱动缓冲器，这些缓冲器驱动输入时钟信号到芯片内部的时钟树上。之所以叫时钟树，是因为其结构像一棵树，而且它的每个分支都能驱动固定数目的触发器的时钟输入端。时钟驱动能快速驱动整个时钟树，设计这种树型结构的目的是把各个时钟信号到达全芯片各个触发器的延时的相位减少到最小，时钟树的每个分支都具有相同的长度。图 5.36 给出了时钟树的示意图，图 5.36(a)表示时钟分布网络的结构，而图 5.36(b)表示对应的时钟树。

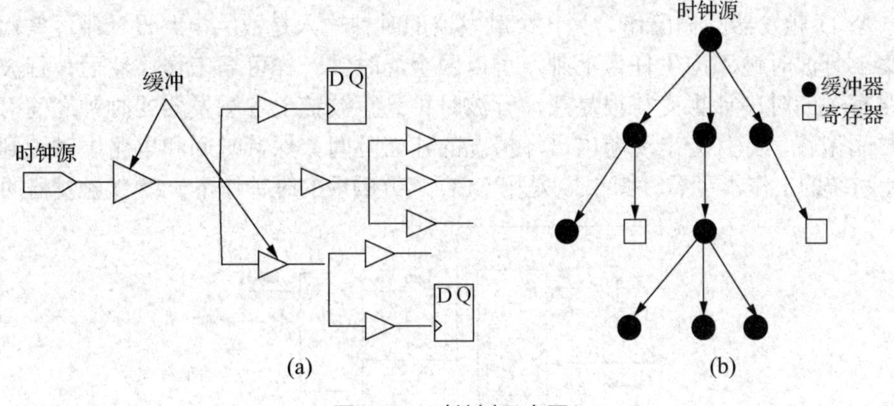

图 5.36　时钟树示意图

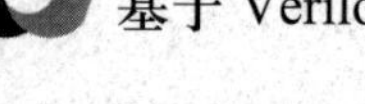

4．时钟类型

时钟的类型有 4 种，即全局时钟、门控时钟、行波时钟和多级逻辑时钟。

(1) 全局时钟。

在任意一个厂家提供的 FPGA 中，都有专门的全局时钟资源，这些全局资源有专用的全局时钟管脚，可直接连接到器件中的每个寄存器的时钟端(见图 5.37)，提供器件中最短的时钟到输出的延时和最小的时钟歪斜。这就意味着时钟到每个 D 触发器的时间基本相同，从而一个 D 触发器的输出能被下一级 D 的时钟正确采样。

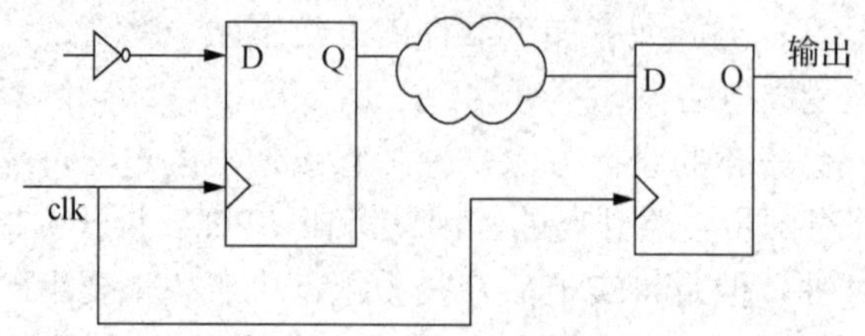

图 5.37 全局时钟示例

(2) 门控时钟。

门控时钟(见图 5.38)就是由逻辑门和时钟进行逻辑操作后产生的时钟。设计不当的门控时钟往往容易产生毛刺，从而影响电路的可靠性。即使产生的时钟没有毛刺，如果门控时钟不进入时钟网络，则时钟到达 D 触发器输入端延时也可能会较大。由于布局布线的原因，时钟可能不能正确地锁存数据。

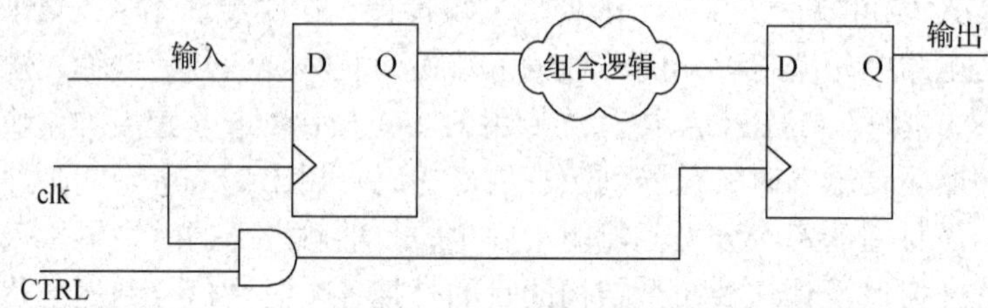

图 5.38 门控时钟电路

(3) 行波时钟。

用一个 D 触发器的输出作为另一个触发器的时钟输入是数字电路设计中经常用到一种设计方案。行波时钟不产生任何毛刺，可以跟全局时钟一样可靠工作。然而，行波时钟使得与电路有关的时序计算变得很复杂。行波时钟到行波链上各触发器的时钟之间可能产生较大的时间偏移，并且会出现超出最坏情况的建立时间、保持时间和电路中时钟到输出的延时，使系统的工作不可靠。图 5.39 是用 CLK 二分频后的时钟作下一级 D 触发器的时钟。

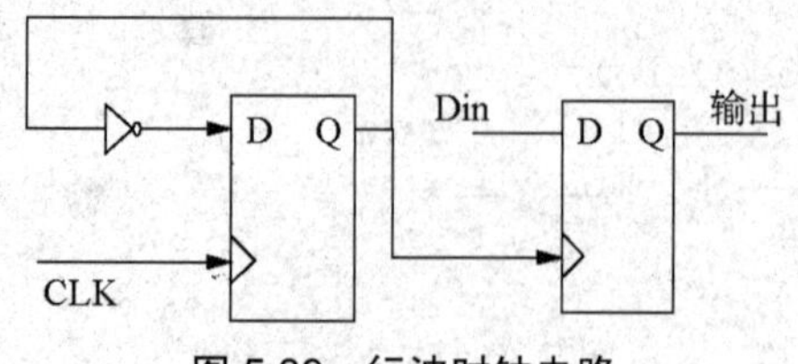

图 5.39 行波时钟电路

(4) 多级逻辑时钟。

当产生门控时钟的组合逻辑超过一级(即超过单个的“与”门或“或”门)时，电路的可靠性变得很难控制。即使仿真结果没有显示出冒险-竞争现象，但实际上仍然可能存在着危险。

5. 时钟策略

同步设计对 FPGA 来讲非常重要，这种设计方法可以保证时序的正确性，减少调试电路时间。因此，对于时钟的应用要非常小心，下面给出多时钟设计电路中的一些时钟使用策略。

如果在电路中一定要用到门控时钟或是行波时钟，那么就要在顶层的时钟模块中完成时钟的分频或产生门控时钟，时钟的反向也在顶层模块完成。

(1) 如果时钟需要倍频，使用 FPGA 中的锁相环 PLL 实现。

(2) 在顶层的时钟模块完成时钟元件(分频器、PLL)的实例化。

(3) 时钟模块的输出端口应该直接连接到核心模块的存储元件的输入端，在时钟模块外，不应再有其他地方产生时钟。

(4) 不要用多级逻辑产生的时钟，这样的时钟容易有毛刺，导致存储元件不能正确锁存数据。

有的 FPGA 可以根据时钟驱动电路的大小，自动将时钟驱动到全局时钟资源网络上；而有的 FPGA 则需要通过特殊的时钟缓冲元件才能驱动时钟到全局时钟网络上，在时钟模块完成时钟缓冲元件的实例化。

【程序 5.25】图 5.40 给出某设计中的时钟模块的一种结构。在本例中，共需要 4 个时钟(m1_clk、m2_clk、m3_clk 和 m4_clk)，这 4 个时钟分别是从信号 CLK1、CLK2 和 CLK3 经过分频或者直接得到的。这个 4 个时钟应该布到全局时钟资源上，使得这 4 个时钟所管辖的设计区域的 D 触发器的时钟具有较好的一致性。

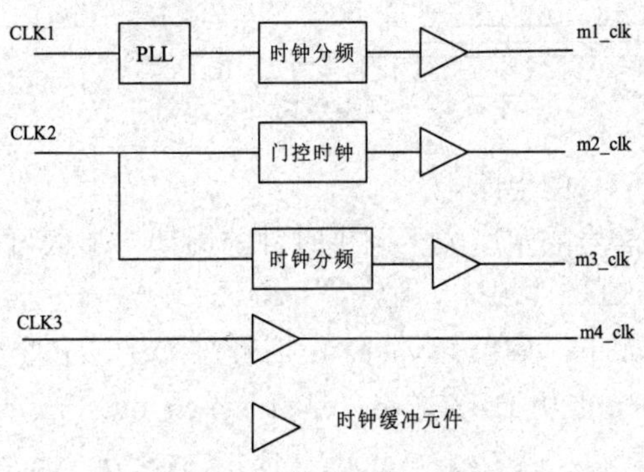

图 5.40　时钟模块结构

5.6.4　亚稳态及其解决方法

亚稳态就是不稳定的状态，介于低电平 0 和高电平 1 之间，或是经过振荡到达 1 或 0 的稳态。如果时钟和 D 触发器的输入信号之间的关系是随机的，用时钟去采样 D 触发器的输入信号时，那么输入信号可能会变得与有效时钟沿之间太近，从而不能满足建立和保持时间的要求，不可避免地导致输出状态的不确定。图 5.41 就是一个可能出现亚稳态的电路，Q_2 的输出在某些时候可能是不稳定的。

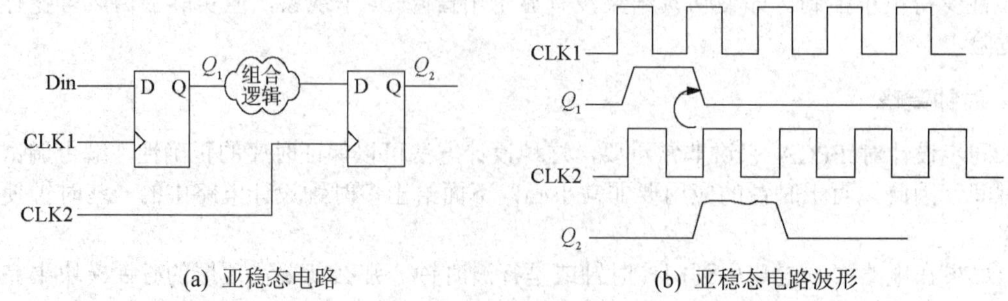

图 5.41　可能出现亚稳态电路及其波形

设计中的每个触发器都有一个特定的最小建立时间和保持时间，也就是说，在时钟有效沿的前后，输入数据必须保持足够的稳定时间，如果这个稳定时间不够，就会导致输出变成亚稳态。

异步电路设计会导致亚稳态现象的出现，也就是说，信号在不同的时钟域中传递时，会有不稳定的信号产生。那么如何消除这些亚稳定状态呢？

如果一个电路中包含多个时钟，在设计时将具有多个时钟的模块独立出来，而其他每个模块只有一个时钟，这样划分的优点是利于静态时序的分析。在时钟的模块中，用一个时钟同步另一个时钟域中的信号，如图 5.42 所示。

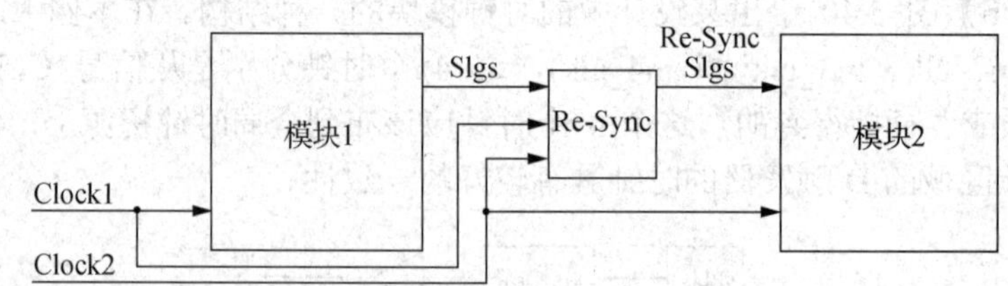

图 5.42　异步电路划分示意

有以下两种同步异步信号的电路。

(1) 如果一个被同步信号的宽度大于同步时钟的周期，那么可以采用图 5.43 所示的同步电路。

上述电路的工作过程如下：如果 asynch_in 信号在 Dff1 的建立时间之前稳定，那么在两个 clock 周期后，synch_out 从 Dff2 送出，这样 synch_out 与 clock 同步。如果异步信号在 Dff1 的建立时间之前稳定，那么两个 clock 周期之后，在 synch_out 到达稳定状态。如果 asynch_in 信号在 Dff1 建立时间之前不稳定，假设不稳定的信号被采样为 0，但是最后到达 1，那么这个 1 将在 3 个周期后出现在 Dff2 输出端 synch_out。如果信号最后稳定为 0，那么这个 0 将在两个周期后出现在输出端 synch_out。不稳定的信号只出现在第一个 D 触发器，第二个 D 触发器采样到的数据是稳定的。

(2) 如果被同步的信号，脉冲宽度小于用于同步的时钟时，应该采用图 5.44 所示的电路，该电路包括 3 个触发器的同步电路。在第一个 Dff0 中，V_{CC} 接到数据的输入端，而用异步 asynch_in 信号作 Dff0 的时钟，这样 asynch_in 上的一个窄脉冲将 Dff1 驱动到 1，这个值在两个时钟脉冲后，传送到 Dff2 的输出。当 Dff2 的输出变成 1 时，接到 Dff0 异步复位端的信号 clr 使得 Dff0 变成 0。

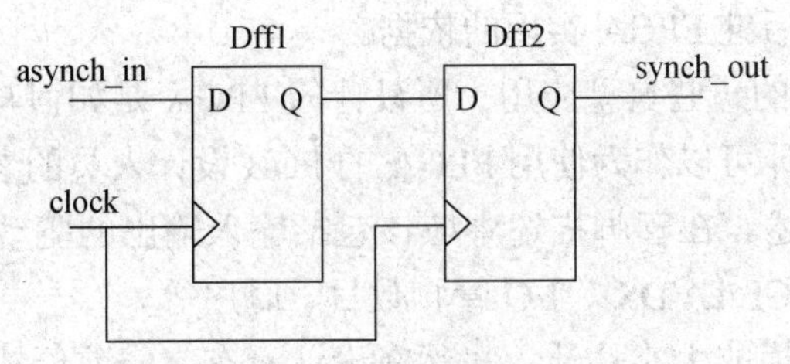

图 5.43　不同时钟域同步电路 1

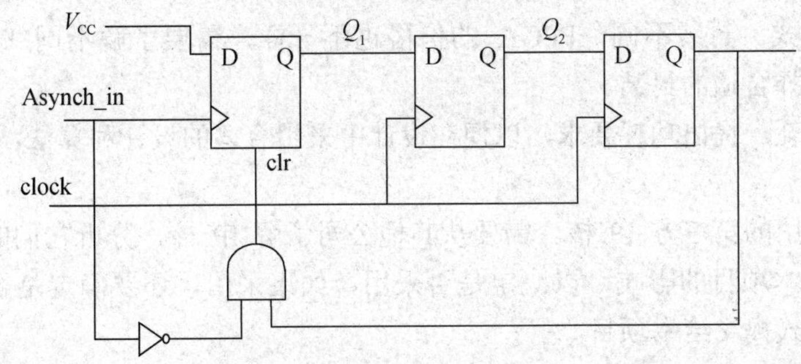

图 5.44　不同时钟域同步电路 2

(3) 同步多个信号时，最好使用异步 FIFO 结构。异步的 FIFO 设计可以按照图 5.45 所示结构实现。由于异步 FIFO 的读写时钟不同，因此，将读地址、写地址分别用两个模块实现，这两个模块中分别只有一个时钟。FIFO 用双端口 RAM 实现，根据读/写地址判断的空满条件模块 CMP，包括读、写两个时钟。

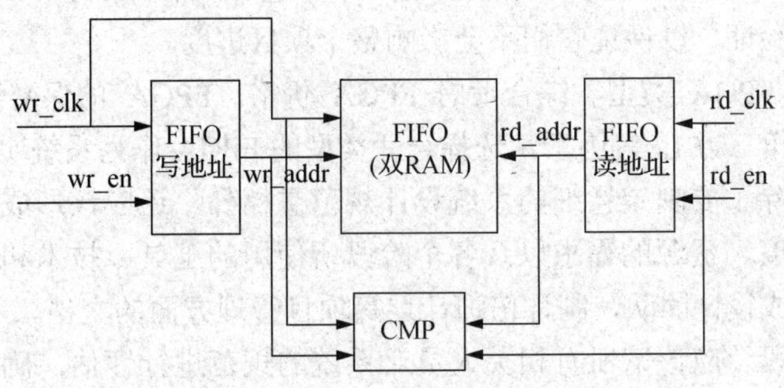

图 5.45　一种异步 FIFO 的结构

5.7　系统规范

为了叙述方便，先回忆一下 FPGA 的设计流程：系统规范定义、模块设计、设计输入、功能仿真(前仿真)、综合、布局布线、时序仿真(后仿真)、配置下载。

FPGA 系统的设计是从系统规范定义开始的，这是非常重要的工作。如果系统的规范定义得不正确或有二义性，那么其他的工作都是没有意义的。一个 FPGA 设计的系统规范定义至少应该包含以下的内容。

(1) FPGA 完成的功能。详细描述 FPGA 所完成的功能和拟达到的性能指标，功能规范最好是使用可执行的规范语言描述，以便整个功能定义没有二义性。制定无二义性功能是整个设计的核心，是后继 FPGA 实现的依据。

(2) 所设计 FPGA 的一些典型应用。所设计的 FPGA 是如何与外部的其他器件一起构成系统的。这些典型设计可以作为使用 FPGA 的 PCB 设计人员的参考设计。

(3) I/O 管脚的描述。在管脚描述中应该包括输入输出的驱动能力、输入输出的阈值电平(即 TTL /CMOS/PECL/LVDS)、I/O 管脚数目、时序等。

(4) FPGA 设计规模的大小估计。虽然在设计没有完成前无法准确给出设计的大小，但是应该有一个初步的预估，以便选择合适的 FPGA 器件。

(5) 封装形式。封装不同，FPGA 的价格也不一样，需要了解不同 FPGA 厂家的封装，根据要求选择合适的封装。

(6) 目标功耗。提出功耗要求，以便在设计中采用合适的设计和算法，使得 FPGA 功耗达到要求。

(7) 可能使用的第三方 IP 核。需要从其他公司了解 IP 核，分析它们的规范、了解价格、评估它们对本项目的影响，以决定是否采用，如果采用，还要确定是否需要作微小的修改或以什么形式提交给本项目。

(8) 构想数个总体实现方案。一个项目往往可以包含多个实现方案，在系统规范阶段，可以提出多种方案，然后分析各种方案的可行性、资源需求、难易程度、软硬件，挑选一个合理的方案。

(9) FPGA 的验证和测试。在规范中还应该明确如何验证和测试 FPGA 的功能正确性，包括 FPGA 设计的前端仿真方案、PCB 板设计、测试程序方案和软件等。

(10) 说明关键模块。关键模块往往是一个项目能否顺利完成的核心，需要安排合适的人提前进行设计和验证，以保证它们不会影响整个项目进度。

(11) 拟选用的 FPGA 类型。综合考虑 FPGA 价格、FPGA 的保密性、设计规模、I/O 管脚的数目和使用第三方 IP 等因素，选择合适类型的 FPGA 作为系统实现的载体。

系统规范阶段除了要制定详细的系统设计规范文档外，还应该形成详细的项目规划文档，包括项目的进度、资源的需求以及各个阶段所使用的工具、技术和方法等。另外，还应选择合适的人组成设计团队，制订培训计划等项目管理方面的文档。

在制定规范阶段，应该请所有相关人员对系统的规范进行评估，确定系统规范的可行性。这个评估非常重要，它是整个芯片设计的基础，不同的人员可能会从不同的角度对系统规范提出意见或指出疏漏。根据评估的意见，修改系统规范，以便设计可以进入第二阶段。

思考题

5.1 编写八选一选择器电路，并完成仿真。

5.2 编写 JK 触发器程序，并完成时序仿真。

5.3 编写一个十分频电路程序，并进行时序仿真。

5.4　分别用阻塞赋值和非阻塞赋值方式编写一个四级的移位寄存器。

5.5　分别用同步复位与异步复位的方式编写一个计数器，要求计数器的计数范围是 0～100。

第 6 章

有限状态机的设计

学习目标：

- 掌握状态机的概念
- 掌握状态机的三段式设计方法
- 掌握 Moore 型状态机的设计方法
- 掌握 Mealy 型状态机的设计方法

Mealy 型状态机

Moore 型状态机

本章重点：

- 状态机的三段式设计方法
- Moore 型状态机的设计
- Mealy 型状态机的设计

有限状态机概念

状态机的应用

本章难点：

- 序列检测器的设计

时序逻辑电路的设计核心在于如何在时钟控制下完成多种状态的变化，由数字电路的知识可知，时序电路的变化会遵循状态转换图，把状态转换图变为代码模块就可以编写成有限状态机，所以想要把时序电路设计得清楚明白，有限状态机的设计是一个基本功。本章就来介绍如何编写有限状态机和编写状态机时需要注意的一些问题。读者可以带着以下问题阅读本章。

(1) Moore 型状态机和 Mealy 型状态机的区别是什么？

(2) 常见的状态机写法是什么？

(3) 常见的状态编码有哪几种？各有什么特点？

6.1 有限状态机简介

有限状态机是建立系统模型最为有效的手段，有着广泛的应用。综合工具可以非常有效地将 HDL 语言描述的状态机行为优化成门级电路。下面首先介绍状态机的基本概念和设计方法。

1. 有限状态机的基本概念

为了描述不同的系统和行为，有限状态机有非常多的变形，研究人员对此做了大量的理论研究工作。在数字电路设计中，一般采用被称为 Mealy 机和 Moore 机(见图 6.1(a)和图 6.1(b))的两类状态机描述电路的行为。Mealy 机和 Moore 机都由 3 个部分构成，即存储当前状态的寄存器(存储元件)、决定下一个状态的组合电路和输出组合电路。不同的是，Mealy 机的输出不但与当前状态有关，还与输入有关，而 Moore 机的输出只与当前状态有关。Mealy 机和 Moore 机可以用图 6.1 所示的两个抽象结构表示。

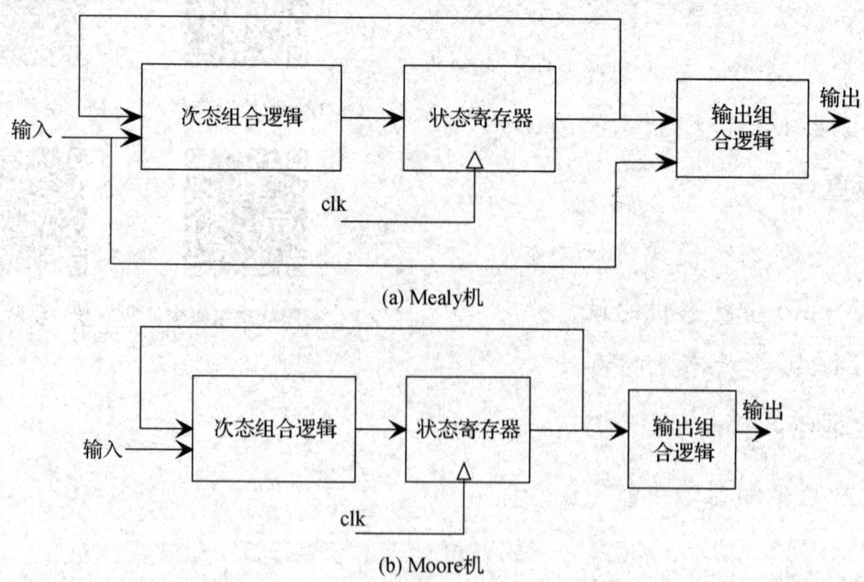

图 6.1 Mealy 机和 Moore 机的抽象结构

Moore 机和 Mealy 机的一般手工设计步骤如下。

① 根据功能要求，确定电路的状态数目。

② 定义状态转移表。

③ 选择状态赋值。

④ 编码次态和输出表。

⑤ 状态化简和输出。

⑥ 根据状态转移图完成电路的实现。

2. 用 Verilog 语言描述显示的有限状态机

与手工设计不同的是，状态的化简和设计实现是由综合器自动实现的。根据图 6.1 表示的 Mealy 机和 Moore 机的抽象结构，在用 Verilog 描述状态机时，将状态机的描述划分成两个进程。

① 一个进程用电平敏感的组合逻辑描述次态和输出。

② 一个进程用边沿敏感的行为描述同步更新的时序逻辑(状态)。

在用 Verilog 建立一个状态机的模型时，需要注意以下几点。

① 用 parameter 说明符号状态名，如 s_0，s_1。用符号名定义状态使 Verilog 代码更易读，并且在重新修改状态时变得简单；也可以用'define 定义状态，但是 define 定义的是全局变量，而 parameter 则为局部定义，这样可以在一个设计中定义多个名称相同的状态。例如：

```
parameter [2:0] IDLE = 3'd0, S1 = 3'd1,S2 = 3'd2, S3 = 3'd3, ERROR = 3'd4;
```

② case 语句中对所有的状态进行编码。对 case 语句中没有列举的状态，用 default 进行说明，以避免综合出锁存器，使电路工作不正常。一般有 3 种类型的默认态赋值。

- 次态赋值成不定态(x)；初值赋值成 x 时，如果系统状态没有列举全，那么仿真时可能出现不确定的状态。但是，综合工具将 x 视为无关项(don't care)进行优化。
- 次态被设置成预定义的恢复状态，如 IDLE，这样在一些不确定的情况下，电路可自动恢复到正常工作状态。
- 次态被赋值成状态寄存器的值，即当前状态。

① 时序部分只用组合电路计算出的新状态更新当前状态。

② 状态机的输出可以用连续赋值。

③ 状态机设计时，要求用一组 D 触发器表示一组状态，并要求每个状态应该用一个二进制编码唯一地表示。状态编码直接影响 D 触发器的数目、计算次态的组合电路和输出组合电路实现的复杂度。读者可以参看数字电路设计方面的书籍了解一些基本的编码规则，利用这些规则可以减少组合电路的复杂度。

④ 在设计电路时，必须保证表示系统状态的 D 触发器数目是足够的，表示系统状态的 D 触发器数目与表示状态的编码有关。例如，如果采用 BCD 编码，则 8 个状态需要用 3 个 D 触发器，而采用独热码则需要 8 个 D 触发器；有些综合器可以自动将 BCD 编码转换成独热码。一般常用的编码有二进制码(binary code)、格雷码(Gray code)、独热码(one-hot code)、约翰逊码(Johnson code)。表 6.1 列出了这 4 种编码(0～15)。

表 6.1　常见的状态编码

十进制数	二进制码	格雷码	独热码	约翰逊码
0	0000	0000	0000_0000_0000_0001	0000_0000
1	0001	0001	0000_0000_0000_0010	0000_0001
2	0010	0011	0000_0000_0000_0100	0000_0011
3	0011	0010	0000_0000_0000_1000	0000_0111
4	0100	0110	0000_0000_0001_0000	0000_1111
5	0101	0111	0000_0000_0010_0000	0001_1111
6	0110	0101	0000_0000_0100_0000	0011_1111
7	0111	0100	0000_0000_1000_0000	0111_1111
8	1000	1100	0000_0001_0000_0000	1111_1111
9	1001	1101	0000_0010_0000_0000	1111_1110
10	1010	1111	0000_0100_0000_0000	111_11100
11	1011	1110	0000_1000_0000_0000	111_11000
12	1100	1011	0001_0000_0000_0000	111_10000
13	1101	1010	0010_0000_0000_0000	111_00000
14	1110	1001	0100_0000_0000_0000	110_00000
15	1111	1000	1000_0000_0000_0000	100_00000

在这 4 种编码中，二进制码和格雷码所用的 D 触发器最少。与二进制码不同的是，格雷码相邻的编码之间只有一位不同，在相邻状态发生转移时，可以减少同时翻转的 D 触发器数目，因此可以减少电路的噪声。利用这个特性，可以简化一些电路的设计。约翰逊码也具有这样的特性，但是所用的 D 触发器更多些。独热码是目前流行的一种编码方式，每个状态使用一个 D 触发器，这种编码方式虽然需要的 D 触发器比较多，但是计算次态的组合电路却比较小，电路的速度和可靠性有比较明显的提高。

状态机的状态数目不宜过多，否则会导致电路规模太大。

6.2　两种状态机模型

Moore 型和 Mealy 型状态机的设计有相似的地方，也有不同的地方。本节通过两个常见的例子来说明两种状态机的区别和如何对其进行建模。

6.2.1　Moore 型红绿灯

Moore 型红绿灯没有输入信号，这种红绿灯是最常见的各个路口使用的红绿灯模型，一旦开始工作就会按照预先设定的程序进行工作，依次亮起红、黄、绿灯，每个灯亮的时间都是固定的。其工作时的状态转换如图 6.2 所示。

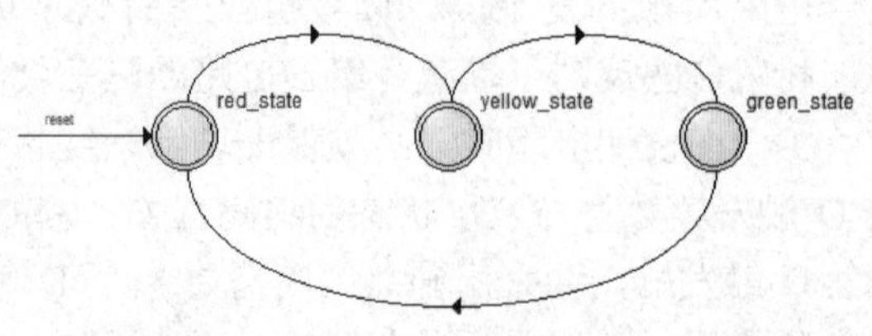

图 6.2　Moore 型红绿灯状态转换图

【程序 6.1】针对 Moore 型红绿灯，采用以下的代码对其建模：

```
module trafficlight1(clock,reset,red,yellow,green);
  input clock,reset;
  output red,yellow,green;
  reg red,yellow,green;

  reg [1:0] current_state,next_state;
  reg [4:0] light_count,light_delay;

  parameter red_state=2'b00,
          yellow_state=2'b01,
          green_state=2'b10,
          red_delay=4'd8,
          yellow_delay=4'd3,
          green_delay=4'd11;
  always @ (posedge clock or posedge reset)
  begin
 if(reset)
     light_count<=0;
   else if(light_count==light_delay)
     light_count<=1;
 else
 light_count<=light_count+1;
  end

  always @ (posedge clock or posedge reset)
  begin
 if(reset)
     current_state<=red_state;
 else
     current_state<=next_state;
  end

  always @(current_state or light_count)
  begin
 case(current_state)
     red_state:begin
            red=1;
            yellow=0;
            green=0;
            light_delay=red_delay;
            if(light_count==light_delay)
            next_state=yellow_state;
          end
     yellow_state:begin
            red=0;
            yellow=1;
            green=0;
            light_delay=yellow_delay;
            if(light_count==light_delay)
              next_state=green_state;
            end
     green_state:begin
              red=0;
```

```
                yellow=0;
                green=1;
              light_delay=green_delay;
              if(light_count==light_delay)
                next_state=red_state;
              end
      default:begin
            red=1;
            yellow=0;
            green=0;
            next_state=red_state;
          end
        endcase
      end
      endmodule
```

该段代码的主体部分使用了两个 always 结构，第一段 always 结构的敏感列表是时钟和复位信号，是描述时序电路的形式，采用的是非阻塞赋值，在每次 clock 到来时把 next_state 赋给 current_state，完成新、旧状态的转换，所以第一段 always 的功能就是在每个 clock 边沿处或者 reset 信号生效时完成电路从原态到新态的转换。原态就是时序电路的旧状态，新态就是电路在原态基础上受外界信号驱动或自身触发器驱动所变化成的新状态，一定是与原态有关的，这部分知识是数字电路课程中介绍的。

第二段 always 结构的敏感列表是 current_state，描述的是一个组合逻辑电路，主体部分采用的是一个 case 语句，每当 current_state 发生变化时都触发这个 always 结构，并对 current_state 进行判断，根据不同的值来执行每一个分支。程序中采用 parameter 定义参数，目的是增强可读性，尤其在 case 语句中判断当前电路工作在哪一状态非常方便。

【程序 6.2】定义功能模块后，可以编写测试模块对其进行仿真验证，测试模块代码如下：

```
module tb8;
  reg clock,reset;
  wire red,yellow,green;
  initial clock=0;
  always #10 clock=~clock;
  initial
  begin
reset=1;
#1 reset=0;
#10000 reset=1;
#20 $stop;
  end

  trafficlight1 light1(clock,reset,red,yellow,green);
endmodule
```

运行测试模块可得仿真波形如图 6.3 所示，从波形图中可以看到，随着 clock 的变化，red、yellow 和 green 这 3 个输出信号会依次输出高电平，驱动连接的显示灯，从而实现交通灯的功能。

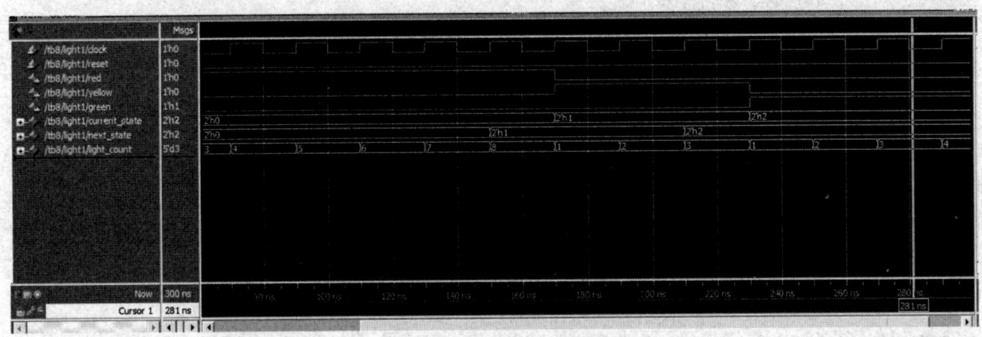

图 6.3　时序仿真波形

6.2.2　Mealy 型红绿灯

在有些道路中没有固定变化的红绿灯，而是当行人需要通过时，按一下灯下的按钮，等待一段时间之后绿灯亮起，绿灯持续一段时间后重新变为红灯。也就是说，这个红绿灯没有外界输入时会维持在一个状态，而当输入信号变化时便会产生状态的变化。针对这一特点，可以采用图 6.4 所示状态转换图对其进行描述。

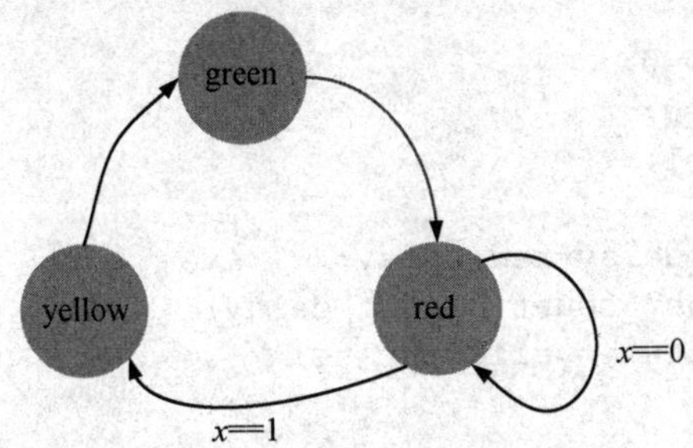

图 6.4　Mealy 型红绿灯状态转换图

在状态图中，x 是外界的输入信号，当 x=0 时认为没有输入信号，即没有行人需要使用红绿灯，当 x=1 时表示有行人要使用红绿灯，此时红绿灯变黄、变绿然后变回红灯。这种红绿灯只是 Mealy 型状态机中最简单的一种，仅在 red 状态时有两种不同的变化。实际的 Mealy 型状态机可能在任意一个状态都有两种以化情况。

【程序 6.3】 对 Mealy 型红绿灯进行功能建模，可得以下代码：

```
module trafficlight2(clock,reset,x,red,yellow,green);
  input clock,reset;
  input x;
  output red,yellow,green;
  reg red,yellow,green;
  reg [1:0] current_state,next_state;
  reg [4:0] light_count,light_delay;
  parameter red_state=2'b00,
            yellow_state=2'b01,
            green_state=2'b10,
            red_delay=4'd8,
```

```
         yellow_delay=4'd3,
         green_delay=4'd11;
always @ (posedge clock or posedge reset)
begin
  if(reset)
    light_count<=0;
 else if(light_count==light_delay)
    light_count<=1;
  else
  light_count<=light_count+1;
end
always @ (posedge clock or posedge reset)
begin
  if(reset)
    current_state<=red_state;
  else
    current_state<=next_state;
end
always @(current_state or light_count or x)
begin
  case(current_state)
    red_state:begin
              red=1;
              yellow=0;
              green=0;
              if(x==1)
           begin
              light_delay=red_delay;
              if(light_count==light_delay)
              next_state=yellow_state;
           end
  end
  yellow_state:begin
               red=0;
               yellow=1;
               green=0;
             light_delay=yellow_delay;
             if(light_count==light_delay)
               next_state=green_state;
    end
    green_state:begin
               red=0;
               yellow=0;
               green=1;
             light_delay=green_delay;
             if(light_count==light_delay)
               next_state=red_state;
    end
    default:begin
          red=1;
          yellow=0;
          green=0;
          next_state=red_state;
```

```
      end
    endcase
  end
endmodule
```

从代码中可以看到，Mealy 型状态机与 Moore 型状态机的主要区别在于 case 语句段。在红灯状态下，根据输入信号 *x* 的不同可以指定不同的下一个状态，而其他部分和 Moore 型状态机没有太大差别。运行仿真后可得图 6.5 所示的波形图，由波形图很容易看到，当 *x* 变为 1 时，red、yellow 和 green 就会产生一次变化，然后回到红灯状态，直到下次 *x* 再变成 1 时继续重复这一过程。读者可以自行尝试用计数器的方式重新编写代码。

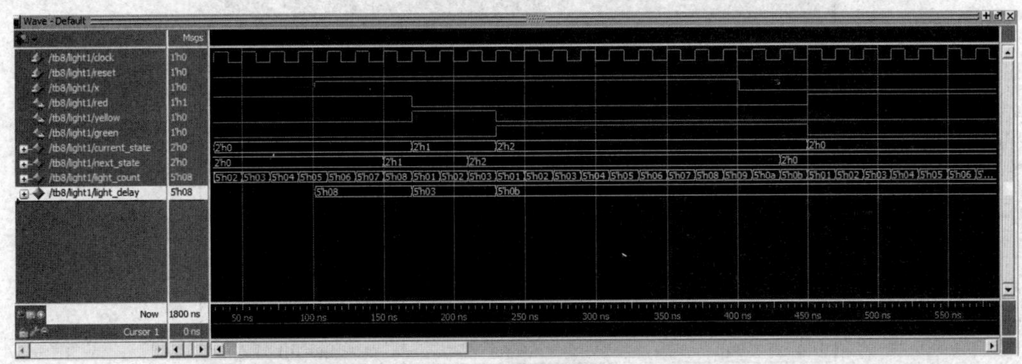

图 6.5　仿真波形

Mealy 型状态机的特点就是每个状态都可能随着输入信号的不同而指向不同的下一状态，所以在指定下一状态时多在 case 语句中使用 if 来进行条件判断，从而确定应该变化到哪个状态。

6.3　深入理解状态机

看到 6.2 节中的 Moore 型状态机和 Mealy 型状态机的例子，可能会感觉状态机很简单，这是一种错误的想法，本节就要通过一个 Mealy 型状态机的例子来展示状态机建模时可能会存在的一些问题，这些问题主要体现在代码与最终电路的关系方面。

6.3.1　一段式状态机

基于数字电路课程中曾经讲的一个经典案例——序列检测电路，现要构造这样一个电路：每个时钟周期送入电路一个数值，电路完成信号的检测，当输入的数值为 0110 时，表示检测成功，此时通过输出端口发出一个信号，用来与之后的电路进行交互。这种序列检测电路的实际中应用场合也较多，像通信中的两个设备进行信号同步时等情况，都会用到这种序列检测电路。虽然软件也能完成此功能，但是用硬件电路会得到更好的稳定性和更快的速度。

要实现此功能，首先要画出可行的状态转换图，如图 6.6 所示。图 6.7 给出了编写代码时更易于使用的状态转换关系。

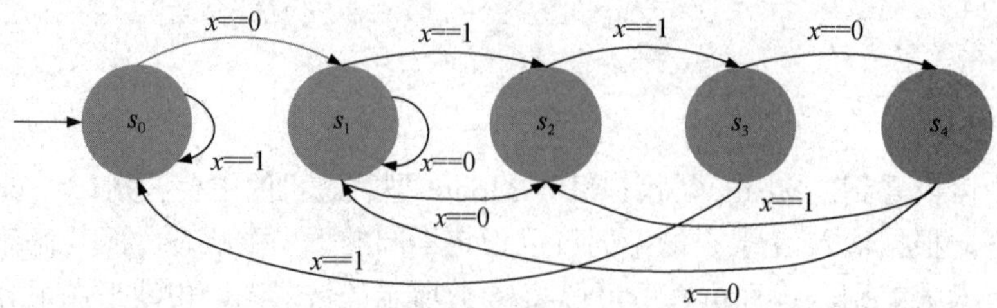

图 6.6　序列检测状态转换图

原状态	目的状态	转换条件
s_0	s_0	x==1
s_0	s_1	x==0
s_1	s_1	x==0
s_1	s_2	x==1
s_2	s_1	x==0
s_2	s_3	x==1
s_3	s_0	x==1
s_3	s_4	x==0
s_4	s_1	x==0
s_4	s_2	x==1

图 6.7　状态转换关系

【程序 6.4】根据状态转换图和状态转换关系，可建立序列检测电路模型如下：

```
module fsm_seq1(x,z,clk,reset);
  input x,clk,reset;
  output z;
  reg z;
  reg[2:0] state;
  parameter s0='d0,s1='d1,s2='d2,s3='d3,s4='d4;

  always@(posedge clk or posedge reset)
  begin
    if(reset)
      begin
        state<=s0;
        z=0;
      end
    else
      casex(state)
        s0:    begin
                if(x==1)
                   begin
                    state<=s0;
                    z<=0;
                   end
                else
                   begin
                    state<=s1;
```

```
                z<=0;
              end
            end
      s1:     begin
               if(x==0)
                 begin
                   state<=s1;
                   z<=0;
                 end
               else
                 begin
                   state<=s2;
                   z<=0;
                 end
               end
      s2:     begin
               if(x==0)
               begin
               state<=s1;
               z<=0;
             end
               else
                 begin
                   state<=s3;
                   z<=0;
                 end
               end
      s3:     begin
               if(x==0)
               begin
               state<=s4;
               z<=1;
             end
               else
                 begin
                   state<=s0;
                   z<=0;
                 end
               end
       s4:     begin
               if(x==0)
               begin
               state<=s1;
               z<=0;
             end
               else
                 begin
                   state<=s2;
                   z<=0;
                 end
               end

      default: state<=s0;
    endcase
  end
endmodule
```

此代码采用的都是可综合的语句，所以可以被综合工具进一步处理，可得图 6.8 所示的电路结构图，同时可以借助其内部的状态机分析工具得到图 6.9 所示的状态转换图，这和最初设想的图 6.6 是一致的。正常情况下，最终实现的状态转换图和最初的设计一定要保持一致；否则就是代码中出现了问题导致状态转换图发生变化。

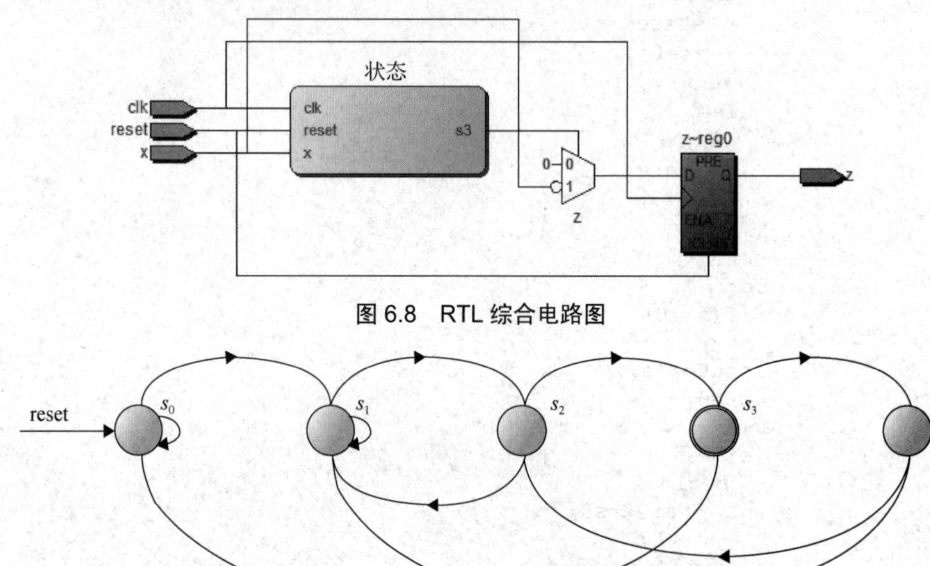

图 6.8　RTL 综合电路图

图 6.9　程序运行状态转换图

【程序 6.5】对此序列检测电路编写测试模块。

```
module tb82;
  reg x,clk,reset;
  wire z;
  integer seed=8;
  initial clk=0;
  always #5 clk=~clk;
  initial
  begin
    reset=0;
    #15 reset=1;
    #15 reset=0;
  end
  always #10 x=($random(seed)/2);
  fsm_seq1 seq(x,z,clk,reset);
endmodule
```

运行测试模块，可得图 6.10 所示的波形。可以看到，该模块是能够正常工作的，当第一排的信号 x 出现 0110 序列时，z 输出 1。为了方便观察，波形图中 x 变化的位置都是在 clk 信号的下降沿，与 clk 信号的上升沿区分开。图中共出现了 3 次 z 的高电平部分，第一次出现时在 445ns 位置，第二次和第三次出现的位置是 x 出现连续序列 0110110 时，按照状态转换图，此时生成两次高电平，这是允许信号重复使用的情况，视为出现了两次

0110。如果不想出现这种情况，可以修改程序代码，把 case 语句中 s_4 状态下的“state<=s_2”修改为“state<=s_0”即可，读者可自行尝试。

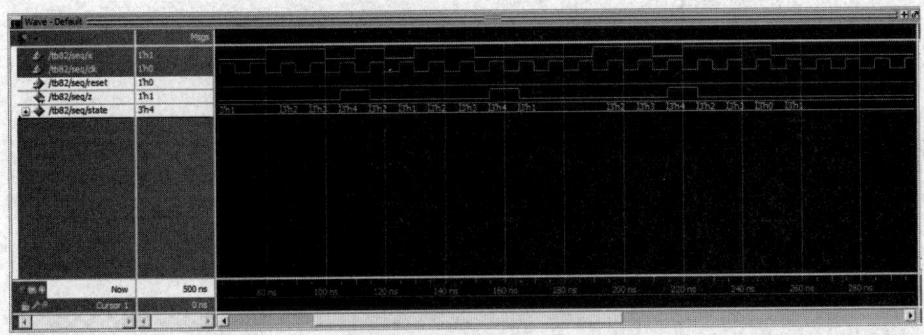

图 6.10　功能仿真波形

6.3.2　两段式状态机

两段式状态机与一段式状态机的主要区别在于多增加了一段 always 结构用于原态和新态的转换。

【程序 6.6】本节中的序列检测模块用两段式状态机编写如下：

```
module fsm_seq2(x,z,clk,reset);
  input x,clk,reset;
  output z;
  reg z;
  reg[2:0] state,nstate;
  parameter s0='d0,s1='d1,s2='d2,s3='d3,s4='d4;


  always@(posedge clk or posedge reset)
  begin
    if(reset)
      state<=s0;
    else
      state<=nstate;
  end
  always@(state or x)
  begin
     casex(state)
        s0:    begin
                if(x==1)
                   begin
                    nstate<=s0;
                    z<=0;
                   end
                else
                   begin
                    nstate<=s1;
                    z<=0;
                   end
               end
        s1:    begin
                 if(x==0)
```

```
                begin
                  nstate<=s1;
                  z<=0;
                end
              else
                begin
                  nstate<=s2;
                  z<=0;
                end
              end
      s2:    begin
              if(x==0)
              begin
              nstate<=s1;
              z<=0;
            end
              else
                begin
                  nstate<=s3;
                  z<=0;
                end
              end
      s3:    begin
              if(x==0)
              begin
              nstate<=s4;
              z<=1;
            end
              else
                begin
                  nstate<=s0;
                  z<=0;
                end
              end
      s4:    begin
              if(x==0)
              begin
              nstate<=s1;
              z<=0;
            end
              else
                begin
                  nstate<=s2;
                  z<=0;
                end
              end

      default: nstate<=s0;
    endcase
  end
endmodule
```

读者可能看不出来代码分成两段的直接影响。下面先对该 fsm_seq2 模块进行测试，运行仿真可得图 6.11 所示波形。

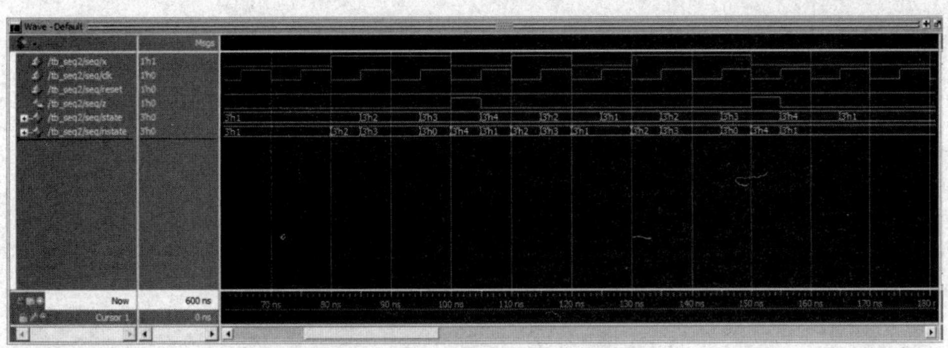

图 6.11 fsm_seq2 功能仿真波形

对照图 6.10 和图 6.11，它们虽然都在检测中出现了 z 的高电平区间，而且结果也正确，但还是能得到两个模型的不同点。

(1) fsm_seq1 的输出 z 发生在每个 clk 上升沿的位置，fsm_seq2 的输出 z 发生在 x 变化的位置，如图 6.11 中 440ns 的位置，此时 x 变为 0，同时 z 产生输出结果。

(2) fsm_seq1 的输出维持一个周期，fsm_seq2 的输出维持半个周期。fsm_seq1 的 always 结构中是对 clk 上升沿敏感的，所以每次 clk 边沿才会改变输出结果，信号维持一个周期很正常。fsm_seq2 的输出是在 always@(state or x)这一结构中，可以看到检测的 state 或者输入信号 x，这描述了一个组合逻辑，同时使用阻塞赋值来描述此结构。由于 x 变化发生在 clk 的下降沿，此时触发该模块并引起输出值的变化，等到 clk 上升沿来临时会引起 state 的变化，再次触发 always@(state or x)，引起输出值的变化。所以，输出 z 的高电平维持的时间是从 x 变化到 clk 的上升沿这段时间。

(3) 由于最后的输出是采用组合逻辑电路的形式描述的，所以最后实现的电路最终输出部分是组合逻辑，是根据 x 的变化情况来产生输出，不以 clk 的边沿作为输出条件，这样的电路在后级连接时需要注意时序问题。

6.4 应用实例

6.4.1 独热码状态机

进行时序电路设计时，一般都要先根据设计要求画出状态转换图，然后根据状态转换图来确定如何编写代码。本节的两个例子直接给出两个状态转换图，然后根据状态转换图建立模型。读者可以先自行尝试编写代码，然后与实例中给出的代码对照。

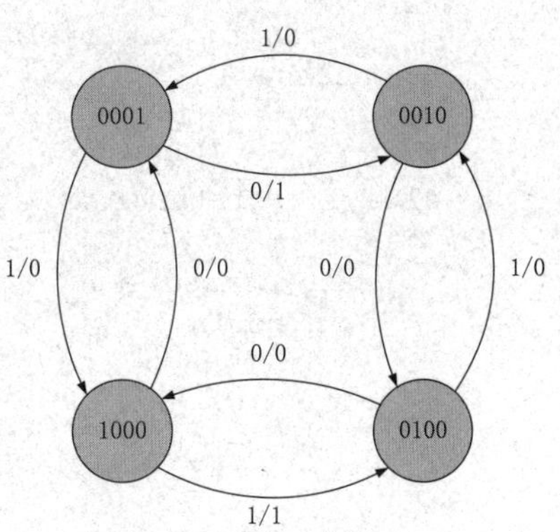

图 6.12 状态转换图

【程序 6.7】对图 6.12 所示的状态转换图进行建模，独热码状态机编写模型代码如下：

```
module durema(clk,reset,x,y1,y2);
  input clk,reset;
  input x;
```

```
output y1,y2;
reg y1,y2;
reg[3:0] cstate,nstate;
parameter s0=4'b0001,s1=4'b0010,s2=4'b0100,s3=4'b1000;

always@(posedge clk or posedge reset)
begin
  if(reset)
    cstate<=s0;
  else
    cstate<=nstate;
  end
  always@(cstate or x)
  begin
    case(cstate)
      s0: begin
            if(x==0)
              nstate=s1;
            else
              nstate=s3;
            end
      s1: begin
            if(x==0)
              nstate=s2;
            else
              nstate=s0;
            end
      s2: begin
            if(x==0)
              nstate=s3;
            else
              nstate=s1;
            end
      s3: begin
            if(x==0)
              nstate=s0;
            else
              nstate=s2;
            end
      default:nstate=s0;
    endcase
 end

 always@(cstate or x)
  begin
     case(cstate)
       s0:begin
            if(x==0)
              y1=1;
            else
              y1=0;
            end
       s1:begin
            if(x==0)
              y1=0;
```

```
            else
              y1=0;
            end
        s2:begin
            if(x==0)
              y1=0;
            else
              y1=0;
            end
       s3:begin
            if(x==0)
              y1=0;
            else
              y1=1;
            end
      default:y1=0;
    endcase
  end

  always@(cstate or x)
  begin
    if(cstate==s0 && x==0)
      y2=1;
    else if(cstate==s3 && x==1)
      y2=1;
    else
      y2=0;
    end
  endmodule
```

在本例中使用了两个输出 y1 和 y2，y2 是一个简化输出，用来描述在两种情况下输出 1 值，其他情况下输出都是 0 值，如果结合括号使用，还可以进一步精简成以下形式：

```
always@(cstate or x)
begin
  if((cstate==s0 && x==0)||(cstate==s3 && x==1))
    y2=1;
  else
    y2=0;
  end
```

【程序 6.8】为上例编写测试模块，代码如下：

```
module tb_durema;
  reg x,clk,reset;
  wire y1,y2;
  initial clk=0;
  always #5 clk=~clk;
  initial
  begin
    reset=0;
    #15 reset=1;
    #15 reset=0;
    #10000 $stop;
  end
```

```
  initial
  begin
    #10 x=1;
    #500 x=0;
  end
  durema tdurema(clk,reset,x,y1,y2);
endmodule
```

运行可得仿真波形如图 6.13 所示。图中截取了 x 为 1 和 0 两个部分，最下方一行是当前状态情况，对照之前的状态转换图，可知结果正确。

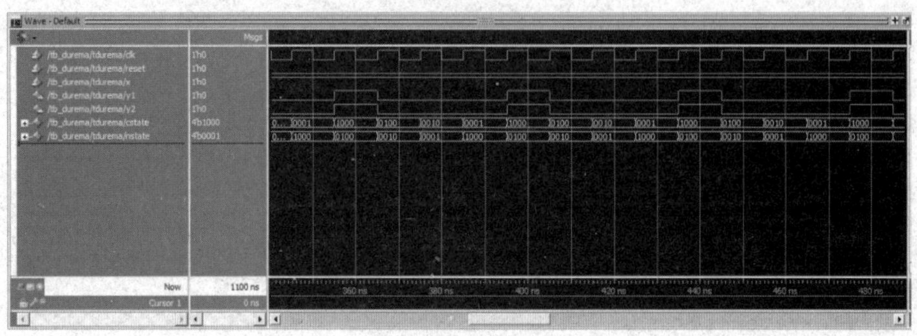

图 6.13　功能仿真波形

使用 Quartus II 工具进行综合，生成的 RTL 电路如图 6.14 所示，生成的状态转换图如图 6.15 所示。

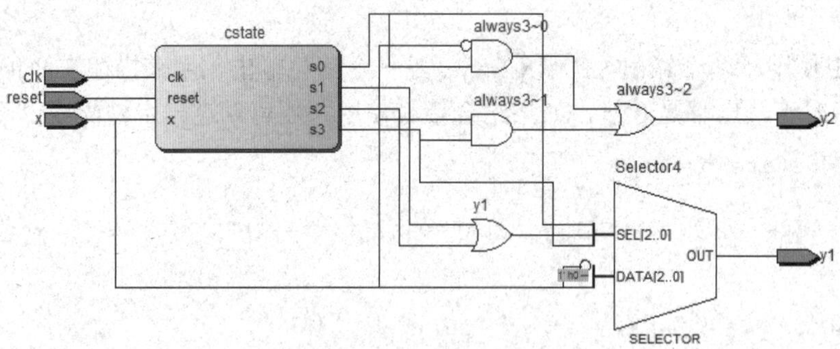

图 6.14　RTL 电路

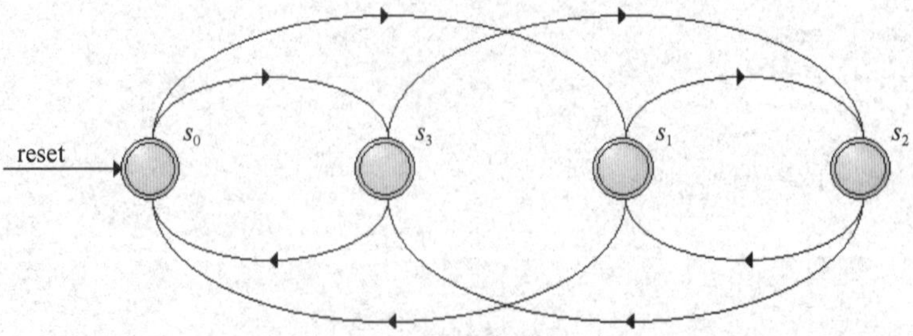

图 6.15　状态转换图

6.4.2　格雷码状态机

本例使用格雷码进行状态机的建模，输出部分给出 4 个值，在同一波形图中直接对比，可以加深读者对几种输出方式的理解。本例设计所使用的状态转换图如图 6.16 所示。

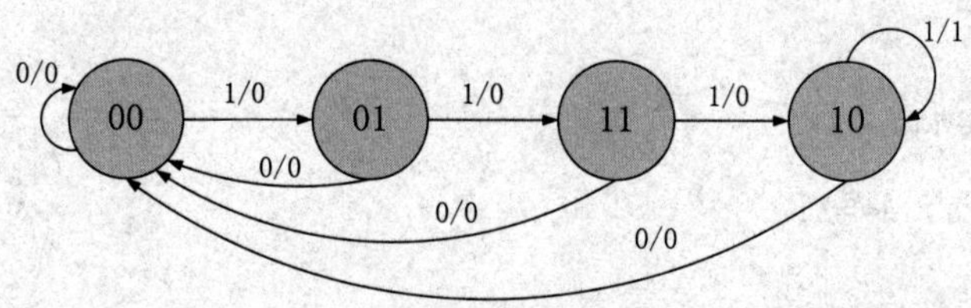

图 6.16　状态转换图

【程序 6.9】对格雷码状态转换图建立功能模块如下：

```
module geleima(clk,reset,a,z1,z2,z3,z4);
input clk,reset;
input a;
output z1,z2,z3,z4;
reg z1,z2,z3,z4;
reg [1:0]cs,ns;

parameter s0=2'b00,s1=2'b01,s2=2'b11,s3=2'b10;

always @(posedge clk or posedge reset)
    begin
    if(reset)
        cs<=s0;
    else
        cs<=ns;
    end

    always @(ns or a)
    begin
    case(cs)
    s0: begin
                if(a==0)
                    ns=s0;
                else
                    ns=s1;
          end
    s1: begin
                if(a==0)
                    ns=s0;
                else
                    ns=s2;
          end
    s2: begin
                if(a==0)
                    ns=s0;
                else
                    ns=s3;
          end
    s3: begin
```

```
                    if(a==0)
                        ns=s0;
                    else
                        ns=s3;
                end
        default:ns=s0;
        endcase
    end

    always @(posedge clk)
    begin
      if(cs==s3 && a==1)
        z1<=1;
       else
        z1<=0;
       end

    always @(posedge clk)
    begin
      if(cs==s3 && a==1)
        z2<=1;
       else
        z2<=0;
       end

    always @(cs)
    begin
      if(cs==s3 && a==1)
        z3<=1;
       else
        z3<=0;
       end

    always @(ns)
    begin
      if(cs==s3 && a==1)
        z4<=1;
       else
        z4<=0;
       end
    endmodule
```

使用 Quartus II 工具进行综合，生成的 RTL 电路如图 6.17 所示，生成的状态转换图如图 6.18 所示。

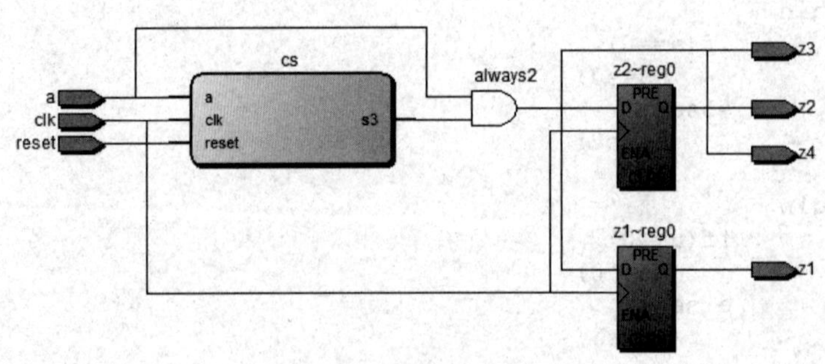

图 6.17　RTL 电路结构

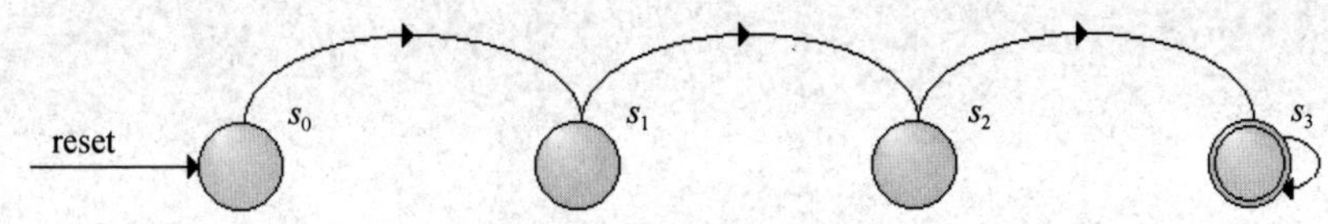

图 6.18　状态转换图

思　考　题

6.1　状态机图通常由哪几部分组成？状态转换的要素有哪些？

6.2　假设有一车库电动门由电机驱动，上下移动，向上移动开门，向下移动关门，当门完全打开或者完全关闭时，电机自动停转。绘制一个电动门(ElectDoor)的状态机图。

6.3　某销售 POS 机的工作流程是：当客户到收银台后，收银员逐一扫描用户购买商品的条码，扫描完后，计算出商品总金额，然后等待用户付款。收款并确定支付成功后，完成一个客户的售货，等待下一个客户。请为其绘制相应的状态机图。

6.4　假设某人的 QQ 有 3 个好友，启动 QQ 后，可以处于在线、隐身、离线、忙碌等状态，如果要和某一个好友聊天，可以双击该好友的图像打开和该好友交流的窗口。试绘制反映 QQ 工作状态及其转换的状态机图。

第 7 章

基于 Verilog HDL 的 FPGA 系统设计实例

学习目标：

- 熟练使用 Verilog HDL 语言编写程序
- 掌握 FPGA 电路设计方法
- 掌握 Modelsim 软件仿真流程
- 掌握 Quartus II 软件设计流程

本章重点：

- 熟练使用 Verilog HDL 语言编写程序
- 掌握 FPGA 电路设计方法

本章难点：

- 使用 Verilog HDL 语言完成 FPGA 设计

八位七段数码管动态显示电路设计实验

格雷码编码器实验

交通灯控制实验

七人表决器实验

现实生活中有很多例子可以使用 FPGA 来实现，如交通灯控制电路、抢答器、数字闹钟等。为适合初学者进行学习，本章将通过 6 个实例给大家介绍 FPGA 的完整设计流程。

7.1 计数译码型流水灯设计

1. 设计目的

掌握 FPGA 集成工具软件 Quartus II 的使用；了解基于 PLD 的 FPGA 设计流程；熟悉使用 Quartus II 原理图方式进行数字逻辑电路设计的方法；熟练掌握使用 Quartus II 对逻辑电路进行仿真。

2. 设计要求

流水灯是一种效果灯光，它按固定的规律将 LED 点亮或熄灭。在设计中，使用逻辑电路控制 8 个 LED 灯，始终保持 7 亮 1 暗，在脉冲信号 CLK 的推动下循环流动。将灯亮用 1 表示，灯灭用 0 表示，系统时钟为 50mHz，为了便于观察，采用 1Hz 的时钟来控制灯的亮灭。

3. 设计过程

使用八进制计数器产生 74LS138 地址端所需的 8 个地址信号，将计数输出 Q_0、Q_1、Q_2 分别接入 74LS138 的 A_0、A_1、A_2，为计数器提供低频连续脉冲 CLK，即可在 74LS138 的 8 个输出端获得流水灯的连续状态输出，如图 7.1 所示。八进制计数器可以通过将 3 个 JK 或 D 触发器先组成 T′ 触发器，然后再级联为异步计数器实现。

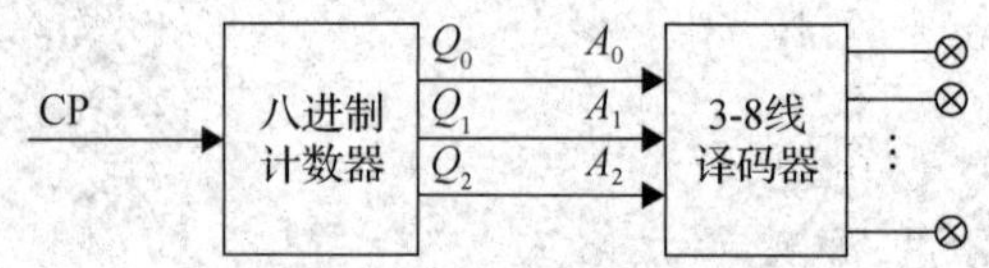

图 7.1 计数译码型流水灯原理

使用 Quartus II 软件设计步骤如下。

(1) 在 Quartus II 软件环境下，新建工程。

(2) 新建图形设计文件，调用相关元件，如 PLL、JD 触发器、74LS138 等器件，设计总体电路图(见图 7.2)，完成连线。

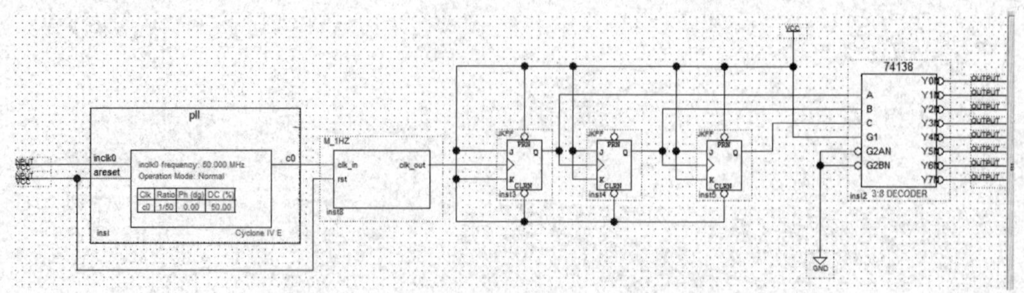

图 7.2 计数译码型流水灯设计总体电路图

(3) 编译无误后，分配引脚，见图 7.3 所示。

<<new>> Filter on node names: * Category: All

	tatu	From	To	Assignment Name	Value	Enabled	Entity	Comment	Tag
1	✓		clk	Location	PIN_A14	Yes			
2	✓		reset_n	Location	PIN_AH14	Yes			
3	✓		LED[1]	Location	PIN_N4	Yes			
4	✓		LED[2]	Location	PIN_N8	Yes			
5	✓		LED[3]	Location	PIN_M9	Yes			
6	✓		LED[4]	Location	PIN_N3	Yes			
7	✓		LED[5]	Location	PIN_M5	Yes			
8	✓		LED[6]	Location	PIN_M7	Yes			
9	✓		LED[7]	Location	PIN_M3	Yes			
10	✓		LED[8]	Location	PIN_M4	Yes			

图 7.3　计数译码型流水灯引脚分配

(4) 使用 USB-Blaster 下载到实验箱，观察流水灯的结果。

4. 设计结果

将此设计放入 Quartus II 软件中进行综合，可得出图 7.4 所示的结构图。综合结果分析如图 7.5 所示，从图中可看出本设计使用 CycloneIV 系列 EP4CE40F29C6 器件。

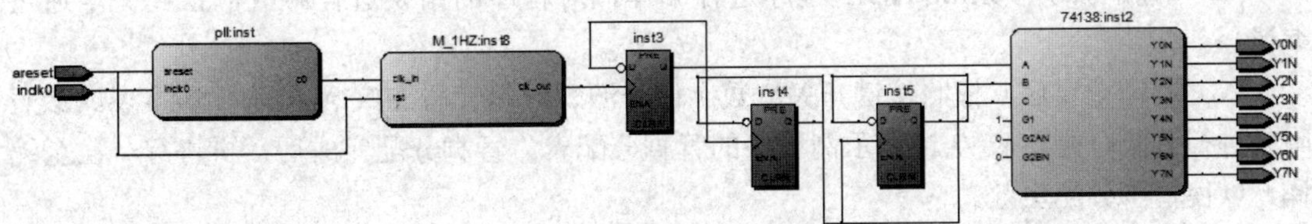

图 7.4　计数译码型流水灯结构图

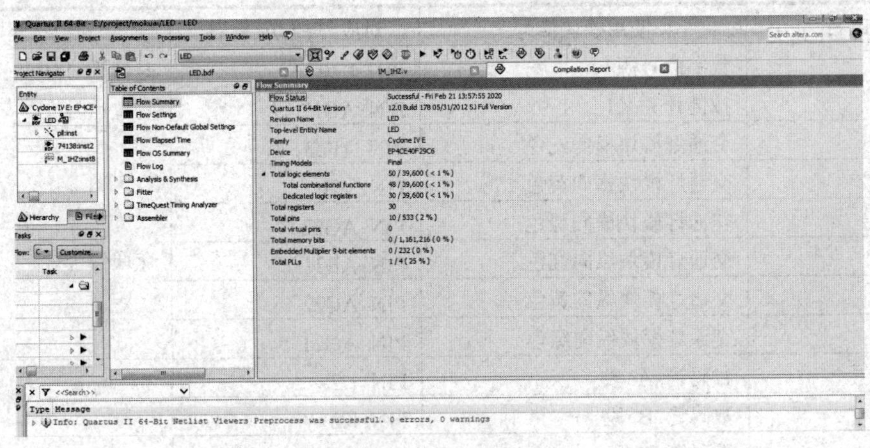

图 7.5　综合结果分析

7.2　交通灯控制电路设计

1. 设计目的

掌握使用 Verilog HDL 语言对常用组合逻辑电路和时序逻辑电路进行编程，全面熟悉、掌握 FPGA 设计流程，把编程和实际案例结合起来，熟悉仿真和调试程序的技巧，培养学生设计综合电路的能力，规范学生的编程思想。

2. 设计要求

本实验要完成的任务就是设计一个简单的交通灯控制器，交通灯用实验箱的交通灯模块和任意两个数码管来显示。系统时钟选择时钟模块的 1kHz 时钟，黄灯闪烁时钟要求为 2Hz，数码管的时间显示为 1Hz 脉冲，即每 1s 递减一次，在显示时间小于 5s 时，通车方向的黄灯以 2Hz 的频率闪烁。系统中用 K1 按键进行复位。

交通灯模块原理与 LED 灯模块的电路原理一致，当有高电平输入时，LED 灯就会被点亮；反之不亮。只是 LED 发出的光有颜色之分。

3. 设计过程

(1) 打开 Quartus II 软件，新建一个工程。

(2) 建完工程后，再新建一个 Verilog HDL 文件，打开 Verilog HDL 编辑器。

(3) 按照实验原理和自己的想法，在 Verilog HDL 编辑器中编写 Verilog HDL 程序。

(4) 编写完 Verilog HDL 程序后，保存起来。

(5) 对编写的 Verilog HDL 程序进行编译，对程序的错误进行修改，直到完全通过编译。

(6) 编译无误后，依照按键开关、数字信号源、数码管与 FPGA 的管脚连接表或参照附录进行管脚分配。表 7.1 是示例程序的管脚分配表。管脚分配完成后，再进行一次全编译，以使管脚分配生效。

表 7.1 端口管脚分配表

端口名	使用模块信号	对应 FPGA 管脚	说 明
CLK	数字信号源	PIN_L20	时钟为 1kHz
RST	按键开关 K1	PIN_AC17	复位信号
R1	交通灯模块横向红色	PIN_AF23	交通信号灯
Y1	交通灯模块横向黄色	PIN_V20	
G1	交通灯模块横向绿色	PIN_AG22	
R2	交通灯模块纵向红色	PIN_AE22	
Y2	交通灯模块纵向黄色	PIN_AC22	
G2	交通灯模块纵向绿色	PIN_AG21	
DISPLAY0	数码管 A 段	PIN_K28	通行时间显示
DISPLAY1	数码管 B 段	PIN_K27	
DISPLAY2	数码管 C 段	PIN_K26	
DISPLAY3	数码管 D 段	PIN_K25	
DISPLAY4	数码管 E 段	PIN_K22	
DISPLAY5	数码管 F 段	PIN_K21	
DISPLAY6	数码管 G 段	PIN_L23	
SEG-SEL0	位选 DEL0	PIN_L24	
SEG-SEL1	位选 DEL1	PIN_M24	
SEG-SEL2	位选 DEL2	PIN_L26	

(7) 用下载电缆通过 JTAG 口将对应的.sof 文件加载到 FPGA 中，观察实验结果是否与自己的编程思想一致。

【程序 7.1】交通灯控制电路 Verilog HDL 程序如下：

```
module traffic(clk_1, //系统时钟 1kHz
               rst, //复位
               ln, //方向北的 3 个灯，从高位到低位依次为红、黄、绿
               lw, //方向西的 3 个灯，从高位到低位依次为红、黄、绿
                 );
  input         clk_1;
  input         rst;
  output [2:0]   ln;
  output [2:0]   lw;
   reg [2:0]      ln;
   reg [2:0]      lw;

  parameter [2:0]  states_s0 = 0,//复位，所有的灯熄灭
                  states_s1 = 1,//东西绿南北红维持 15s
                  states_s2 = 2,//东西黄南北红维持 5s
                  states_s3 = 3,//东西红南北绿维持 15s
                  states_s4 = 4;//东西红南北黄维持 5s
  reg [2:0]       state;
  reg [15:0]       count;

  always @(posedge clk_1 or negedge rst)
  begin: p1                          //计数器，每 40000 循环
     if (rst == 1'b0)
        count <= 39999;
     else
     begin
        if(count == 0)
           count <= 39999;
        else
           count <= count - 1;
     end
  end

  always @(count or rst)
  begin: p2                                //状态转换过程
     if (rst == 1'b0)
        state <= states_s0;                //如果复位按键按下，进入复位状态
     else if (count >= 25000 & count <= 40000)
        state <= states_s1;                //东西绿南北红
     else if (count >= 20000 & count <= 25000)
        state <= states_s2;                //东西黄南北红
     else if (count >= 5000 & count <= 20000)
        state <= states_s3;                //东西红南北绿
     else if (count >= 0 & count <= 5000)
        state <= states_s4;                //东西红南北黄
  end


  always @(state or count)               //每个状态执行的操作
```

```
    begin: p3
       case (state)
          states_s0 :                       //复位，所有的灯熄灭
             begin
                ln <= 3'b000;
                lw <= 3'b000;
             end

          states_s1 :                       //东西绿南北红
             begin
                ln <= 3'b001;
                lw <= 3'b100;
             end

          states_s2 :                       //东西黄南北红
             begin
                lw <= 3'b100;
                ln[2] <= 1'b0;
                ln[1] <= count[8];
                ln[0] <= 1'b0;
             end

          states_s3 :                       //东西红南北绿
             begin
                ln <= 3'b100;
                lw <= 3'b001;
             end

          states_s4 :                       //东西红南北黄
             begin
                ln <= 3'b100;
                lw[2] <= 1'b0;
                lw[1] <= count[8];
                lw[0] <= 1'b0;
             end
       endcase
    end

endmodule
```

4. 设计结果

将此设计放入 Quartus II 软件中进行综合，可得到图 7.6 所示的 RTL 结构图。综合结果分析如图 7.7 所示，从图中可看出本设计使用 CycloneIV 系列 EP4CE40F29C6 器件。

以设计的参考示例为例，当设计文件加载到目标器件后，将时钟设定为 1kHz。交通灯模块的红、绿、黄 LED 发光管会模拟实际中交通信号灯的变化。此时，数码管上显示通行的时间倒计时。当倒计时到 5s 时，黄灯开始闪烁。到 0s 时红、绿灯开始转换，倒计时的时间恢复至 20s。按下按键开关 K1，则从头开始显示和计数。

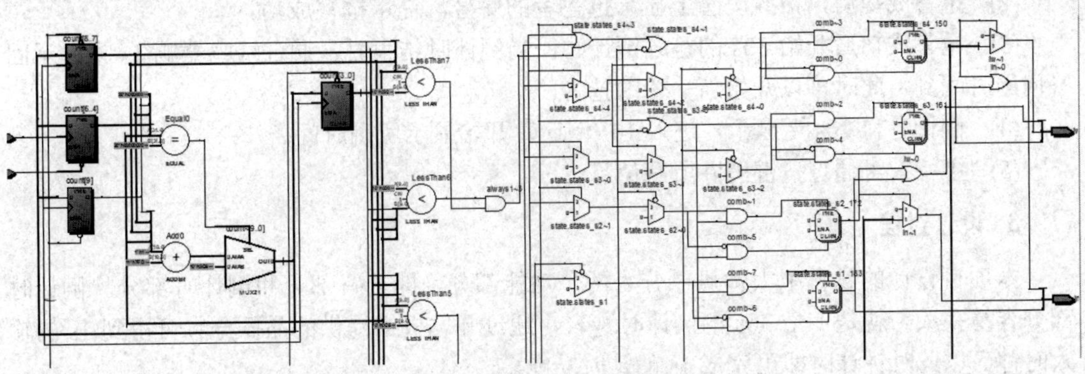

图 7.6　RTL 电路结构图

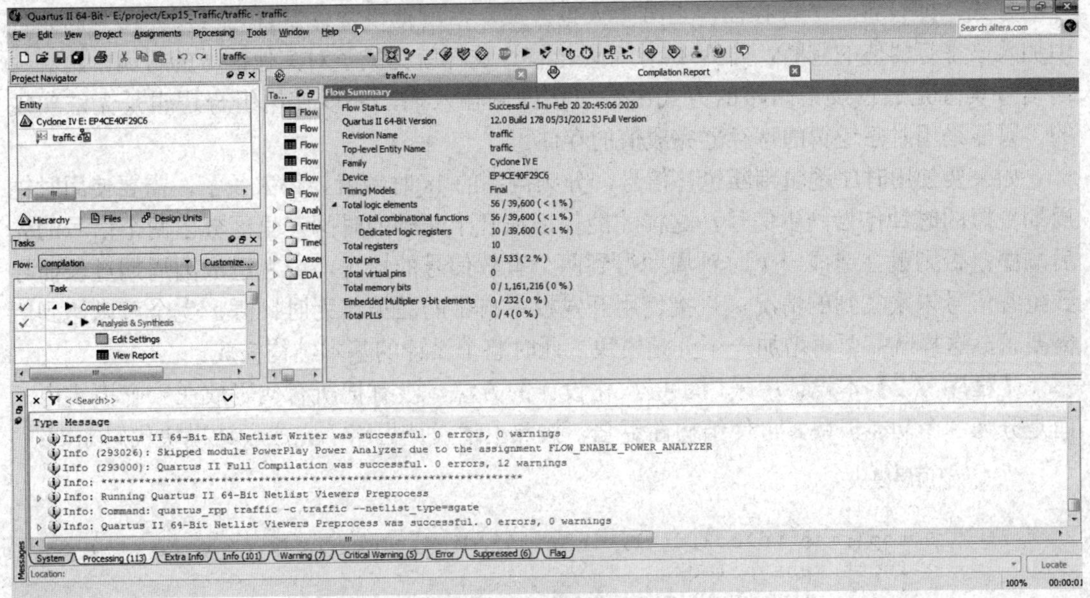

图 7.7　综合结果分析

7.3　智力抢答器设计

1. 设计目的

本项目设计旨在提升学生的动手能力，加强专业理论知识的理解和实际运用，使学生能够利用 Verilog HDL 硬件描述语言设计复杂的数字逻辑系统和熟练使用 Modelsim 和 Quartus II 两种软件。通过团队成员之间的密切配合，加强团员的合作协调能力。通过本次设计的历练加强自学能力，为后续课程做好铺垫。

2. 设计要求

本项目要求的电路功能描述如下。

(1)　实现 4 人抢答器，有人抢答成功后，其他人再抢答无效。

(2) 抢答成功后，在数码管上显示抢答者的序号，提示抢答成功。

(3) 抢答成功后开始 30s 的答题倒计时，当倒计时结束时，通过蜂鸣器响 1s 来提示回答问题时间到，此时可以开始新一轮的抢答。

(4) 倒计时前 20s 无显示，进入 10s 倒计时开始显示所剩时间。

(5) 主持人可通过按键清除所有信息。

3. 设计过程

本项目设计的题目中大体可以分为两个功能部分，即抢答部分和倒计时部分。倒计时部分容易完成，就是一个 30s 的倒计时秒表，通过开发板中提供的晶振分频可得到 1s 的输入时钟，以此时钟计时即可完成 1s 的计时功能。

抢答部分的重点是在一人抢答成功后如何封闭掉其他人的抢答信号，这里采用阻塞信号的方式，即设置一个寄存器，当某个人抢答成功后就把该寄存器置为 1，而在判断条件中加入该寄存器值的判断，若为 0 才可以抢答，这样就完成了对其他信号的封闭。这种封闭信号实际是通过反馈回路的方式由输出接回到输入端，所以使用组合逻辑是无法实现的，只能采用时序逻辑的寄存器完成值的存储。

如果要使用时序逻辑判断抢答信号，分频得到的 1s 时钟就显得太长了，需要使用时钟周期更短的时钟作为同步信号，这样才能保证在几十毫秒的时间差里区分出两个信号的先后顺序；否则就会造成一个时钟周期得到两个有效信号的情况，或者造成因周期过长而导致抢答信号未采集到的情况。直接使用开发板中自带的晶振作为时钟源，完全可以达到所需要求，这样就需要再增加一个分频模块，此时整个设计的基本结构完成。

【程序 7.2】本设计中采用了层次化设计的方法，没有把所有代码放在一个模块内，而是分为 3 个功能模块，可使结构性更强。按照上述设计思路，完成设计模块代码如下：

```
//顶层模块
    module
     top(reset,clock,din1,din2,din3,din4,clear,beep,number,cnt);
     input reset,clock;
     input  din1,din2,din3,din4,clear;
     output beep;
     output[7:0] number,cnt;
     wire clk1k;
     wire clk1hz;
     wire start;
     clkdiv  iunit1(reset,clock,clk1hz);                //时钟分频模块
     qiangda  iunit2(clock,din1,din2,din3,din4,clear,number,start);
                                                        //抢答模块
     daojishi  iunit3(reset,clock,start,beep,cnt);  //倒计时模块
     endmodule

                                                        //分频模块
    module  clkdiv(reset,clock,clk1hz);
      input reset,clock;
      output clk1hz;
      reg clk1hz;
      reg[24:0]  count1;
      always@(posedge clock or posedge reset)
```

```
        begin
        if(reset)
          begin
            clk1hz<=0;
          count1<=0;
        end
         else if(count1==25'h250)
            begin
             clk1hz<=~clk1hz;
             count1<=0;
            end
          else
           count1<=count1+1;                    //使用计数器实现时钟分频
       end
      endmodule
```

```
//抢答模块
   module  qiangda(clock,din1,din2,din3,din4,clear,number,start);
        input clock,clear;
        input din1,din2,din3,din4;
        output[7:0]   number;
        output start;
        reg[7:0]   number;
        reg start;
        reg block;
always@(posedge clock)
  begin
    if(!clear)
        begin
        block=0;
          number=8'hff;
          start=0;
         end
    else
       begin
         if(~din1)
          begin
            if(~block)
              begin
            number<=8'hf9;
            block=1;
            start=1;
          end
          end
        else if(~din2)
          begin
            if(~block)
              begin
                number<=8'ha4;
                block=1;
                start=1;
              end
            end
            else if(~din3)
              begin
```

```
                if(~block)
                  begin
                    number<=8'hb0;
                    block=1;
                    start=1;
                  end
                end
              else if(~din4)
                begin
                 if(!block)
                   begin
                    number<=8'h99;
                    block=1;
                    start=1;
                   end
                 end
             end
      end
  endmodule

  //倒计时模块
 module daojishi(reset,clklhz,start,beep,cnt);
              input reset,clklhz;
              input start;
              output beep;
              output  [7:0]  cnt;
              reg [5:0]   data;
              reg [4:0]  count;
              reg [7:0]   cnt;
              reg beep;
              //reg state;
always@(posedge clklhz or posedge reset or posedge start) //30s???
    begin
         if(reset)
        count<=5'd30;
        else  if(start)
        begin
         if(count==5'd0)
         count<=5'd30;
         else
         count<=count-1;
       end
      else
        count<=count;
     end
      always@(count)
     if(count==5'd0)
      beep=1;
     else
     beep=0;
    always@(count)
      if(count>=5'd10)
        data=8'hff;
         else  if(count>=0  &&  count<=9)
          data=count;
```

```
          else
           data=8'hff;
 always@(data)
       begin
       case(data)
    6'b000000:  cnt=8'b1100_0000;
    6'b000001:  cnt=8'b1111_1001;
    6'b000010:  cnt=8'b1010_0100;
    6'b000011:  cnt=8'b1011_0000;
    6'b000100:  cnt=8'b1001_1001;
    6'b000101:  cnt=8'b1001_0010;
    6'b000110:  cnt=8'b1000_0010;
    6'b000111:  cnt=8'b1111_1000;
    6'b001000:  cnt=8'b1000_0000;
    6'b001001:  cnt=8'b1001_0000;
     default:   cnt=8'b1111_1111;
     endcase
    end
      endmodule
```

在整个设计中，抢答模块的主体是一个 if…else 语句，可完成抢答信号的产生、封闭信号的生成和倒计时模块使能信号的输出。倒计时模块中不仅包含 30s 倒计时部分，还包括蜂鸣信号的产生和倒数 10s 的判别。另外，七段数码管的译码显示也放在了该模块中，因为这些功能都是围绕着计数器而设计的，所以放在一个模块内是可以接受的，如果分得更细一些也可以单独做成模块。

【程序 7.3】测试模块代码如下：

```
 module tbdq;
         reg reset,clock;
         reg din1,din2,din3,din4,clear;
         wire beep;
         wire  [7:0]  number,cnt;
         initial
           begin
       reset=0;
       clock=0;
       clear=1;
       #10 reset=1;clear=0;
       #10 reset=0;clear=1;
       #20 din1=1;din2=0;din3=1;din4=1;
       @(posedge  beep);
       #20  clear=0;
       #20 $stop;
       end
       always   #5   clock=~clock;
         alldesign  iu(reset,clock,din1,din2,din3,din4,clear,number,cnt);
endmodule
```

4. 设计结果

测试模块中完成了一次抢答，2 号参赛者抢答成功，生成的波形如图 7.8 所示。图中保留了计数器部分的计数寄存器 count，该信号不在顶层模块，但是为了观察方便将其添

加进波形中。由图中可知，在 2 号参赛者信号有效后，start 信号变为高电平，计数器开始倒计时，在计数到 10 之前数码管的显示输出都是 ff，即全灭状态，直至计数到 9 开始，才依次改变至 0，此时蜂鸣信号 beep 变为高电平，同时计数输出全灭。最后 clear 信号变为低电平，整个计数器回到初始阶段。Dataflow 图如图 7.9 所示。

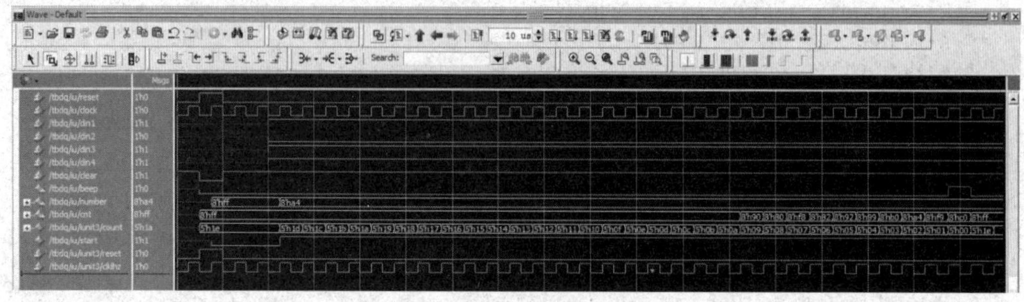

图 7.8　功能仿真波形

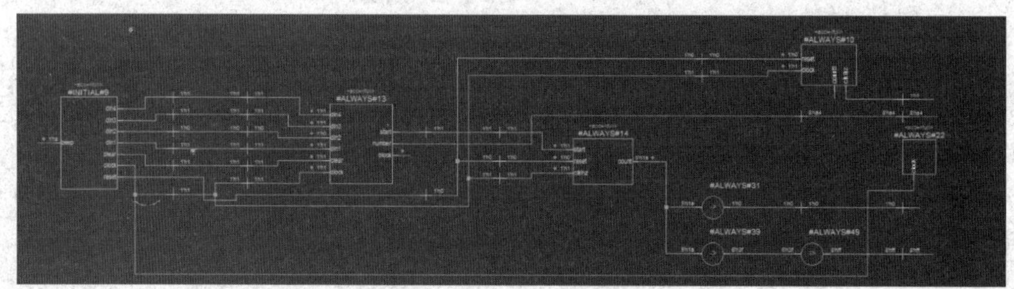

图 7.9　Dataflow 图

图 7.10 所示为整体模块结构图，可以看到各个模块之间的信号连接，单击可查看各个模块内部信号的情况，图 7.11 所示为分频器的电路结构，图 7.12 所示为倒计时模块的电路结构，图 7.13 所示为抢答器模块的电路结构。可以看到，在最右侧的输出端有两个寄存器产生输出，其中下方寄存器的输出信号产生反馈并接回到电路图中间多级译码器的输入端，这就是设计中的封闭信号，用于阻塞其他抢答器的选择信号。如果将其做成组合逻辑会产生混乱，读者可以一试。

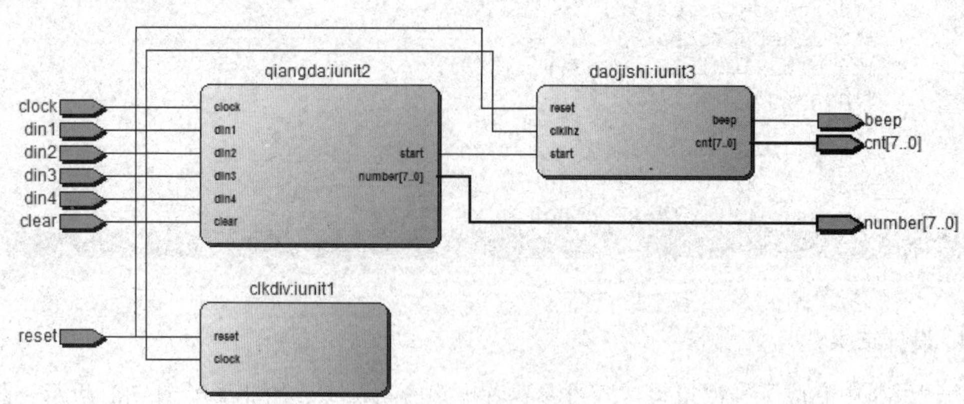

图 7.10　模块结构图

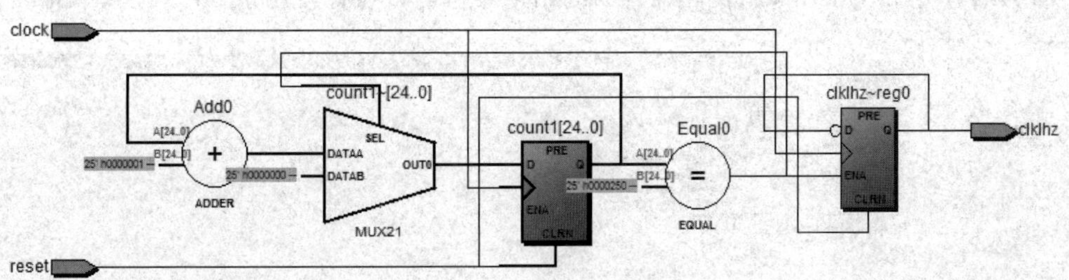

图 7.11　分频器模块

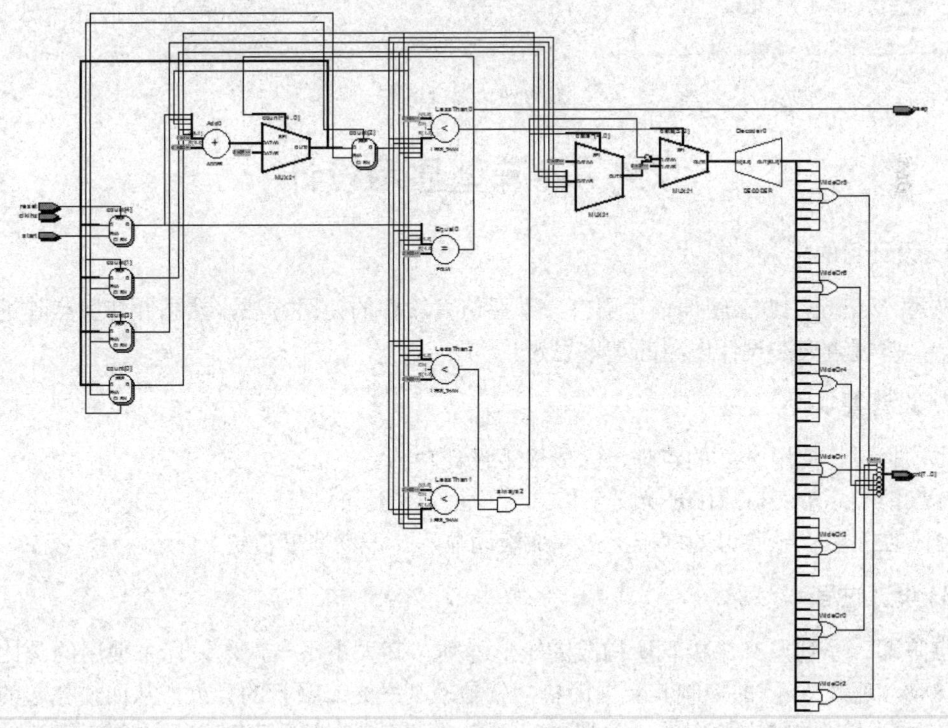

图 7.12　倒计时模块

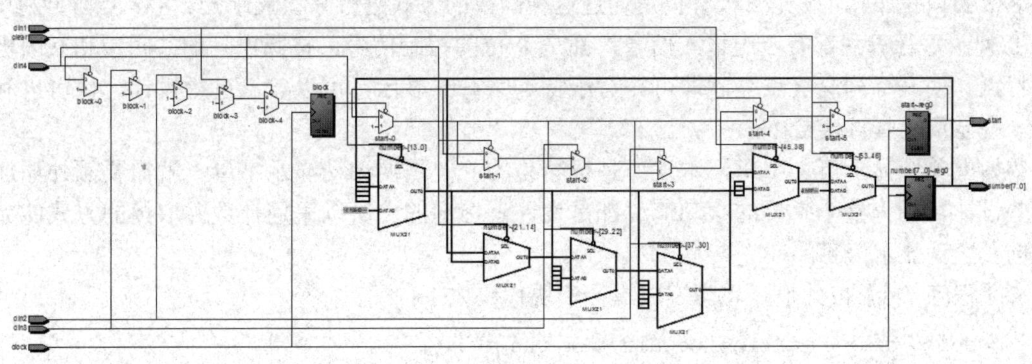

图 7.13　抢答器模块

图 7.14 所示为 Quartus II 软件综合后的结果分析，该设计使用了 38 个逻辑单元。

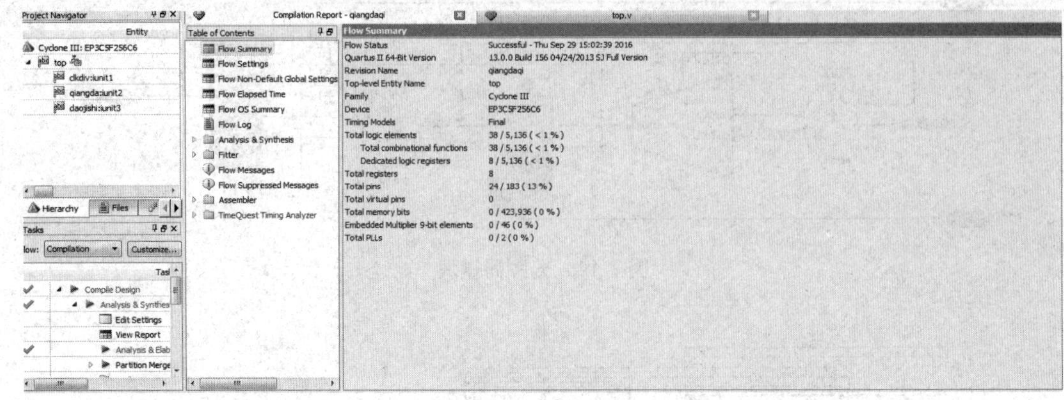

图 7.14　综合结果

7.4　点阵型显示设计

1. 设计目的

熟悉 Verilog HDL 硬件描述语言，掌握仿真软件的使用方法，熟悉并使用点阵进行电路设计，掌握查表法设计电路的基本思想。

2. 设计要求

本项目设计使用 8×8 的点阵，完成以下设计功能。

(1) 能显示 Verilog HDL 英文字母。

(2) 在正常显示字母的基础上，完成滚动显示，滚动速度自定。

3. 设计过程

点阵即一系列发光二极管所构成的矩形阵列，其大小不一，本设计中使用的是比较简单的 8×8 点阵。点阵的控制其实很简单，就是控制发光二极管的亮灭，从而使亮起的二极管能够显示出某些特定的字符，如把中间一行二极管点亮就显示为一。控制二极管的亮灭就是控制二极管的正、负极，使其阳极接高电平，阴极接低电平，这样二极管就能发光，而 8×8 点阵的 64 个发光二极管也是通过这种简单的方式进行亮灭显示的。8×8 点阵共有 8 行 8 列，每行每列都有一组输入信号，都是 8 位的控制信号，按照点阵的共阴极和共阳极等特点。使其行列交叉点亮起即可。对于特定字符的显示，可以自己进行设计，也可以利用一些显示工具直接给出。

如果单纯显示英文字母，本设计是很容易的，但是要滚动显示字母，就需要额外添加一些设计，因为整个字母的滚动情况都是设计者指定的，所以采用计数并取模的方式能完成向左滚动显示信息。

【程序 7.4】按此设计思想完成设计模块代码如下：

```
module  dianzhen(line,column,clk,reset);
        input  clk,reset;
        output   [7:0]  line,column;
```

```
reg[7:0]  line,column;
reg[7:0]   i,j,k;        //定义计算机用于显示具体一个点的参数
task dis;                //定义任务，用于显示
reg[7:0] column_tmp;     //行显示中间变量
reg[7:0] line_tmp;       //列显示中间变量

begin
case(i)                  //每个 i 值进来以后，判断需要显示一点的横坐标
0:column_tmp=8'h01;//
1:column_tmp=8'h02;//
2:column_tmp=8'h04;//
3:column_tmp=8'h08;//
4:column_tmp=8'h00;//
5:column_tmp=8'h00;//
6:column_tmp=8'h00;//
7:column_tmp=8'h00;//
8:column_tmp=8'h00;//
default: column_tmp=8'h00;
endcase

k=(i+j)%80;       //k 使字符能够向左移动，每移动一步，产生滚动效果
case(k)           //每个 k 值进来以后，判断需要显示一行上面的纵坐标上的数据
0:line_tmp=8'h00; //  V
1:line_tmp=8'h40; //
2:line_tmp=8'h78; //
3:line_tmp=8'h04; //
4:line_tmp=8'h02; //
5:line_tmp=8'h04; //
6:line_tmp=8'h78; //
7:line_tmp=8'h40; //
8:line_tmp=8'h00; //  e
9:line_tmp=8'h3C; //
10:line_tmp=8'h52; //
11:line_tmp=8'h92; //
12:line_tmp=8'h92; //
13:line_tmp=8'h52; //
14:line_tmp=8'h34; //
15:line_tmp=8'h00; //
16:line_tmp=8'h00; //  r
17:line_tmp=8'h00; //
18:line_tmp=8'h80; //
19:line_tmp=8'hFE; //
20:line_tmp=8'h10; //
21:line_tmp=8'h20; //
22:line_tmp=8'h40; //
23:line_tmp=8'h40; //
24:line_tmp=8'h00; //  i
25:line_tmp=8'h00; //
26:line_tmp=8'h00; //
27:line_tmp=8'h20; //
28:line_tmp=8'hBF; //
29:line_tmp=8'h02; //
30:line_tmp=8'h00; //
31:line_tmp=8'h00; //
32:line_tmp=8'h00; //  l
33:line_tmp=8'h00; //
34:line_tmp=8'h00; //
```

```
      35:line_tmp=8'h7E; //
      36:line_tmp=8'h02; //
      37:line_tmp=8'h02; //
      38:line_tmp=8'h00; //
      39:line_tmp=8'h00; //
      40:line_tmp=8'h00; //  o
      41:line_tmp=8'h3C; //
      42:line_tmp=8'h42; //
      43:line_tmp=8'h42; //
      44:line_tmp=8'h42; //
      45:line_tmp=8'h3C; //
      46:line_tmp=8'h00; //
      47:line_tmp=8'h00; //
      48:line_tmp=8'h00; //  g
      49:line_tmp=8'h00; //
      50:line_tmp=8'h64; //
      51:line_tmp=8'h92; //
      52:line_tmp=8'h92; //
      53:line_tmp=8'h6C; //
      54:line_tmp=8'h00; //
      55:line_tmp=8'h00; //
      56:line_tmp=8'h00; //  H
      57:line_tmp=8'hFE; //
      58:line_tmp=8'h10; //
      59:line_tmp=8'h10; //
      60:line_tmp=8'h10; //
      61:line_tmp=8'h10; //
      62:line_tmp=8'hFE; //
      63:line_tmp=8'h00; //
      64:line_tmp=8'h00; //  D
      65:line_tmp=8'h7E; //
      66:line_tmp=8'h42; //
      67: line_tmp=8'h42; //
      68:line_tmp=8'h42; //
      69:line_tmp=8'h3C; //
      70:line_tmp=8'h00; //
      71:line_tmp=8'h00; //
      72:line_tmp=8'h00; //  L
      73:line_tmp=8'h00; //
      74:line_tmp=8'h7E; //
      75:line_tmp=8'h02; //
      76:line_tmp=8'h02; //
      77:line_tmp=8'h02; //
      78:line_tmp=8'h02; //
      79:line_tmp=8'h00; //
      default:line_tmp=8'h00;
      endcase
      column =column_tmp;     //行输出赋值
      line =line_tmp;         //列输出赋值
    end
    endtask
  always @(posedge clk)
    if(reset)
    begin
      i=0;
      j=0;
    end
```

```
    else
    begin
      i=i+1;          //每个 clk 信号来了以后自动加 1
      if(i==9)
      begin
      i=0;            //8 行都显示完毕后归零
      j=j+1;          //同时纵向所有数据向左移动一位
     end //
     if(j==81)
     j=0;             //都完成移动后计数器 j 归零
    dis;              //调用显示任务，clk 连续不断，保持视觉暂留，形成滚动的 S 字样
  end
  endmodule
```

此代码中间部分是每个字母的显示处理。如果要显示更多的字母，就需要更多的显示驱动，在这些驱动信号的作用下点阵就能显示出所要表示的字母。

【程序 7.5】编写测试模块如下：

```
module tb8x8;
    reg clk,reset;
    wire [7:0]  line,column;
    initial
    begin
     clk=0;
    reset=0;
    #10   reset=1;
    #10   reset=0;
    #1000  $stop;
    end
  always  #5   clk=~clk;
  dianzhen8x8  i8x8(line,column,clk,reset);
endmodule
```

4. 设计结果

测试模块的仿真波形如图 7.15 所示，功能仿真就是在每次时钟信号的上升沿产生一组输出的行列信号，需要在实际电路中看到最后的结果。点阵显示 Dataflow 图如图 7.16 所示。该设计代码放入 Quartus II 中运行可得图 7.17 所示的电路结构图，由于电路图较大，只截取了其中一部分。点阵显示综合结果如图 7.18 所示。

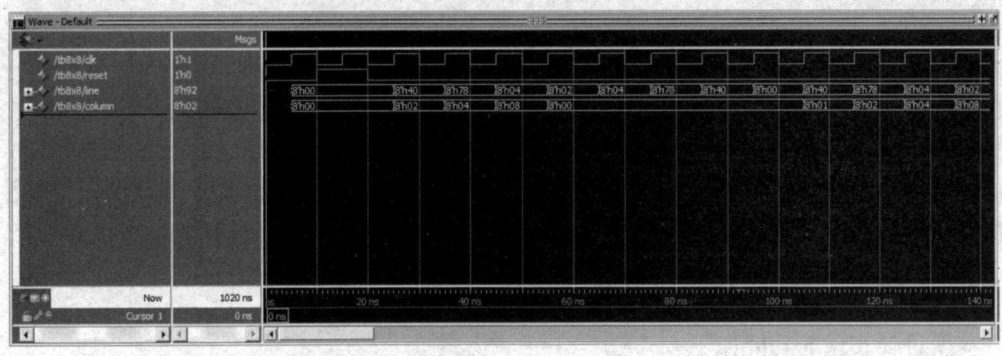

图 7.15　点阵显示功能仿真波形

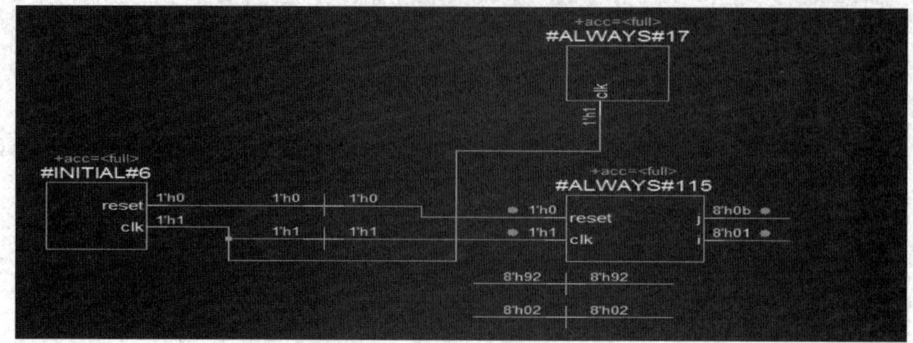

图 7.16　点阵显示 Dataflow

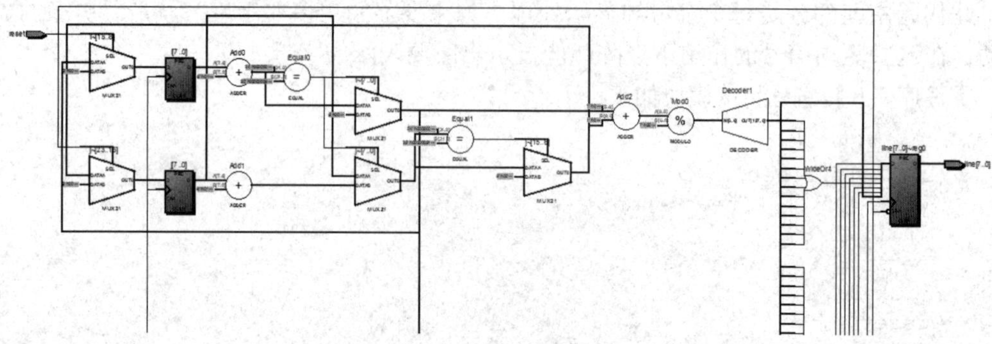

图 7.17　点阵显示电路结构图

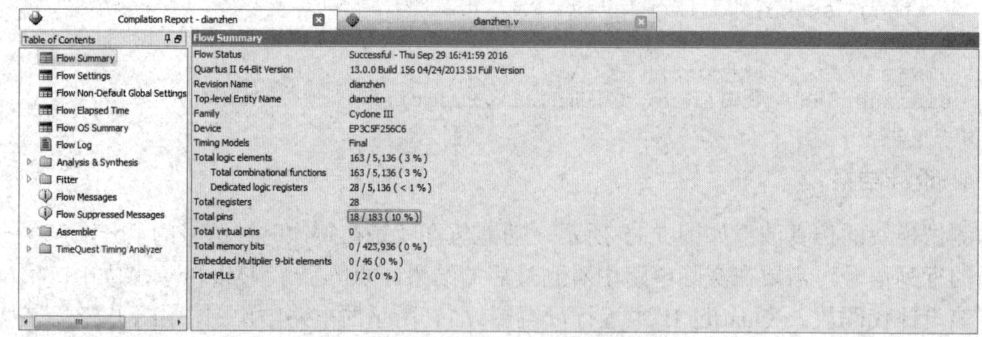

图 7.18　点阵显示综合结果图

7.5　数字闹钟设计

1. 设计目的

通过这个项目可以使学生更好地掌握 Verilog HDL 硬件描述语言，将理论知识转化为实际设计中的应用，同时在今后的实践和工作中具备最基本的专业知识和素质。

2. 设计要求

本项目要实现的功能如下。

(1)　具有基本计时功能。

(2) 具有闹钟功能，闹钟时间可调，闹钟自己到一定时间可停，中途可以通过按键停止。

3. 设计过程

设计一个时钟，具有表示时间、设置闹铃的功能。其设计重点在两个部分，即计时和闹钟。最主要的是第一个部分，即计时部分，此部分复杂之处在于要完成秒、分、小时的进位转换，其中秒和分的显示是 60 进制(这个部分在书中正文部分有成型的代码可供参考)，而小时部分需要设计者进行一番思考，因为小时部分要完成 00～23 的循环，这样就存在 3 次十位的变化：从 09 变为 10，从 19 变为 20，从 23 变为 00，这就不像 60 进制中只需要考虑末尾为 9 和高位为 5 两种情况。解决了 00～23 的计数循环也就解决了时钟部分的难点。

时钟部分还需要完成秒、分、时的进位功能，此时进位功能可以使用 if 嵌套语句在完成循环的同时实现进位，也可以分成三部分分别控制秒、分、时的进位情况，然后在 3 个部分之间使用进位信号进行连接。

闹钟部分相对较容易，只需要设计一个寄存器，把设置好的数据存放在寄存器中，仅保留小时和分数值，当时钟的时间与寄存器中存放的闹钟时间一致时就输出响铃信号。

本设计采用自顶向下的思想，共分为两个模块，即时钟分频模块和数字时钟模块。

【程序 7.6】按照上述设计思想，设计模块代码如下：

```
//顶层模块
module
clock_top(second,minute,hour,clk,m,h,a,b,c,c1,c2,c3,c4,c5,c6,reset);
  input b,c,clk,reset;
  input[7:0] m,h;
  output[6:0]c1,c2,c3,c4,c5,c6;
  output a;
  output[7:0] second,minute,hour;
  wire[7:0] m,h;
  wire b,c,clk,reset;

  fenpin fenpin1(reset,clk_1s,clk);
  clock clock1(second,minute,hour,clk_1s,m,h,a,b,c,c1,c2,c3,c4,c5,c6,reset);
endmodule

module fenpin(reset,clk_out,clk);
  input clk,reset;
  output clk_out;
  reg clk_out;
  reg[24:0] count;

  always@(posedge clk)
  begin
    if(reset)
      count<=0;
    else if(count==25'b1100100000000000000000000)
      begin
        count<=0;
        clk_out<=~clk_out;
```

```
      end
    else
      count<=count+1;
    end
  /*
    always@(clk)
clk_out=clk;   //测试时使用
*/
  endmodule


module clock(second,minute,hour,clk,m,h,a,b,c,c1,c2,c3,c4,c5,c6,reset);
  input b,c,clk,reset;
  input[7:0] m,h;
  output[7:0]second,minute,hour;
  output[6:0] c1,c2,c3,c4,c5,c6;
  output a;
  reg[7:0] second,minute,hour;
  reg[6:0] c1,c2,c3,c4,c5,c6;
  reg[7:0] m_reg,h_reg;
  reg a;

  //闹钟时间设置
  always@(m or h)
   begin
     m_reg=m;
     h_reg=h;
   end

   //时钟计数部分，完成秒、分、时的计数
   always@(posedge clk)
   if(reset)
     begin
       second<=0;
       minute<=0;
       hour<=0;
     end
   else
     begin
       if(second[7:4]==5)
         begin
           if(second[3:0]==9)
             begin
               second<=0;
               if(minute[7:4]==5)
                 begin
                   if(minute[3:0]==9)
                     begin
                       minute<=0;
                       if(hour[3:0]==3)
                         begin
                           if(hour[7:4]==2)
                             hour<=0;
                           else
                             hour[3:0]<=hour[3:0]+4'b0001;
```

```
          end
        else if(hour[3:0]==9)
          begin
            hour[3:0]<=0;
            hour[7:4]<=hour[7:4]+4'b0001;
          end
        else
          hour[3:0]<=hour[3:0]+4'b0001;
        end
      else
      minute[3:0]<=minute[3:0]+4'b0001;
    end
    else if(minute[3:0]==9)
        begin
          minute[3:0]<=0;
          minute[7:4]<=minute[7:4]+4'b0001;
        end
      else
        minute[3:0]<=minute[3:0]+4'b0001;
      end
    else
      second[3:0]<=second[3:0]+4'b0001;
    end
  else if(second[3:0]==9)
    begin
      second[3:0]<=0;
      second[7:4]<=second[7:4]+4'b0001;
    end
  else
    second[3:0]<=second[3:0]+4'b0001;
  end

  //判断部分，C为闹钟启动信号
always@(minute or hour or c or b)
  if(minute==m_reg&&hour==h_reg&&c==1)
    begin
      if(b==1)
        a=0;
      else
        a=1;
      end
    else
      a=0;

      //秒显示
      always@(second[3:0])
      begin
        case(second[3:0])
          4'b0000:c1=7'b1000000;
          4'b0001:c1=7'b1111001;
          4'b0010:c1=7'b0100100;
          4'b0011:c1=7'b0110000;
          4'b0100:c1=7'b0011001;
          4'b0101:c1=7'b0010010;
          4'b0110:c1=7'b0000010;
```

```
      4'b0111:c1=7'b1011000;
      4'b1000:c1=7'b0000000;
      4'b1001:c1=7'b0010000;
      default:c1=7'b1111111;
    endcase
end

//秒显示
always@(second[7:4])
begin
case(second[7:4])
     4'b0000:c2=7'b1000000;
      4'b0001:c2=7'b1111001;
      4'b0010:c2=7'b0100100;
      4'b0011:c2=7'b0110000;
      4'b0100:c2=7'b0011001;
      4'b0101:c2=7'b0010010;
      4'b0110:c2=7'b0000010;
      4'b0111:c2=7'b1011000;
      4'b1000:c2=7'b0000000;
      4'b1001:c2=7'b0010000;
      default:c2=7'b1111111;
    endcase
end

//分显示
always@(minute[7:4])
begin
case(minute[7:4])
      4'b0000:c3=7'b1000000;
      4'b0001:c3=7'b1111001;
      4'b0010:c3=7'b0100100;
      4'b0011:c3=7'b0110000;
      4'b0100:c3=7'b0011001;
      4'b0101:c3=7'b0010010;
      4'b0110:c3=7'b0000010;
      4'b0111:c3=7'b1011000;
      4'b1000:c3=7'b0000000;
      4'b1001:c3=7'b0010000;
      default:c3=7'b1111111;
    endcase
end

always@(minute[3:0])
begin
case(minute[3:0])
     4'b0000:c4=7'b1000000;
      4'b0001:c4=7'b1111001;
      4'b0010:c4=7'b0100100;
      4'b0011:c4=7'b0110000;
      4'b0100:c4=7'b0011001;
      4'b0101:c4=7'b0010010;
      4'b0110:c4=7'b0000010;
      4'b0111:c4=7'b1011000;
      4'b1000:c4=7'b0000000;
```

```
    4'b1001:c4=7'b0010000;
    default:c4=7'b1111111;
  endcase
end
//小时显示
always@(hour[3:0])
begin
case(hour[3:0])
    4'b0000:c5=7'b1000000;
    4'b0001:c5=7'b1111001;
    4'b0010:c5=7'b0100100;
    4'b0011:c5=7'b0110000;
    4'b0100:c5=7'b0011001;
    4'b0101:c5=7'b0010010;
    4'b0110:c5=7'b0000010;
    4'b0111:c5=7'b1011000;
    4'b1000:c5=7'b0000000;
    4'b1001:c5=7'b0010000;
    default:c5=7'b1111111;
  endcase
end
always@(hour[7:4])
begin
case(hour[7:4])
    4'b0000:c6=7'b1000000;
    4'b0001:c6=7'b1111001;
    4'b0010:c6=7'b0100100;
    4'b0011:c6=7'b0110000;
    4'b0100:c6=7'b0011001;
    4'b0101:c6=7'b0010010;
    4'b0110:c6=7'b0000010;
    4'b0111:c6=7'b1011000;
    4'b1000:c6=7'b0000000;
    4'b1001:c6=7'b0010000;
    default:c6=7'b1111111;
  endcase
end
endmodule
```

分频器模块完成从晶振到 1s 时钟的转换，在实际电路中使用很方便。但是如果在仿真时使用，由于需要等待很长时间，编写测试代码不容易掌握信号的变化情况；同时仿真时间过长会增加仿真器的负担，所以直接使用原始时钟作为分频后的 1s 时钟可以加快仿真的速度。

【程序 7.7】编写测试模块验证设计的正确性，代码如下：

```
module tbclk;
  wire[6:0] c1,c2,c3,c4,c5,c6;
  wire a;
  wire[7:0] second,minute,hour;
  reg b,c,clk,reset;
  reg[7:0] m,h;
  initial
  begin
    clk=0;
    reset=0;
    h=8'h02;
```

```
    m=8'h30;
    c=1;
    b=0;
    #10 reset=1;
    #50 reset=0;
    @(posedge a);
    #10 b=1;
    #20 b=0;
    h=8'h4;
    m=8'h0;
    @(posedge a);
    #200 $stop;
  end
  always #5 clk=~clk;
  clock_top
clktop(second,minute,hour,clk,m,h,a,b,c,c1,c2,c3,c4,c5,c6,reset);
endmodule
```

4. 设计结果

仿真后的波形图和 Dataflow 图如图 7.19 和图 7.20 所示，秒计到 60 时，分进位，与实际电路相符。电路图和综合结果如图 7.21 至图 7.24 所示。

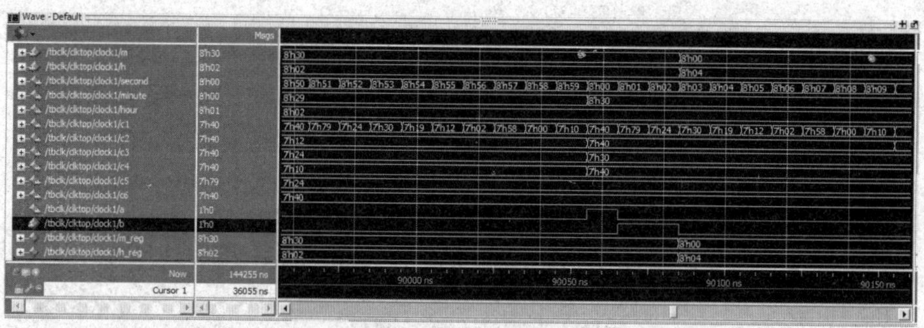

图 7.19　数字时钟波形图

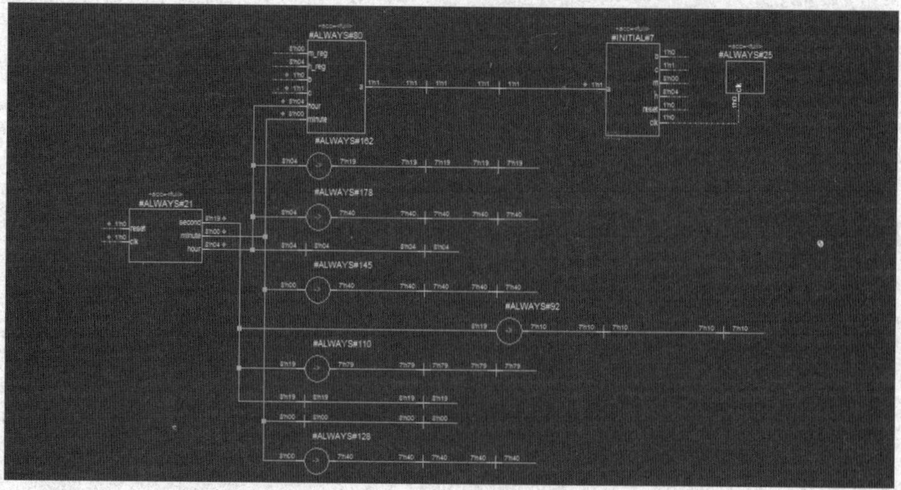

图 7.20　数字时钟 Dataflow 图

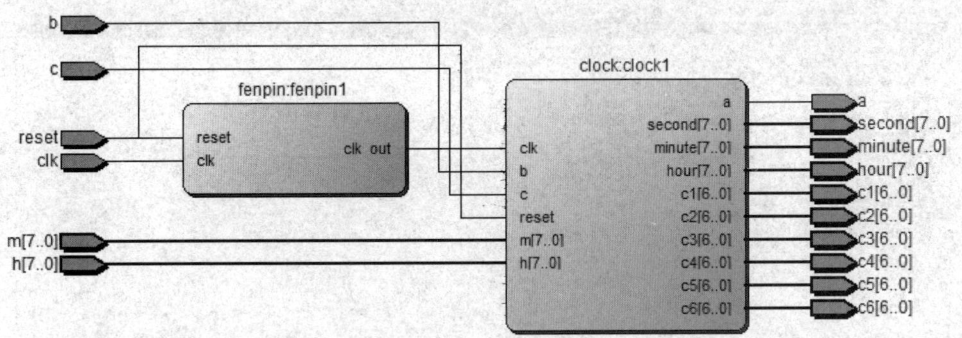

图 7.21　数字时钟电路图

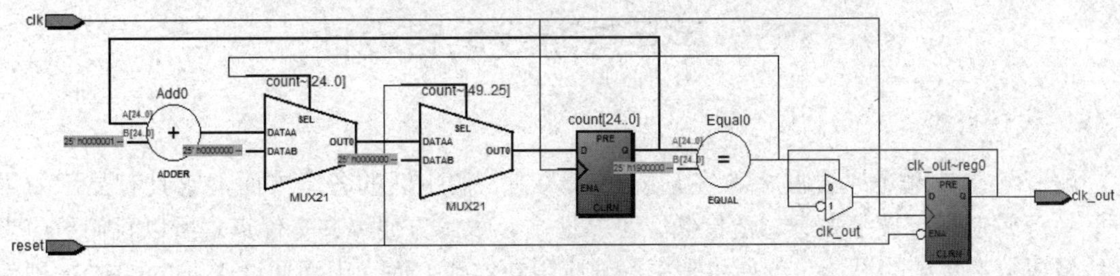

图 7.22　数字时钟分频器模块

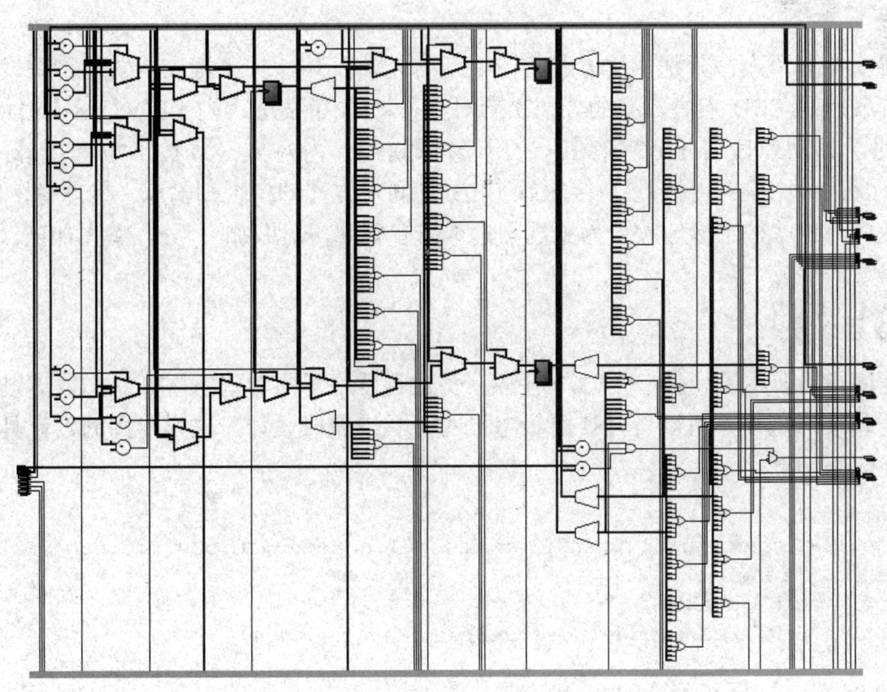

图 7.23　数字时钟电路图

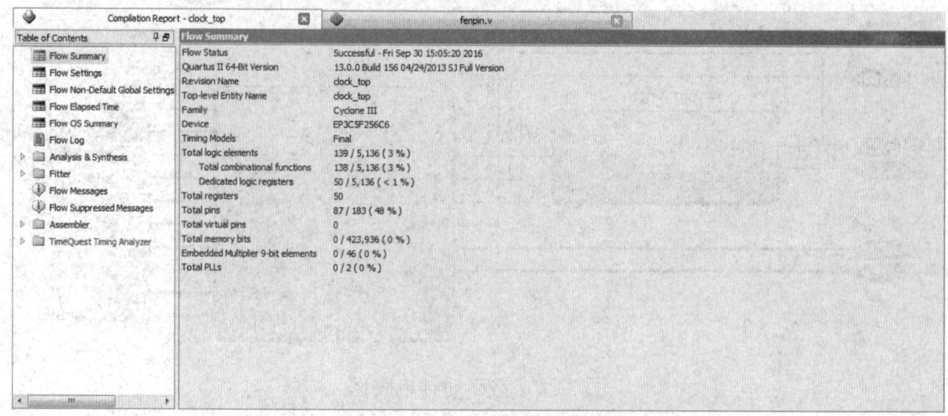

图 7.24　数字时钟综合结果

7.6　乒乓球游戏电路设计

1. 设计目的

随着科学技术迅速发展，数字系统已深入到人们生活的各个方面，它具有显示效果好、经济效益高、技术先进、造价低、可靠性高、维修方便等许多优点。所以我们更应当熟练掌握数字系统的设计，以便将来更好地应用在实践方面。下面通过 Verilog HDL 硬件描述语言，设计一款乒乓球游戏电路，用给定的一个信号来满足灯的亮、灭与移动，进而实现迷你的乒乓球游戏。

2. 设计要求

该游戏共有两人，分别为甲方和乙方，双方轮流发球，按下键表示发球。在发球后，离发球方最近的 LED 点亮，亮的灯依次向对方移动(如甲发球，则 LED 灯从 LED01 开始向右移动，移动速度自定)，当到达最后一位时，1s 内对方必须按下按键接球(如到达 LED07 时乙必须在 1s 内按键)，接球后 LED 灯向对方移动；否则输球。接球时，LED 没有亮到最后一位就按下接球按键为犯规。输球或者犯规，对方加 1 分，率先加到 11 分者游戏胜出。

3. 设计过程

【程序 7.8】本设计是一个时序电路，而且明显有不同的状态区分，如发球过程、球移动过程和接球过程，所以可以使用状态机的方式来完成设计，这样得到的设计具有时序性。设计代码如下：

```
module
pingp(clk,reset,push1,push0,led,decode1,decode2,decode3,decode4,clk_out);
input clk,reset;
  input push1,push0;
  output[6:0] led,decode1,decode2,decode3,decode4;
  output clk_out;
  fenpin hz(reset,clk_out,clk);
```

```
  ctl
ctl1(.clk(clk_out),.reset(reset),.push1(push1),.push0(push0),.led(led),.
decode1(decode1),.decode2(decode2),.decode3(decode3),.decode4(decode4));
endmodule
module ctl(clk,reset,push1,push0,led,decode1,decode2,decode3,decode4);
  input clk,reset;
  input push1,push0;
  output[6:0] led,decode1,decode2,decode3,decode4;
  reg[3:0] M,N;
  reg[6:0] led,decode1,decode2,decode3,decode4;
  reg[2:0] state;

  parameter s0=3'b000,s1=3'b001,s2=3'b010,s3=3'b011,s4=3'b100;
    always@(posedge clk)
    begin
      if(reset)
        begin
          led<=7'b0000000;
          M<=4'b0000;
          N<=4'b0000;
        end
      else
        begin
          case(state)
            s0:   begin
                   led<=7'b0000000;
                   if(push0)
                     begin
                       state<=s1;
                       led<=7'b1000000;
                     end
                   else if(push1)
                     begin
                       state<=s3;
                       led<=7'b0000001;
                     end
                   end
            s1:   begin
                   if(push1)
                     begin
                       state<=s0;
                       M<=M+4'b0001;
                     end
                   else if(led==7'b0000001)
                     begin
                       state<=s2;
                     end
                   else
                     begin
                       state<=s1;
                       led[6:0]<=led[6:0]>>1;
                     end
                   end
            s2:    begin
                     if(push1)
```

```
                    begin
                      state<=s3;
                      led<=7'b0000010;
                    end
                  else
                    begin
                      state<=s0;
                      M<=M+4'b0001;
                    end
                  end
          s3:    begin
                  if(push1)
                    begin
                      state<=s0;
                      N<=N+4'b0001;
                    end
                  else if(led==7'b1000000)
                    begin
                      state<=s4;
                    end
                  else
                    begin
                      state<=s3;
                      led[6:0]<=led[6:0]<<1;
                    end
                  end
          s4:     begin
                  if(push0)
                    begin
                      state<=s1;
                      led=7'b0100000;
                    end
                  else
                    begin
                      state<=s0;
                      N<=N+4'b00001;
                    end
                  end
          default:    state<=s0;

       endcase

         if(M==4'b1001||N==4'b1001)
                    begin
                      M<=4'b0000;
                      N<=4'b0000;
                    end


                  end
                end

  always@(M or N)
```

```
begin
     case(M)
       8'b0000:   begin
                   decode2<=7'b1000000;
                   decode1<=7'b1000000;
                 end
       8'b0001:   begin
                   decode2<=7'b1000000;
                   decode1<=7'b1111001;
                 end
       8'b0010:   begin
                   decode2<=7'b1000000;
                   decode1<=7'b0100100;
                 end
       8'b0011:   begin
                   decode2<=7'b1000000;
                   decode1<=7'b0101111;
                 end
       8'b0100:   begin
                   decode2<=7'b1000000;
                   decode1<=7'b0011001;
                 end
       8'b0101:   begin
                   decode2<=7'b1000000;
                   decode1<=7'b0010010;
                 end
       8'b0110:   begin
                   decode2<=7'b1000000;
                   decode1<=7'b0000010;
                 end
       8'b0111:   begin
                   decode2<=7'b1000000;
                   decode1<=7'b1111000;
                 end
       8'b1000:   begin
                   decode2<=7'b1000000;
                   decode1<=7'b0000000;
                 end
       8'b1001:   begin
                   decode2<=7'b1000000;
                   decode1<=7'b0010000;
                 end
       8'b1010:   begin
                   decode2<=7'b1111001;
                   decode1<=7'b1000000;
                 end
       8'b1011:   begin
                   decode2<=7'b1111001;
                   decode1<=7'b1111001;
                 end
        default:    begin
                   decode2<=7'b1000000;
                   decode1<=7'b1000000;
```

```
                end

        endcase

        case(N)

            8'b0000:    begin
                          decode4<=7'b1000000;
                          decode3<=7'b1000000;
                        end
           8'b0001:    begin
                          decode4<=7'b1000000;
                          decode3<=7'b1111001;
                        end
           8'b0010:    begin
                          decode4<=7'b1000000;
                          decode3<=7'b0100100;
                        end
           8'b0011:    begin
                          decode4<=7'b1000000;
                          decode3<=7'b0101111;
                        end
           8'b0100:    begin
                          decode4<=7'b1000000;
                          decode3<=7'b0011001;
                        end
           8'b0101:    begin
                          decode4<=7'b1000000;
                          decode3<=7'b0010010;
                        end
           8'b0110:    begin
                          decode4<=7'b1000000;
                          decode3<=7'b0000010;
                        end
           8'b0111:    begin
                          decode4<=7'b1000000;
                          decode3<=7'b1111000;
                        end
           8'b1000:    begin
                          decode4<=7'b1000000;
                          decode3<=7'b0000000;
                        end
           8'b1001:    begin
                          decode4<=7'b1000000;
                          decode3<=7'b0010000;
                        end
           8'b1010:    begin
                          decode4<=7'b1111001;
                          decode3<=7'b1000000;
                        end
           8'b1011:    begin
                          decode4<=7'b1111001;
                          decode3<=7'b1111001;
                        end
            default:    begin
```

```
                decode4<=7'b1000000;
                decode3<=7'b1000000;
              end
        endcase

    end
  endmodule
```

可以看出，在设计模块中使用了一个状态机来完成不同情况的转换。在初始状态下 LED 灯全灭，随着游戏者拨动开关，push1 和 push0 信号产生变化，进入下属的 4 个不同状态。例如，甲发球则进入 s_1 状态，此状态的主要功能是完成 LED 灯从左向右的移动过程，并且判断在此过程中的乙方是否输入值，如果在 s_1 状态中乙方有输入，表示球未到而乙已经拨动了开关，此时乙输而甲得分。而如果在球移动的过程中乙未接球，则在 LED 灯移动到乙处时进入 s_2 状态，即乙接球状态。在 s_2 状态中如果乙方有输入，则表示接球成功，进入 s_3 状态；如果乙方没有输入，则表示接球失败，甲得分。接下来 s_3 状态和 s_1 状态相似，只是球的运行方向变为由乙向甲，如果甲有输入则甲输，如果甲没有输入则等到 LED 灯移动到甲处进入 s_4 状态。s_4 状态与 s_2 状态相似，如果甲接球成功则进入 s_1 状态，完成循环，如果甲接球失败则算甲输。

【程序 7.9】编写测试代码如下：

```
module tbpingp;
  reg clk,reset;
  reg push1,push0;
  wire[6:0] led,decode1,decode2,decode3,decode4;
  wire clk_out;
  initial
  begin
    clk=0;
    reset=0;
    #10 reset=1;
    #20 reset=0;
  end
  always #5 clk=~clk;
  initial
  begin
    push1=0;
    push0=0;
    #40 push1=1;
    #10 push1=0;
    repeat(7) @(posedge clk);
    push0=1;
    #20 push0=0;
    repeat(3)@(posedge clk);
    push1=1;
    #10 push1=0;
    #30;
    @(posedge clk)
    #5 push1=1;
    #10 push1=0;
    #100 $stop;
```

```
  end
  pingp
pingpang(clk,reset,push1,push0,led,decode1,decode2,decode3,decode4,clk_o
ut);
endmodule
```

4. 设计结果

运行测试模块得到图 7.25 所示的仿真波形图。该波形图中体现了两种情况：第一种情况出现在 reset 高电平之后，push1 出现高电平，表示乙发球，接下来在 LED 灯移动到甲处时(即 LED 值为 1000000 时)push0 出现高电平，表示甲接起球，然后在未到接球位置时 push1 再次出现高电平，表示乙接球失败，M 计数为 0001；第二种情况是接下来继续 push1 再次变为 1，在移动到甲处时没有甲的输入信号，所以甲输，此时 N 计数变为 0001。这样，分别模拟了接到一次发球和没有接到发球两种情况。图 7.26 所示为乒乓球游戏 Dataflow 图。

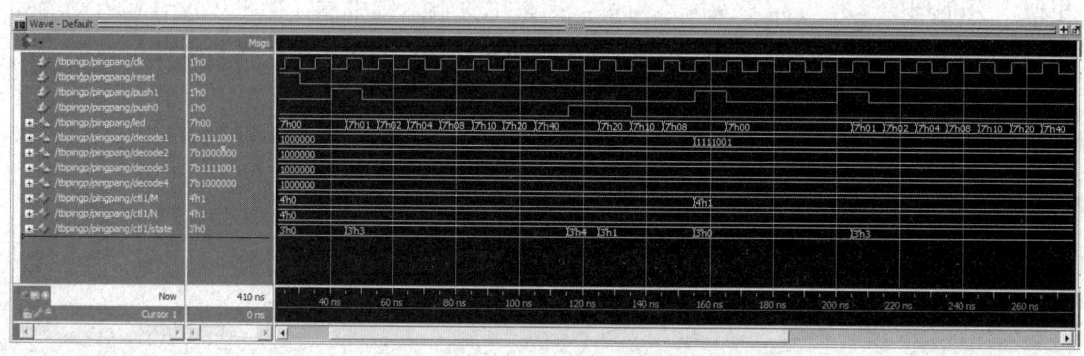

图 7.25　乒乓球游戏功能仿真波形图

由于该游戏电路实际硬件验证结果更加直观，所以可以使用开发板做硬件验证，使用 Quartus II 可以得到图 7.27 所示的状态转换图，对照程序代码和设计要求可以检查状态转换是否相符。检查无误后，可以调用 TRL 视图功能得到图 7.28 所示的电路结构图，图中左上角的矩形区域是状态机电路，完成的就是图 7.27 所示的状态转换图。乒乓球游戏控制电路如图 7.29 所示，其综合结果如图 7.30 所示。

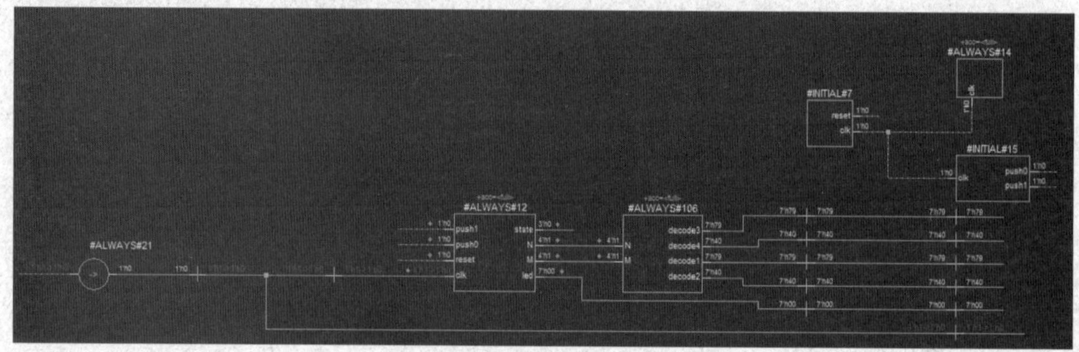

图 7.26　乒乓球游戏 Dataflow 图

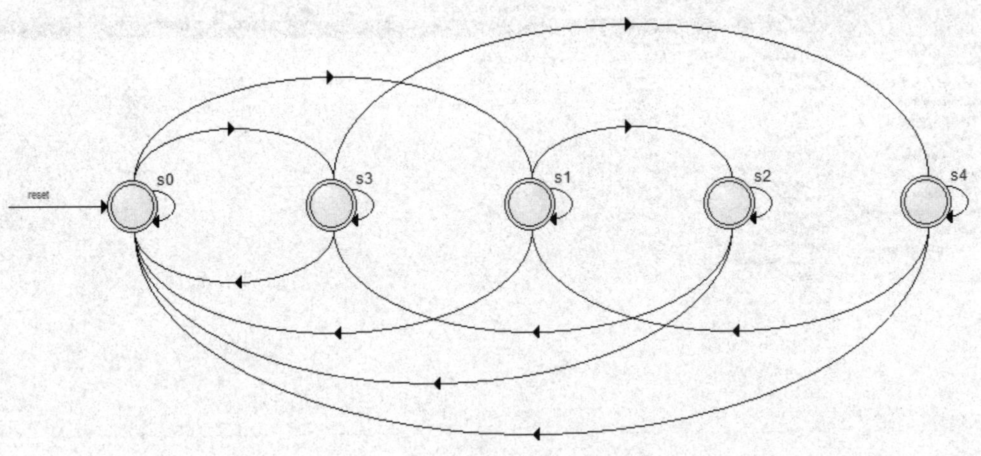

图 7.27　状态转换图

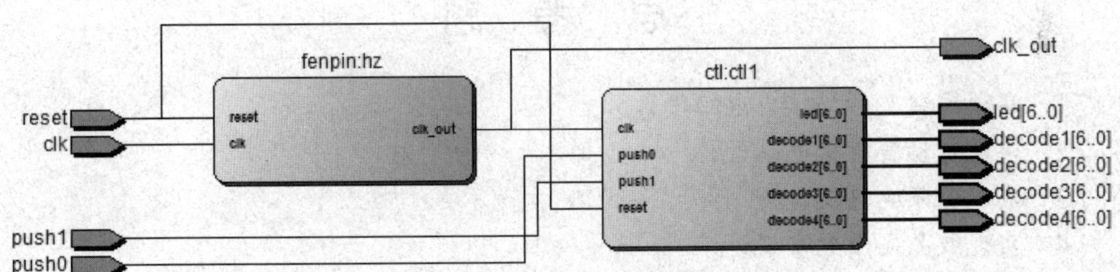

图 7.28　乒乓球游戏电路结构图

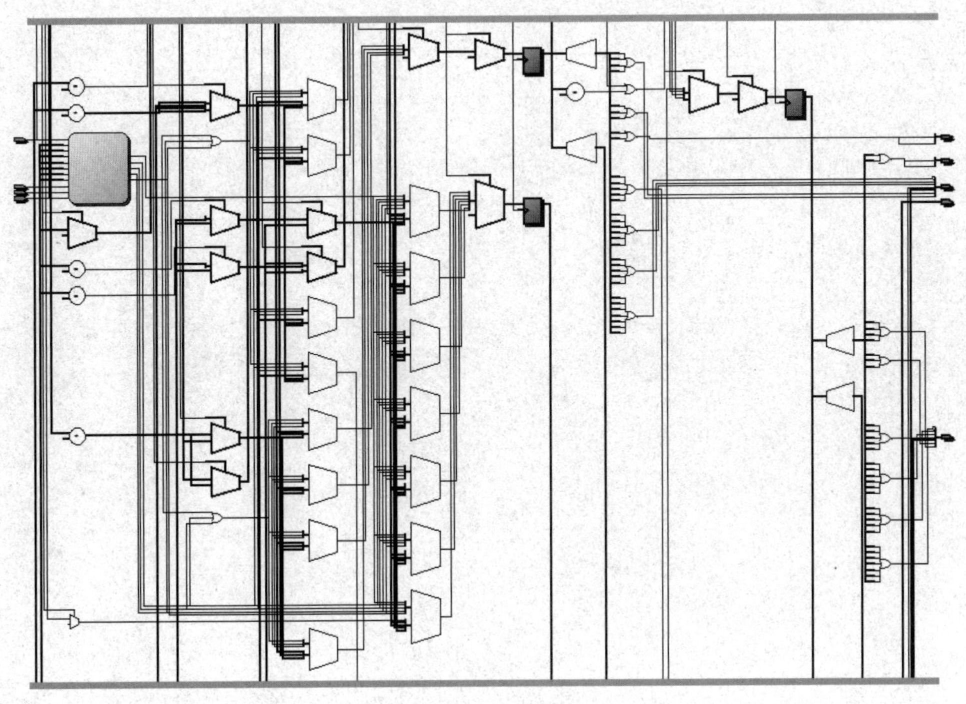

图 7.29　控制电路图

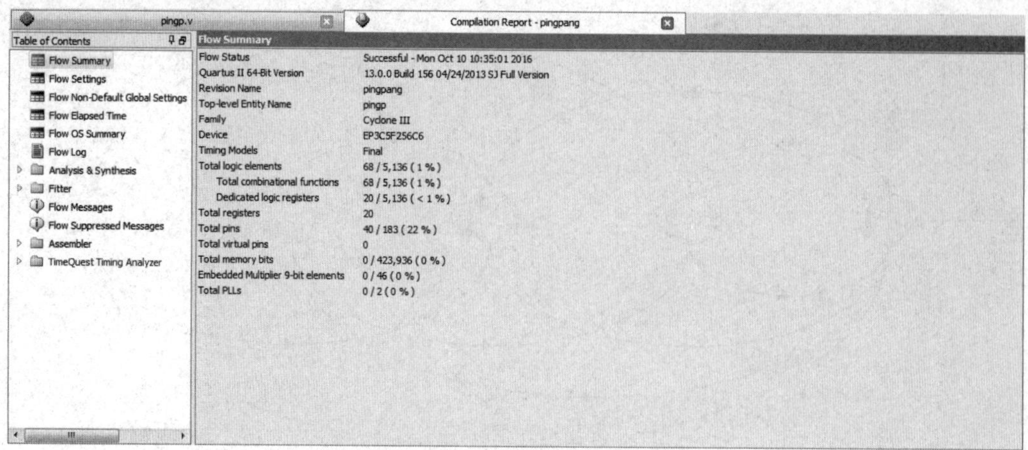

图 7.30　综合结果图

思　考　题

7.1　实现按键及防抖接口电路设计。

7.2　实现自动售货机电路设计。

7.3　实现音频电路设计。

7.4　实现液晶显示电路设计。

第 8 章

基于 SOPC 的 FPGA 系统设计实例

学习目标：

- 理解 SOPC 系统的概念
- 掌握 SOPC 系统的开发流程
- 掌握 Nios II CPU 开发的基本流程
- 掌握运用 Nios II IDE 进行 C 语言编程的方法
- 掌握 Nios II 集成开发环境的应用

本章重点：

- 掌握 SOPC 系统的开发流程
- 掌握 Nios II CPU 开发的基本流程
- 掌握运用 Nios II IDE 进行 C 语言编程的方法
- 掌握 Nios II 集成开发环境的应用

本章难点：

- 掌握 SOPC 系统的开发流程
- 掌握 Nios II 集成开发环境的应用

HELLO 实验(1)

HELLO 实验(2)

HELLO 实验(3)

HELLO 实验(4)

并行 ADC_DAC 实验 (1)

并行 ADC_DAC 实验 (2)

定时器实验(1)

定时器实验(2)

流水灯实验(1)

流水灯实验(2)

SOPC(System-On-a-Programmable Chip)即可编程片上系统。用可编程逻辑技术把整个系统放到一块硅片上，称为 SOPC。SOPC 是一种特殊的嵌入式系统。首先它是片上系统(SOC)，即由单个芯片完成整个系统的主要逻辑功能；其次，它是可编程系统，具有灵活的设计方式。SOPC 系统将传统的 EDA 技术、计算机系统、嵌入式系统、DSP 等融为一体，结合了 SOC 和 PLD、FPGA 各自的优点，已经成为集成电路未来的发展方向，广泛应用到汽车、军事、航空航天、广播、测试和测量、消费类电子、无线通信、医疗、有线通信等领域。本章以 Altera 公司的 NIOS II 软核为例，介绍 SOPC 技术、设计流程以及几个典型的设计实例。

8.1 SOPC 系统概述

数字电路高度集成化是现代电子发展的大趋势，SOPC 的概念也应运而生。它是指在单个芯片上集成一个完整的系统，一般包括系统级芯片控制逻辑模块、微处理器/微控制器内核模块、数字信号处理器模块、存储器或存储器控制模块、与外部通信的各种接口协议模块、含有 ADC/DAC 的模拟前端模块、电源及功耗管理模块，是一个具备特定功能、应用于特定产品的高度集成电路。

SOPC 其实就是系统小型化的代名词。如图 8.1 所示，一个相对复杂的系统采用传统的设计方案可能需要一个 CPU 做整体控制，一个 FPGA 做接口的逻辑黏合和信号的预处理，还需要一个 DSPs 做复杂的算法实现，Flash 和 SDRAM 分别作为程序存储器和数据缓存器，此外还会有一些专用的外设模块，这些器件都放置在一块或者数块电路板上。这样一个系统显得相当繁杂，不仅调试难度大，而且系统维护也不方便。

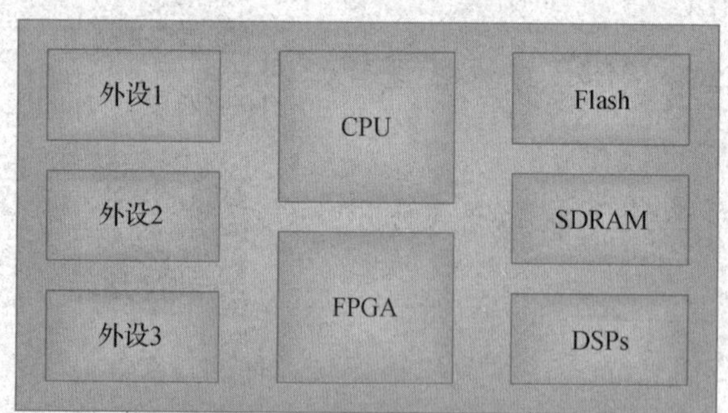

图 8.1　传统的复杂系统

基于 FPGA 的 SOPC 提出了这样一种解决方案：如图 8.2 所示，FPGA 内部集成了 CPU、DSPs 以及各种接口控制模块，对存储量要求不大的系统甚至集成了外部的 Flash 和 SDRAM。

可以看出，SOPC 就是一颗比 MCU 更强大的 MCU。它的贡献在于系统的完全自主定制性。有了 SOPC，设计者就不必在众多型号的外设和处理器中做选择，一切由设计者自己做主。这就是 SOPC 相对于以往的嵌入式系统设计最大的特点和优势。

要进行 SOPC 系统设计，就需要一个强大的系统开发工具。Altera 的 FPGA 开发工具

Quartus II 中集成的 Qsys 可以帮助设计者定义并生成一个完整的片上可编程系统，它比传统的手动集成方式要方便得多。Qsys 中可以添加各种 Altera 的 FPGA 器件使用的硬核或软核处理器、常用外设以及用户自定义的定制外设，使用灵活方便。

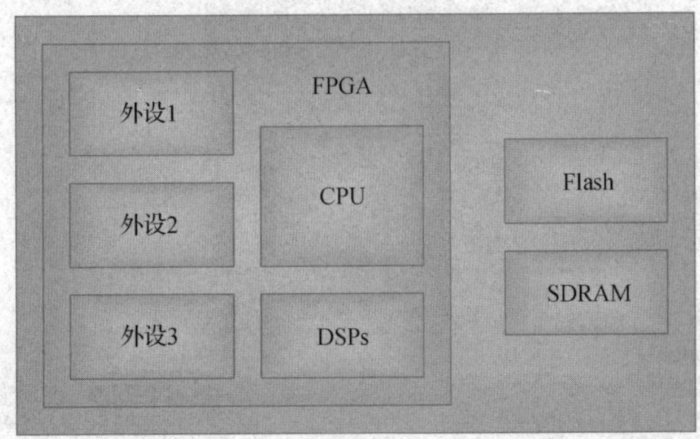

图 8.2　基于 FPGA 的 SOPC

设计者可以使用 Qsys 生成基于 Nios II 处理器的嵌入式系统。Nios II 处理器是 2004 年由 Altera 公司推出的 32 位 SOPC 嵌入式处理器，其特点如下。

(1) 采用流水线技术、单指令流的 32 位通用 RISC 处理器。

(2) 提供全 32 位的指令集、数据总线和地址总线。

(3) 提供 32 个通用寄存器。

(4) 提供 32 个外部中断源。

(5) 提供结果为 32 位的单指令 32×32 乘除法。

(6) 提供专用指令计算结果为 64 位和 128 位的乘法。

(7) 可以定制单精度浮点计算指令。

(8) 提供对各种片内外设的访问及与片外外设和存储器的接口。

(9) 硬件辅助的调试模块，在 IDE 环境下可完成开始、停止、断点、单步执行、指令跟踪等基本调试和高级调试功能。

(10) 高达 218DMIPS 的性能。

可以看出，Nios II 处理器拥有普通嵌入式处理器的一切特点，还能根据系统需要灵活地对各功能模块进行调整，其中可配置性是其最大特点。基于 Nios II 处理器的 SOPC 开发流程如图 8.3 所示。

实际上，SOPC 的开发流程就是一个软硬件协同开发的过程。首先根据硬件需要，决定使用何种性能的 CPU，再加入系统需要的外设(SRAM、Flash、Timer、UART、Timer 和 GPIO 等)，一个基本的硬件系统便搭建起来了。利用开发工具，对这些像积木一样搭起来的系统进行编译，产生 FPGA 可以识别的文件，再对这些文件进行编译，使其满足加载 FPGA 的代码的要求，这样一个硬件平台就全部完成了。接下来的工作就是软件开发，在软件集成开发环境 Nios II IDE 中编写代码，编译后下载到 CPU 中进行调试。

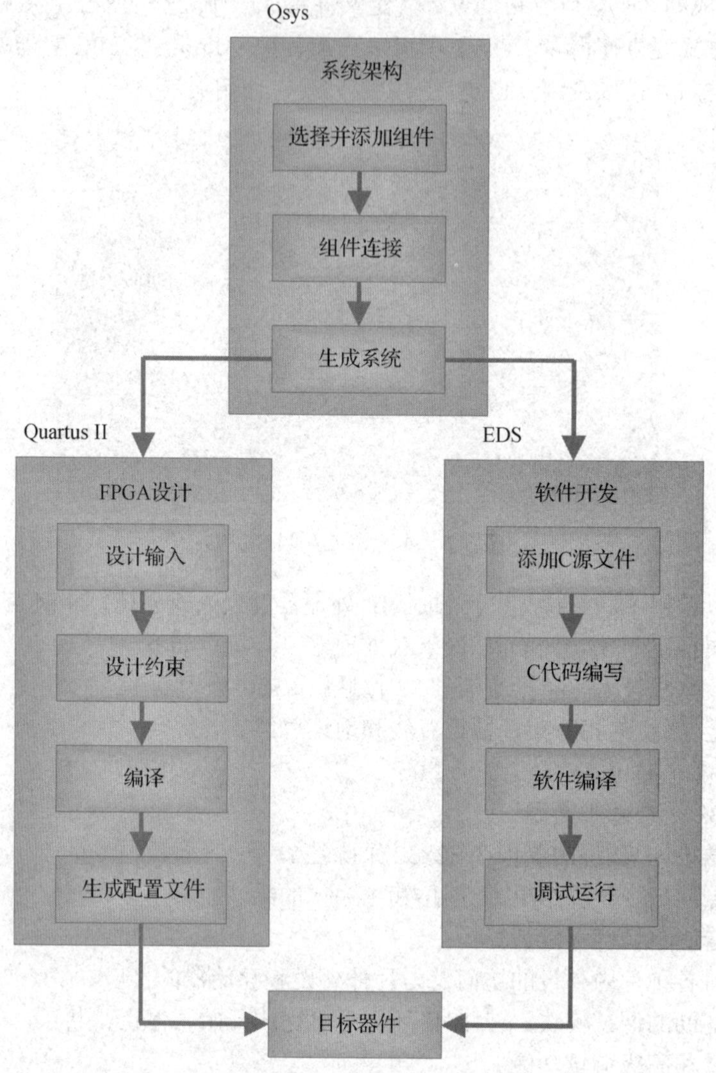

图 8.3　SOPC 系统开发流程

8.2　HELLO 实验

1. 设计目的

本实验的设计目的主要是为了让学生对 SOPC 有一个感性认识，熟悉使用 Quartus II 开发 SOPC 的基本流程；熟悉使用 SOPC Builder 进行 Nios II CPU 开发的基本流程；熟悉使用 Nios II IDE 进行 C 语言编译、下载的基本过程；通过此项目熟练掌握整个 Nios II 集成开发环境的应用方法。

2. 设计要求

(1) 设计一个最简单的系统，其中包括 Nios II CPU、作为标准输入输出的 JTAG UART 以及存储执行代码 onchip_rom。

(2) 在 Quartus II 中完成硬件开发。

(3) 在 Nios II IDE 中编写一个最简单的 C 代码，对其编译后，通过 USB 下载电缆下载到 FPGA 中执行，

(4) 在 Nios II IDE 的 Console 窗口打印 10 条信息——“Hello from Nios II！”。

3. 设计思想和过程

实际上，SOPC 的开发流程是一个软硬件协同开发的过程。首先根据硬件需要，决定使用何种性能的 CPU，加入系统需要的外设(SRAM、Flash、Timer、UART、Timer 和 GPIO 等)，此时一个基本的硬件系统便搭建起来了。利用专用工具，对这些像积木一样搭起来的系统进行编译，产生 FPGA 软件可以识别的文件，然后再用 FPGA 专用软件对这些文件进行编译，产生满足加载 FPGA 的代码，这样一个硬件平台就全部完成了。接下来的工作就是软件开发，在软件集成开发环境中编写代码，编译后下载到 CPU 中进行调试。整个过程中，软件工作量相对较大。下面对 Altera 的软件开发环境做一些简要说明。

Nios II CPU 使用的开发环境叫有 Nios II IDE，它是 Nios II 系列嵌入式处理器的基本开发工具。所有开发任务都可以在 Nios II IDE 下完成，包括编辑、编译和调试程序。Nios II IDE 提供了一个统一的开发平台，用于所有 Nios II 处理器系统。仅仅通过一台 PC、一片 Altera 的 FPGA 以及一根 JTAG 下载电缆，软件开发人员就能够向 Nios II 处理器系统中写入程序以及和 Nios II 处理器系统进行通信。

下面详细介绍本设计的实验步骤。

(1) 在“开始”菜单中打开 Quartus II 12.0。

(2) 选择 File→New Project Wizard 命令，新建一个工程。本实验以../exp1_hello 文件夹(文件夹名称中不能含有空格、不能带中文路径)为例，工程名称为 test，如图 8.4 所示。

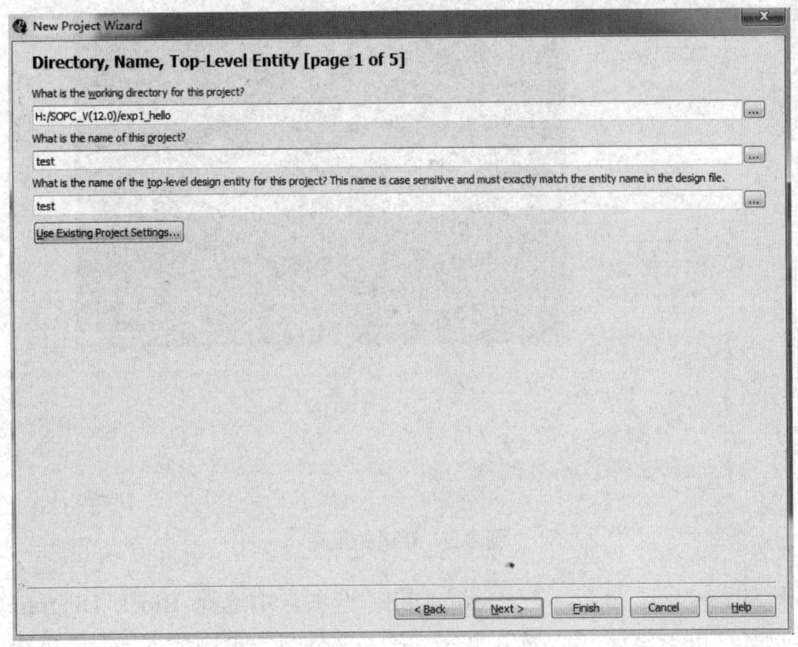

图 8.4　新建工程

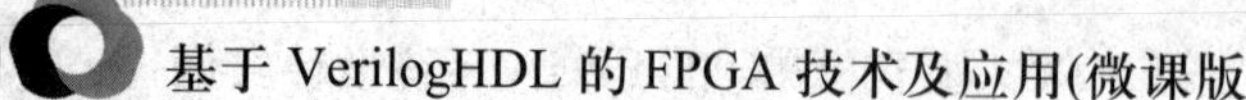

(3) 单击 Next 按钮，进入添加工程文件步骤。由于工程全部为空，所以也没有文件加入，因此直接单击 Next 按钮进入选择芯片步骤(在 Family 下拉列表框中选择 Cyclone IV E，然后在 Available devices 列表框中选择 EP4CE40F29C6)，如图 8.5 所示。

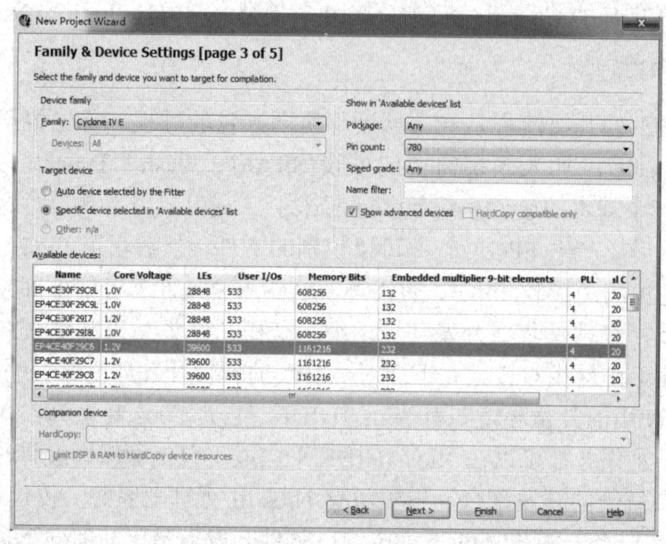

图 8.5　选择芯片

(4) 单击 Next 按钮，进入选择其他 EDA 工具窗口。本实验中不需要任何 EDA 工具，所以直接单击 Next 按钮，然后再单击 Finish 按钮，完成新工程的创建，如图 8.6 所示。

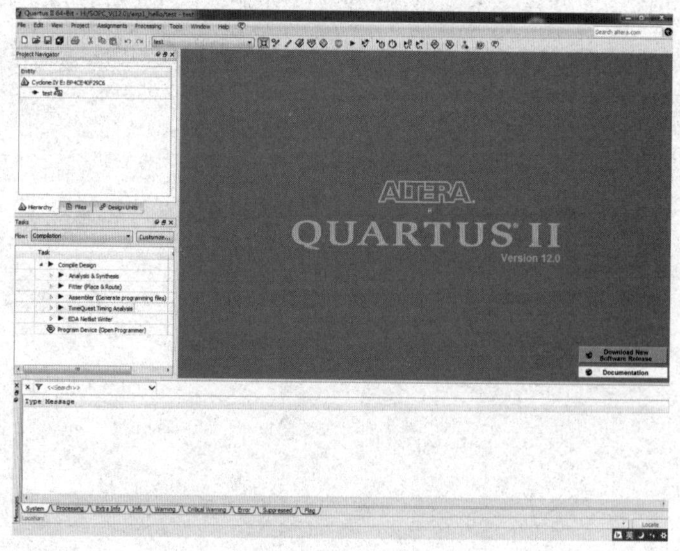

图 8.6　新建的工程

(5) 选择 File→New 命令，在 Design File 选项卡中选择 Block Diagram/ Schematic File。然后再选择 File→Save As 菜单命令，在“文件名”框中输入 test，单击“保存”按钮，新建一个工程设计文件，如图 8.7 所示。

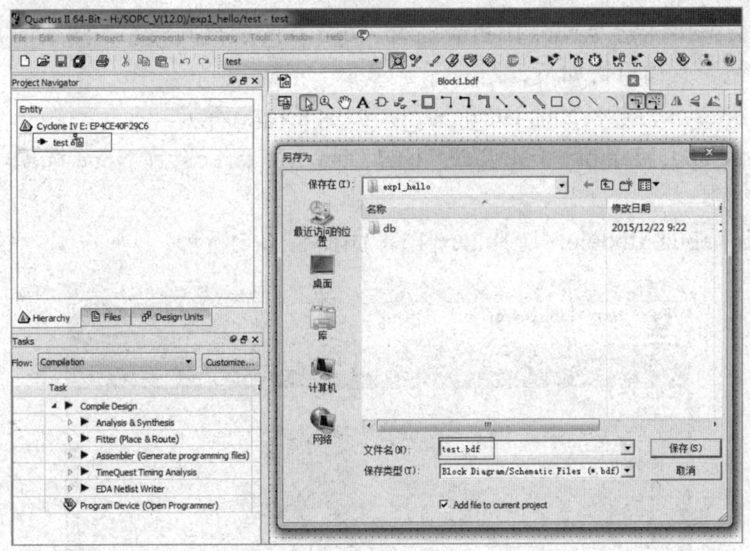

图 8.7　另存文件

(6) 选择 Tools→SOPC Builder 命令，启动 SOPC Builder 工具，SOPC Builder 启动时显示 Create New System 对话框，如图 8.8 所示。在对话框的 System Name 文本框中输入 Kernel，并在 Target HDL 选项组中选中 Verilog 单选钮，然后单击 OK 按钮，创建一个名为 Kernel 的 Nios II 软核。

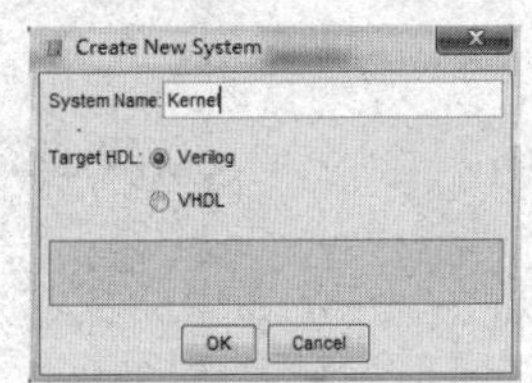

图 8.8　Create New System 对话框

(7) 单击 OK 按钮，开始创建属于自己的系统，如图 8.9 所示。

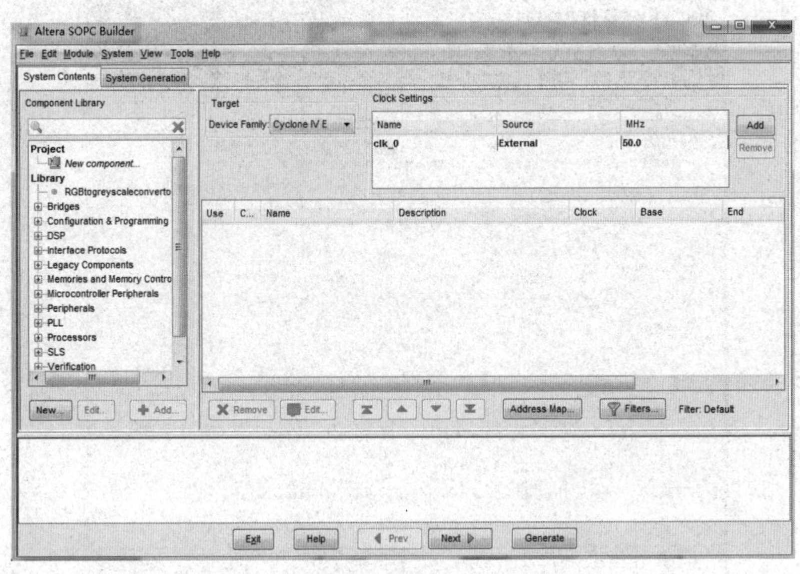

图 8.9　不带有模块的 SOPC Builder

(8) 进入 32 位 Nios CPU。在 Altera SOPC Builder 下面选择 Nios II Processor，单击

Add 按钮，将会弹出标题为 Nios II Processor - cpu_0 的配置向导，如图 8.10 所示，设置完单击 Finish 按钮。具体设置如下。

① Core Nios II：选中 Nios II/f 单选钮，如图 8.10(a)所示。

② Caches and Memory Interfaces 下的 Data Master：选择 None 选项，如图 8.10(b)所示。

③ JTAG Debug Module：选择 Level 1，如图 8.10(c)所示。

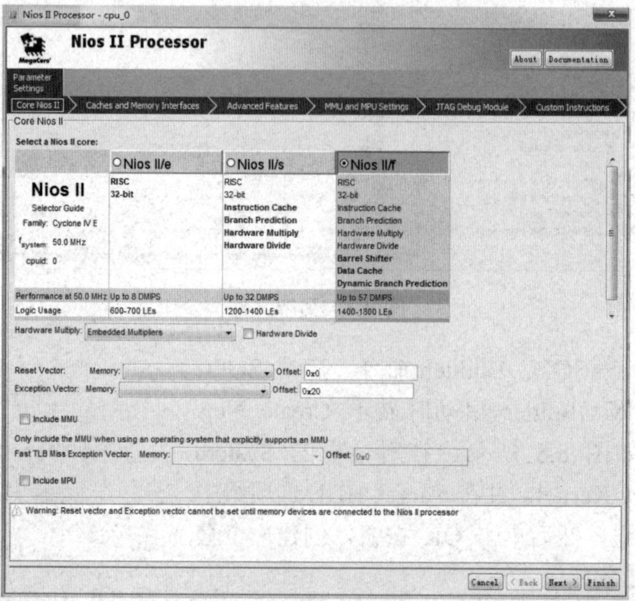

(a) Core Nios II 选型

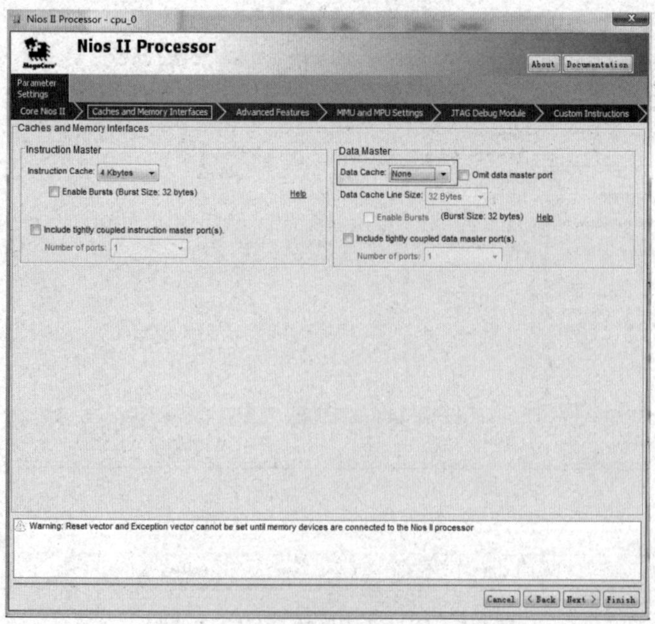

(b) Data Master 配置

图 8.10 NiosII Processor_cpu 配置

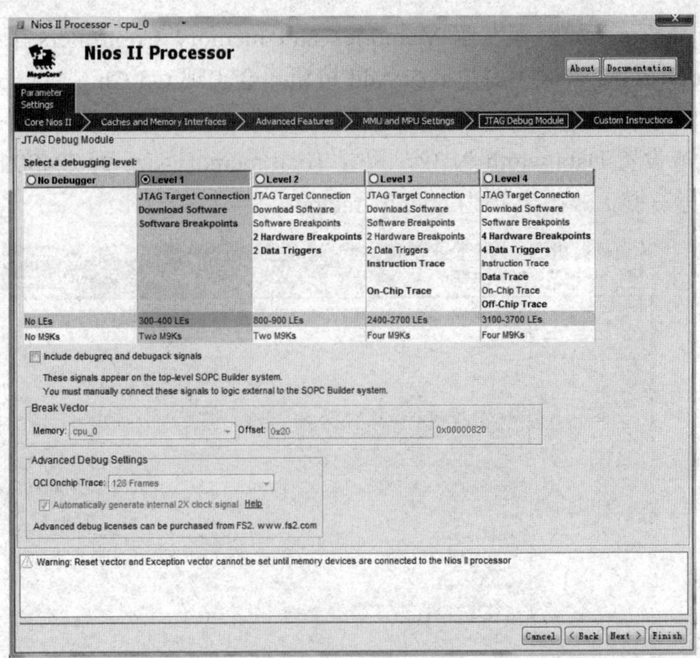

(c) JTAG Debug Module 模式

图 8.10　NiosII Processor_cpu 配置(续)

注意：加入 Nios CPU 后，会在 SOPC Builder 消息窗口出现警告信息，这些信息会在后面向系统加入其他模块后消失，因此在这个阶段是可以忽略的。这时图 8.10(a)中的 Reset Vector 和 Exception Vector 是不能设置的，要在加入 onchip_rom 后才能设置。

(9) 右键单击加入的 Nios II CPU，选择 Rename 命令，将其命名为 CPU，将时钟修改为 clk，如图 8.11 所示。

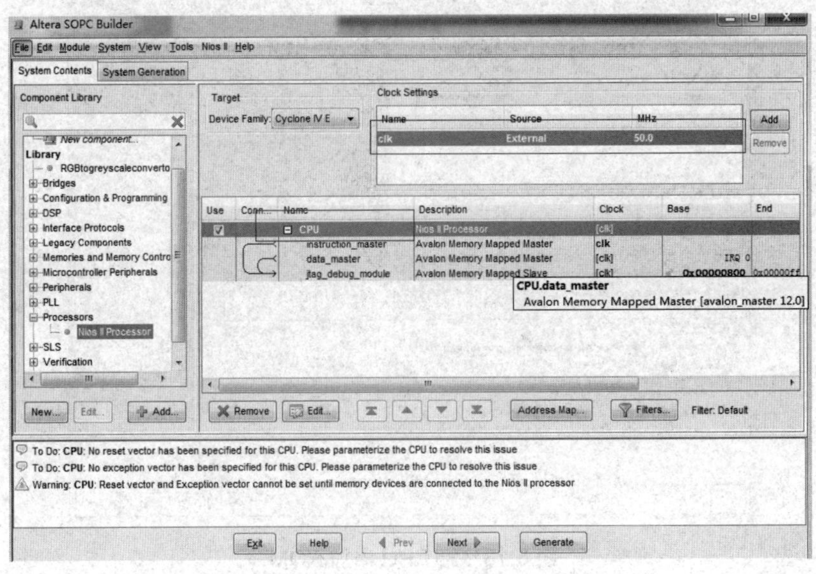

图 8.11　加入名为 CPU 的 Nios II 系统

(10) 加入 onchip_rom。在左侧 Memories and memory Controllers 下的 on-chip 中选择 On-Chip Memory(RAM or ROM)并单击 Add 按钮，会出现 On-Chip Memory(RAM or ROM)配置向导，如图 8.12 所示。

在 Size 区域设置 Data width 为 32，设置 Total memory size 为 20480 bytes。单击 Finish 按钮，单击鼠标右键，修改名字为 onchip_memory。

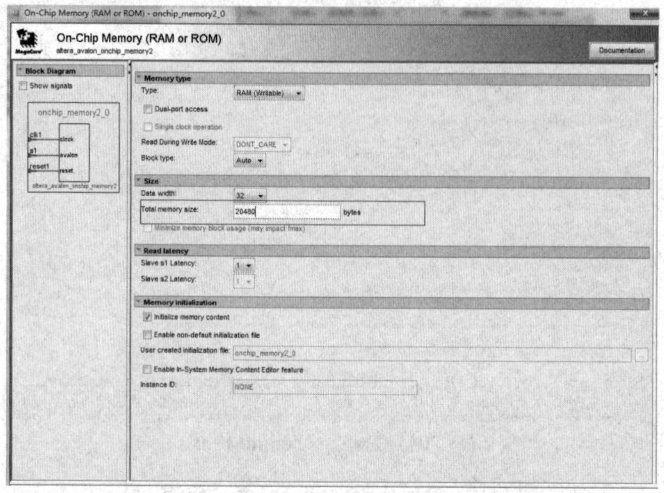

图 8.12　On-Chip Memory(RAM or ROM)设置向导

(11) 双击 CPU，设置如图 8.13 所示。

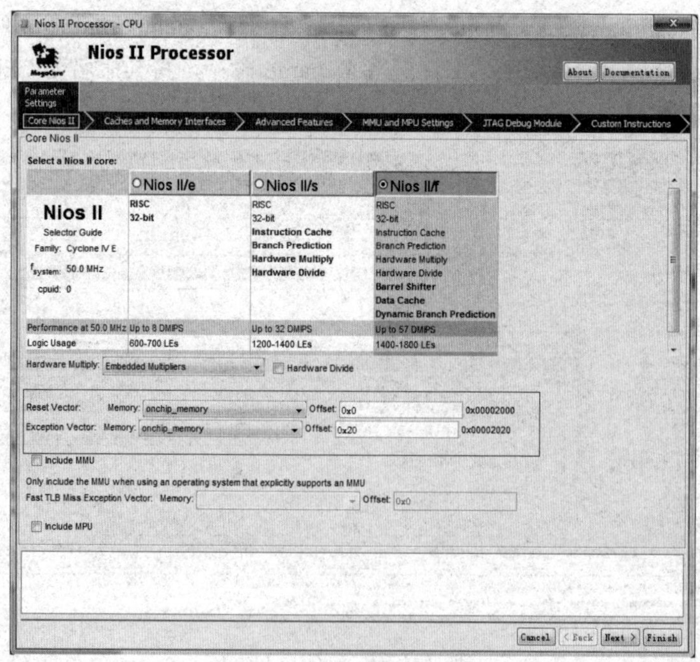

图 8.13　给 CPU 添加 ROM

设置 Reset Vector：Memory 为 onchip_rom，设置 Exception Vector：Memory 为 onchip_rom。

单击 Finish 按钮，这时可以看到还有红色警告，选择 System→Assign Base Addresses 命令，重新分配器件地址，这时所有警告和错误都没有了。

(12) 加入 JTAG UART。单击 Interface Protocols→Serial 中的 JTAG UART，图 8-14 所示。在 Write FIFO 区域设置 Buffer depth 为 64，设置 IRQ threshold 为 8；在 Read FIFO 区域设置 Buffer depth 为 64，设置 IRQ threshold 为 8。单击 Finish 按钮，即可把 JTAG UART 添加到新建系统中。

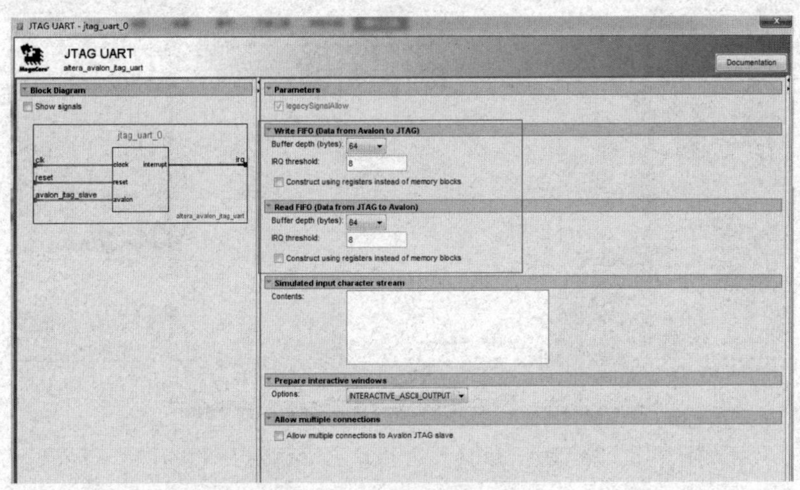

图 8.14　JTAG UART 设置项

(13) 右键单击加入的 JTAG UART，选择 Rename 命令，将其命名为 JTAG_UART。

(14) 至此，本实验所需的系统设置就全部完成了，如图 8.15 所示。当软件提示有基地址冲突时，可选择 System→Auto-Assign Base Address 命令，重新分配基地址(注意：以前出现的错误会消失)。

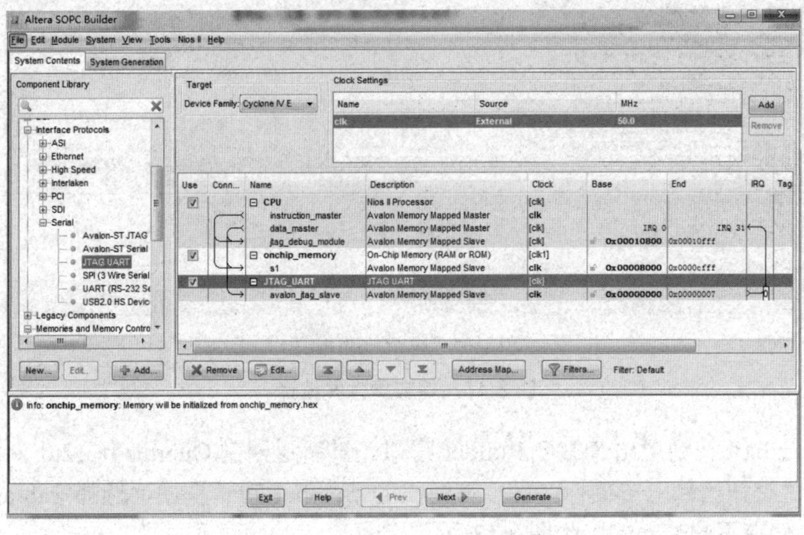

图 8.15　本实验中创建的系统

(15) 这时系统 IP 模块就添加并设置好了，单击 System Generation 标签，保持默认的配置，然后再单击 Altera SOPC Builder 窗口下方的 Gernerate 按钮。当提示保存信息时，文件名一定要和 Nios II 软核名字一样；否则再次打开时会报错。这里保存为 Kernel，如图 8.16(a)所示。在生成过程中，相关消息会出现在 System Gerneration 选项卡的消息框中。系统编译结束后如果编译通过，会出现图 8.16(b)所示的提示界面。

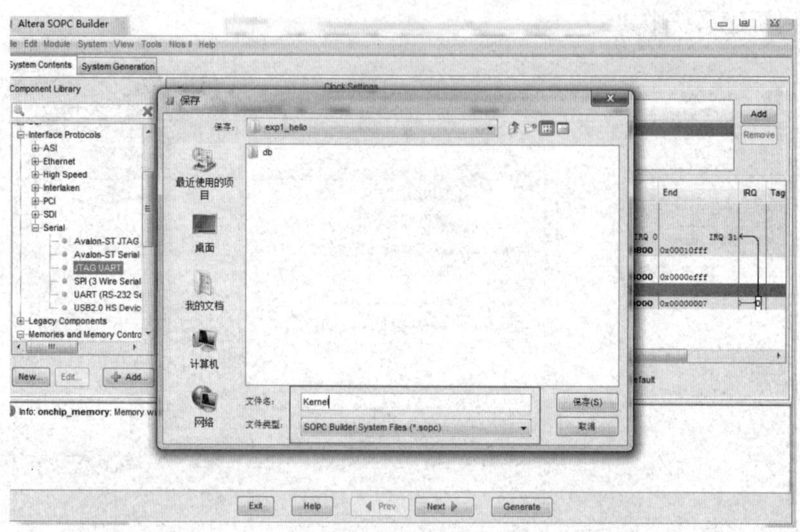

(a) 保存软核配置文件

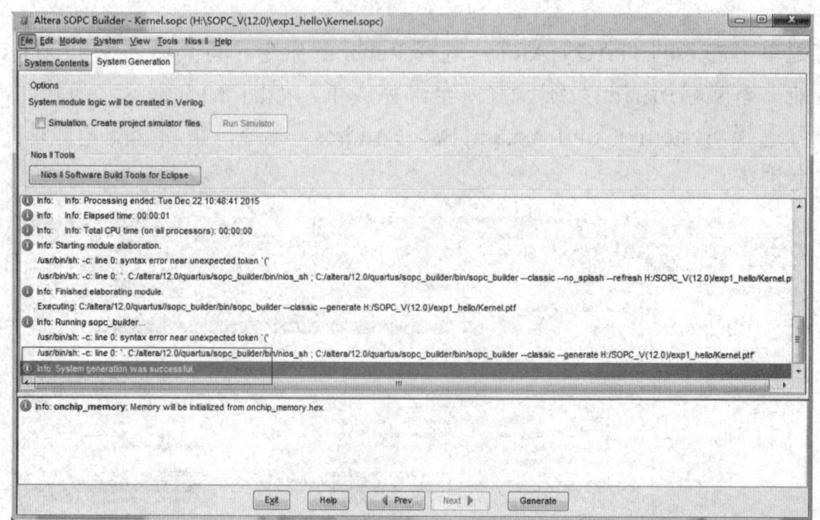

(b) 系统编译成功界面

图 8.16 保存文件并编译

(16) 单击 Exit 按钮退出 SOPC Builder 窗口。重新返回到 Quartus II 12.0 窗口，在新建的原理图文件空白区域双击鼠标左键，在弹出的 Symbol 对话框中，选择 Libraries 列表框中 Project 文件夹下的 Kernel，如图 8.17 所示。

(17) 单击 OK 按钮，添加 SOPC Builder 产生的 Kernel 内核到创建的工程文件中。

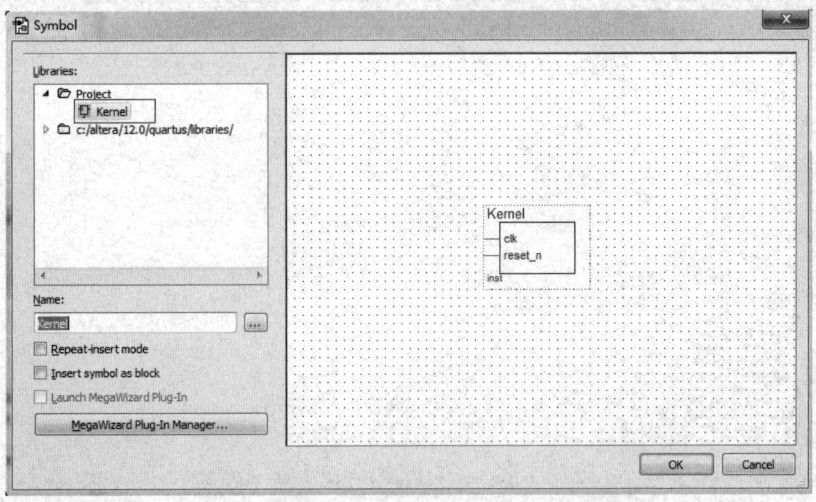

图 8.17　选择添加到 Quartus II 工程中的器件

(18) 选择 File→Save 命令(也可直接单击工具栏上的“保存”按钮)，此时会弹出图 8.18 所示的另存为对话框，直接单击“保存”按钮即可。此时的工程文件界面如图 8.19 所示。

图 8.18　保存工程文件

(19) 加入输入端口。在工程文件的空白处双击鼠标左键，在弹出的 Symbol 对话框侧 Name 输入框中输入 input，并选中 Repeat-insert mode 复选框，如图 8.20 所示。

(20) 单击 OK 按钮后，在工程文件空白处单击两次鼠标左键，即可加入两个 INPUT 端口，然后按键盘左上角的 Esc 键，取消加入符号的操作。

(21) 修改端口名。双击端口，将两个端口的 pin_name 分别改为 clk 和 reset_n，如图 8.21 所示。

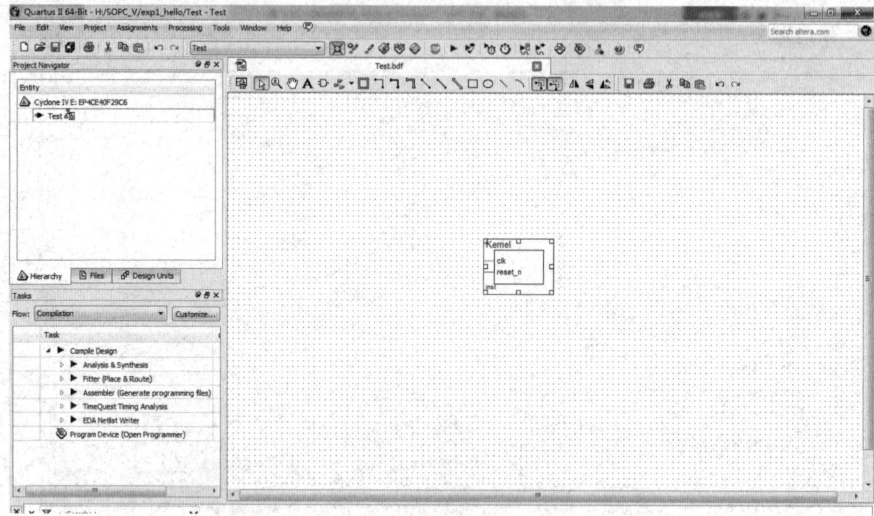

图 8.19　添加 Kernel 系统后的工程文件界面

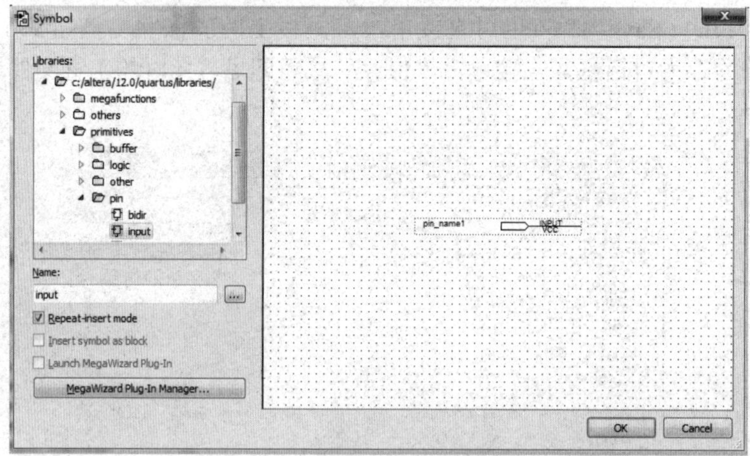

图 8.20　给工程文件加入 INPUT 端口

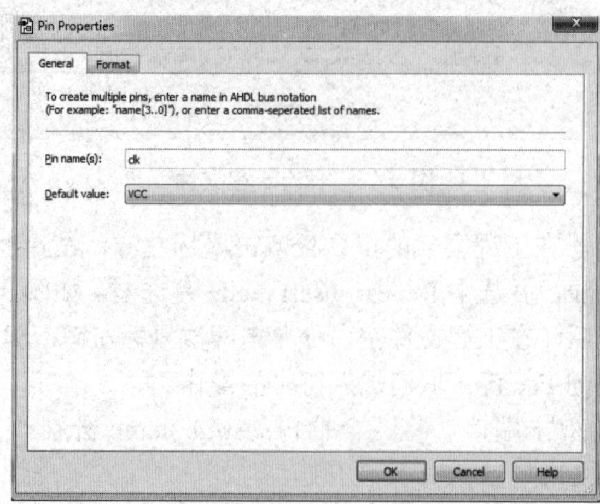

图 8.21　更改引脚名称

连接好的 Hello_Nios_II 工程如图 8.22 所示。

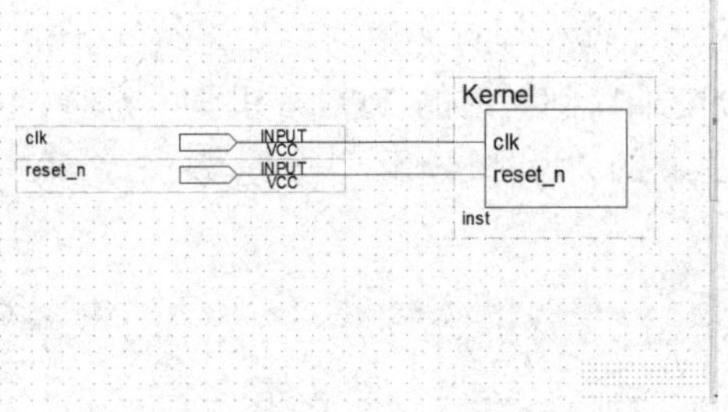

图 8.22　连接好的 Hello_Nios_II 工程

(22) 在编译工程文件之前，一般先对目标器件做一些设置：选择菜单栏中的 Assignment→Device 命令，在弹出的对话框中选择 Device and Pin Options 选项，在弹出的对话框中对目标器件进行设置，如图 8.23 所示。

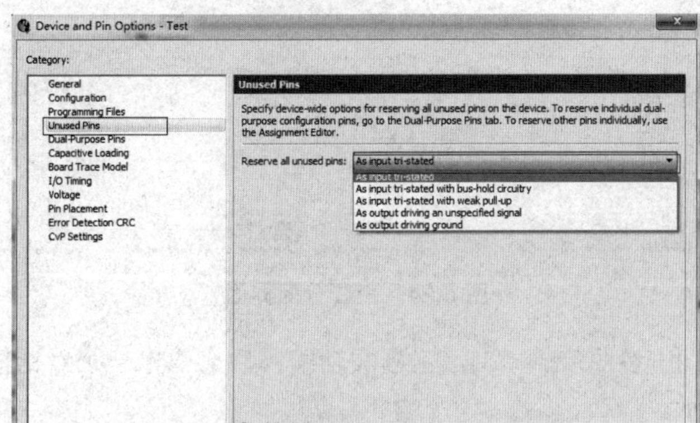

(a) 将本次实验没有使用的引脚设置为三态门输入模式

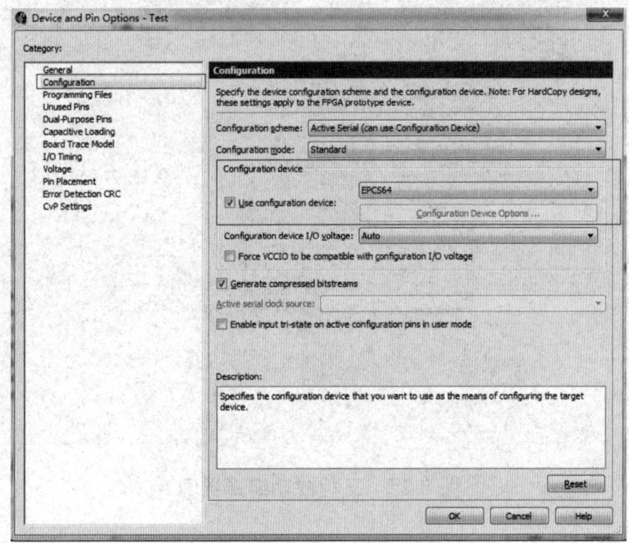

(b) 选择配置器件 EPCS64

图 8.23　设置目标器件

(23) 编译工程。选择 Processing→Start Compilation 命令(也可直接单击工具栏上的“编译”按钮▶)，开始编译当前工程。

(24) 编译工程的目的是检查工程有无错误，如果编译无误，便可以进行端口引脚分配了。根据引脚分配表，分配端口到对应的 FPGA 引脚。选择 Assignments→Pin Planner 命令(也可直接单击工具栏上的“引脚分配”按钮)，进入引脚分配窗口，如图 8.24 所示。

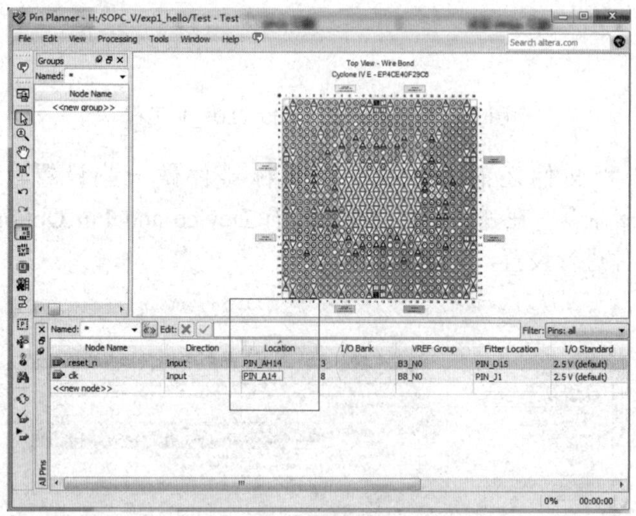

图 8.24　引脚分配界面

(25) 重新编译工程(参照步骤 23)。工程成功编译后会弹出一个对话框，单击 OK 按钮即可，如图 8.25 所示。

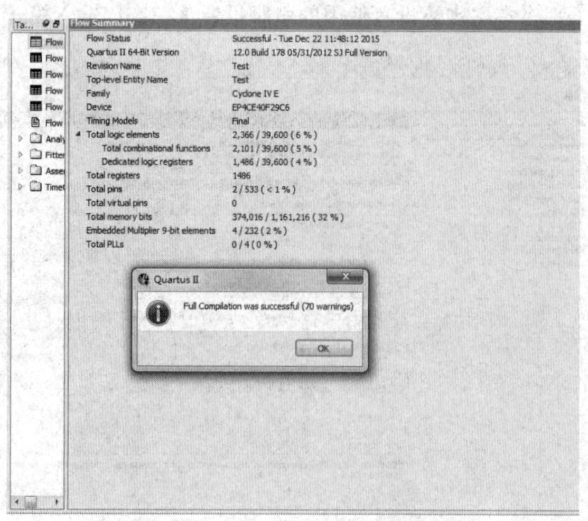

图 8.25　工程成功编译界面

(26) 至此硬件开发工作就全部结束，剩下的就是软件工作了。启动 Nios II 12.0 Software Build Tools for Eclipse 软件，出现图 8.26 所示的选择工程目录对话框，在当前工程目录下新建一个文件夹，命名为 software，用来存放软件代码。

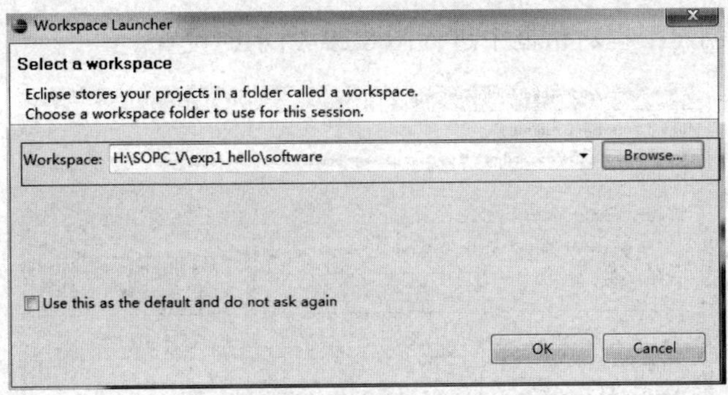

图 8.26　选择工作目录

(27) 单击 OK 按钮，打开软件，如图 8.27 所示。

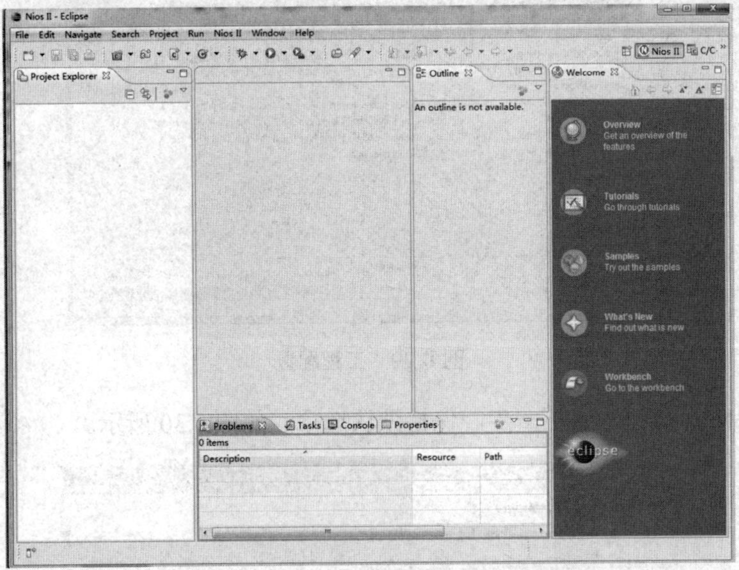

图 8.27　在新建目录下打开软件界面

(28) 创建新的软件工程。选择菜单栏中的 File→New→Nios II Application and BSP from Template 命令，如图 8.28 所示。

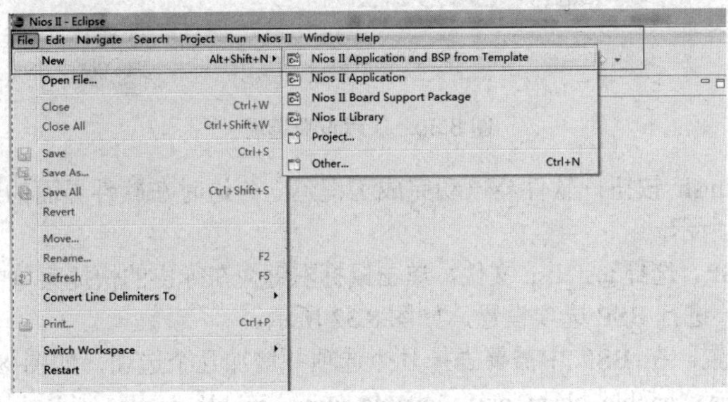

图 8.28　建立新工程

(29) 在弹出的创建工程对话框中进行图 8.29 所示的设置。

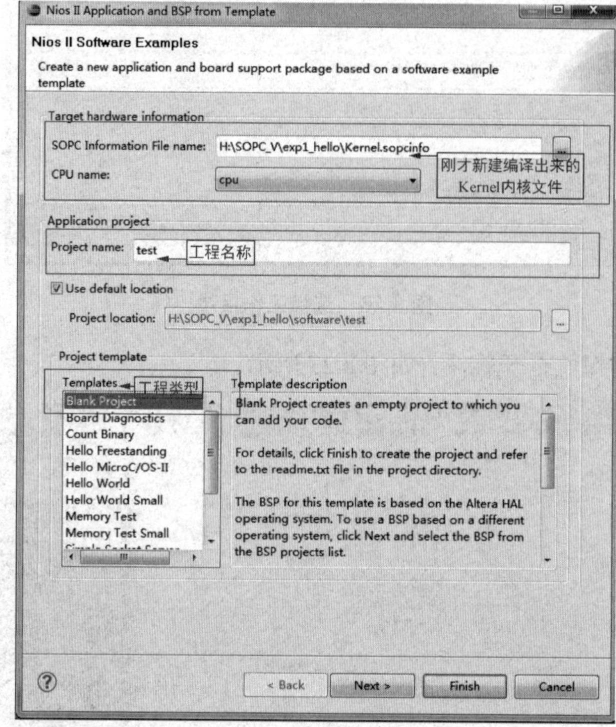

图 8.29 工程配置

(30) 单击 Next 按钮进入下一步，保持默认选项，如图 8.30 所示。

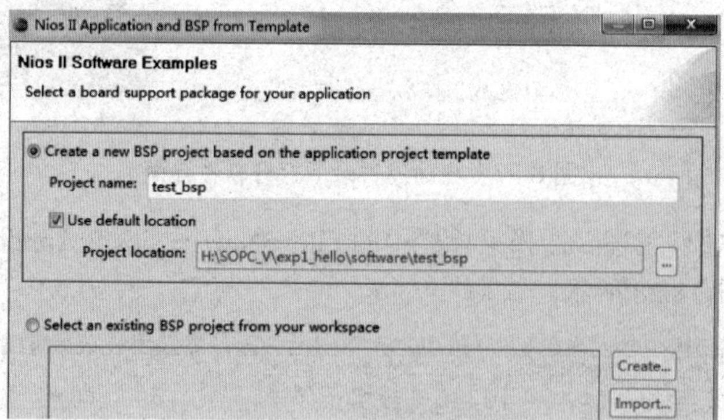

图 8.30 工程设置选项

(31) 单击 Finish 按钮，软件会自动完成工程建立。这时在软件界面的左侧会出现两个文件，如图 8.31 所示。

(32) 设置 BSP。选择 test_bsp 文件，单击鼠标右键，在弹出的快捷菜单中选择 Nios II→BSP Editor 命令，进行 BSP 选项设置，如图 8.32 所示。

(33) BSP 配置。在 BSP 中需要去掉几个选项并增加几个选项，如图 8.33 所示。其中 enable_c_plus_plus、enable_clean_exit、enable_exit、enable_sopc_sysid_check 去掉勾选，

enable_small_c_library 增加勾选，其余选项保持默认不用更改。单击 Generate 按钮，完成 BSP 编辑设置，单击 Exit 按钮退出设置。

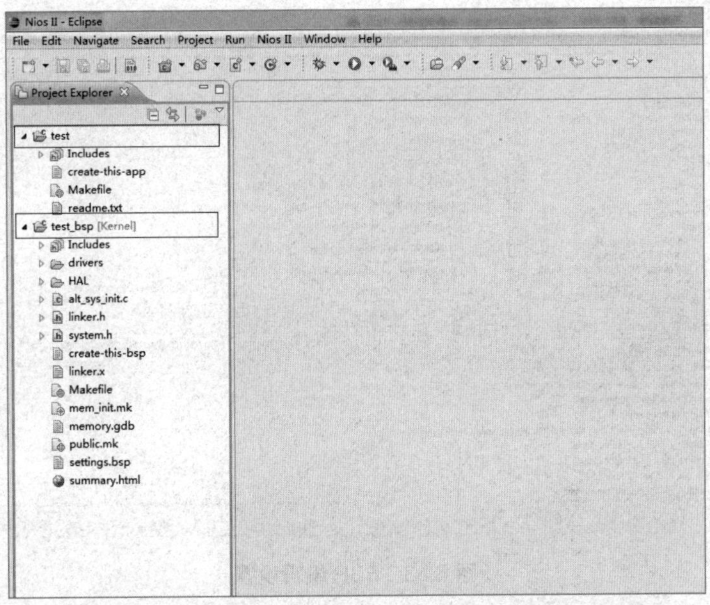

图 8.31　新建工程文件

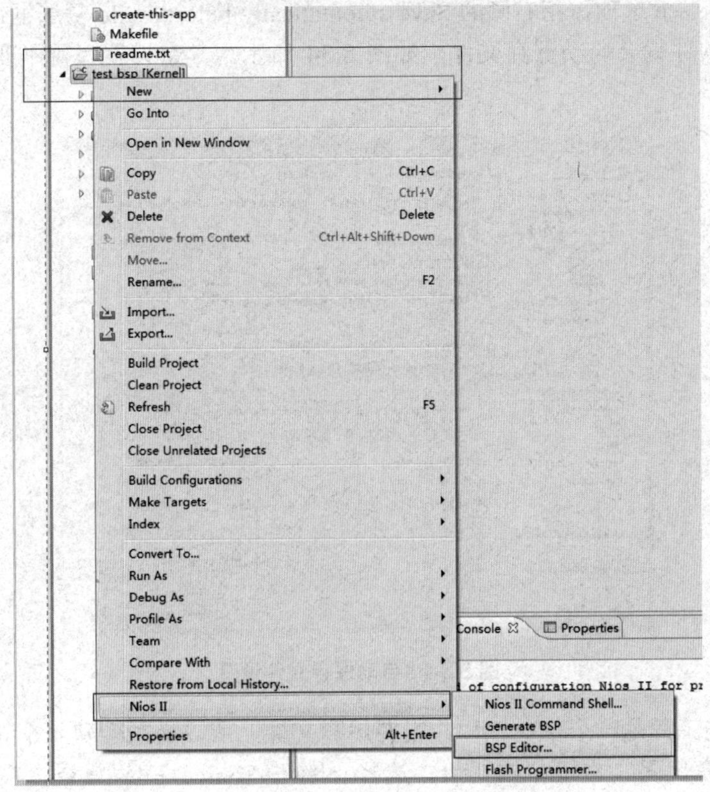

图 8.32　打开 BSP 设置页面

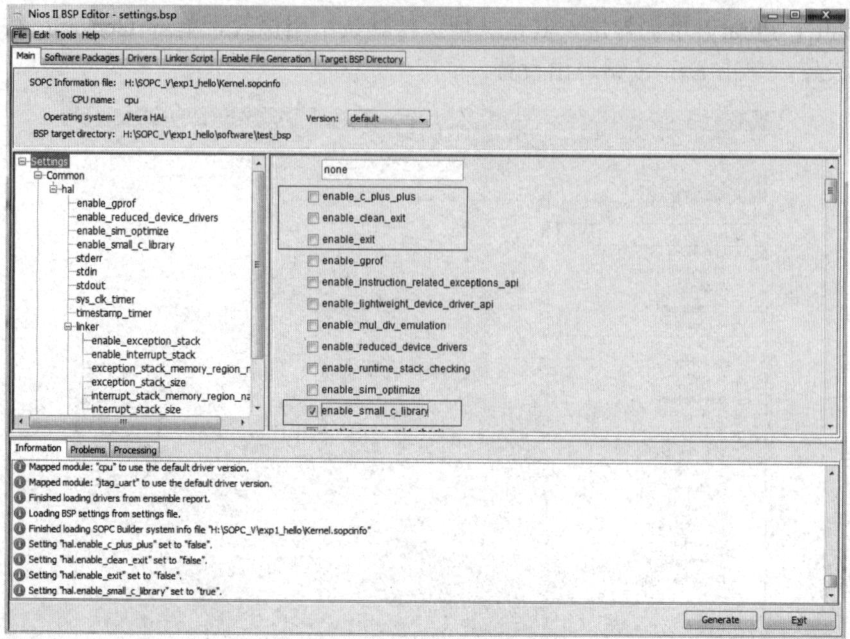

图 8.33　BSP 编辑设置

(34) 工程设置。在菜单栏中选择 Windows→Preferences 命令，在弹出的对话框中选择 General→Workspace 选项，将右侧的 Save automatically before build 复选框选中，这样在每次编译之前，软件就会自动保存文件，如图 8.34 所示。其余设置保持不变，单击 OK 按钮确认。

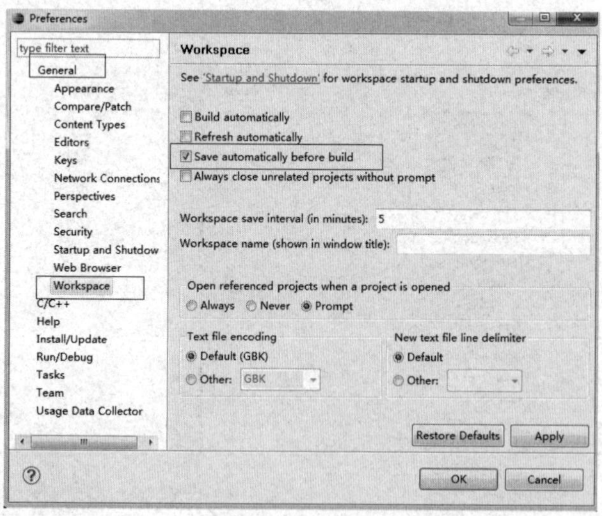

图 8.34　自动保存文件设置

(35) 此时的工程是一个空的工程，没有用户文件，所以必须创建一个新的文件来编写属于自己的程序代码。右键单击 test，选择 New→Source File 命令，在这里创建一个 main.c 文件，如图 8.35 所示。

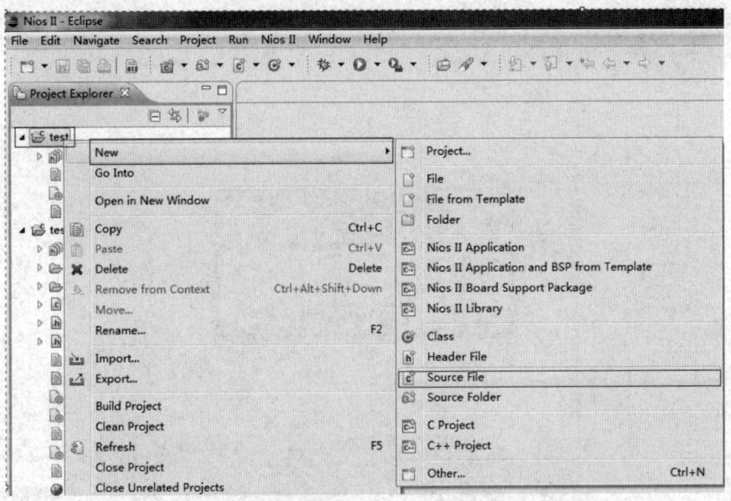

(a) 添加新的文件到工程

(b) 设置文件名

图 8.35　创建 main.文件

(36) 在 main.c 文件中编写代码如下。

```
#include <stdio.h>
int main()
{
  int i;
  for(i=0;i<10;i++)
  printf("Hello from Nios II!\n");
  return 0;
}
```

存盘后，选择 Project→Build All(命令也可以单击工具栏上的“编译”按钮或是按 Ctrl+B 组合键)编译文件，如图 8.36 所示。

(37) 文件编译无误后，紧接着要做的工作就是设置硬件连接等。将 USB 下载电缆一端插入实验箱核心板上的 JTAG 接口，另一端插入 PC 端 USB，待 USB 下载电缆工作正常后(PWR 指示灯和 USB 指示灯均常亮)，开启实验箱电源。

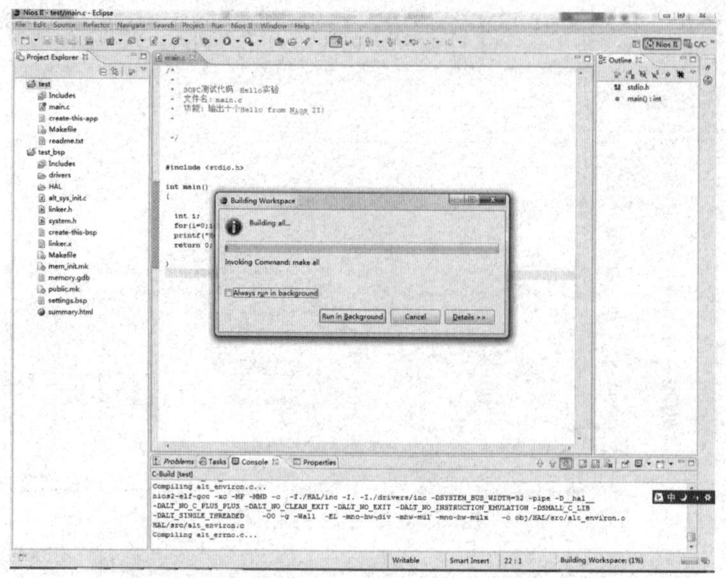

图 8.36　编译文件

(38) 下载*.sof 文件。选择菜单栏中的 Nios II→Quartus II Programmer 命令，进入下载界面，如图 8.37(a)所示，单击 Hardware Settings 选项卡，选择 USB Blaster 作为下载器，如图 8.37(b)所示。单击 Add File 按钮添加要下载的 test.sof 文件(位于工程目录下)，如图 8.37(c)所示。单击 Start 按钮开始下载，下载完成进度条显示 100%(Successful)，如图 8.37(d)所示。也可以在 Quartus II 软件中下载 sof 文件，如图 8.37(e)所示。

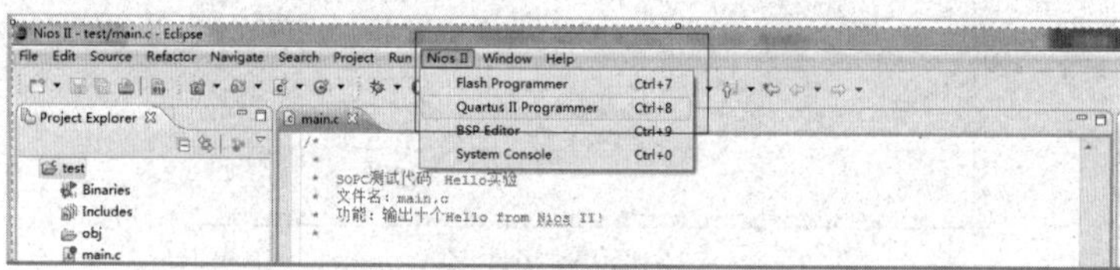

(a) 进入下载界面

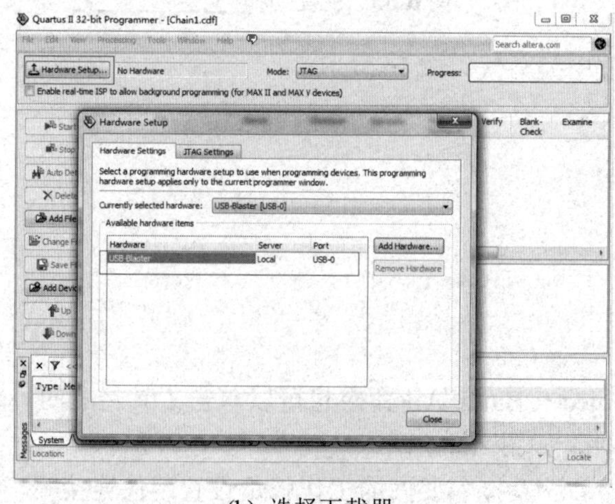

(b) 选择下载器

图 8.37　下载*.sof 文件

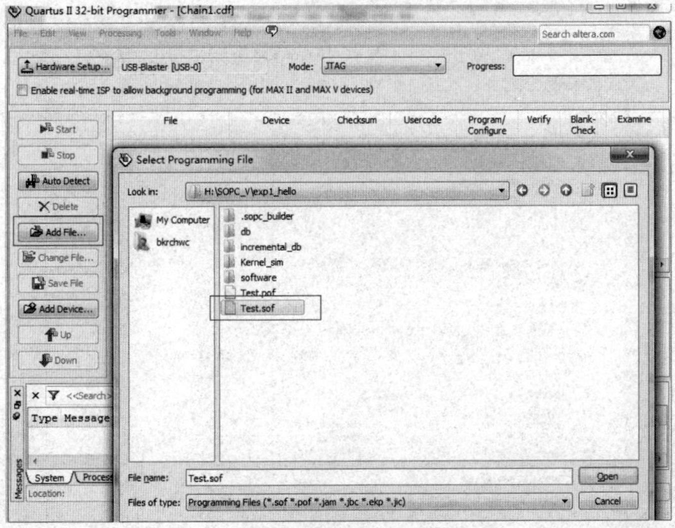

(c) 选择下载文件

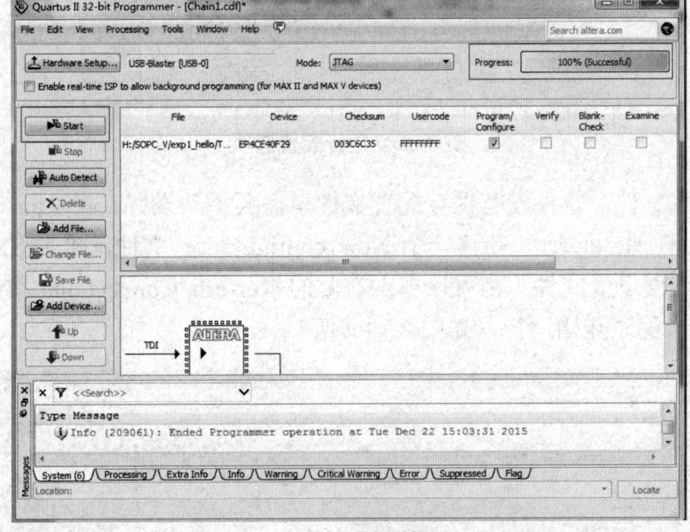

(d) 下载文件

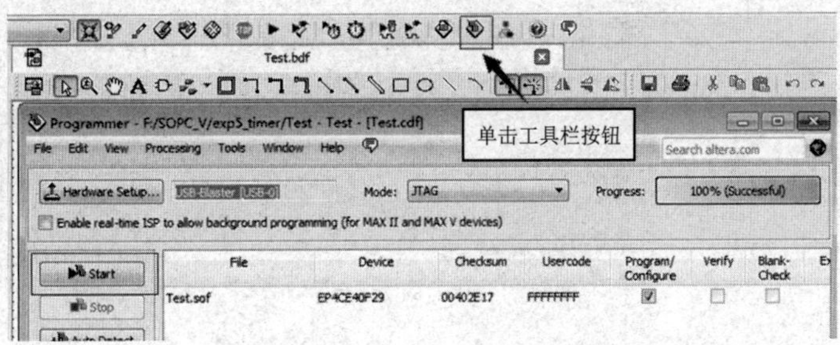

(e) 在 Quartus II 中下载 sof 文件

图 8.37　下载*.sof 文件(续)

(39) 运行程序。选择 test 项目，单击鼠标右键，选择快捷菜单中的 Run As→Run Configurations 命令进入运行配置界面，如图 8.38 所示。

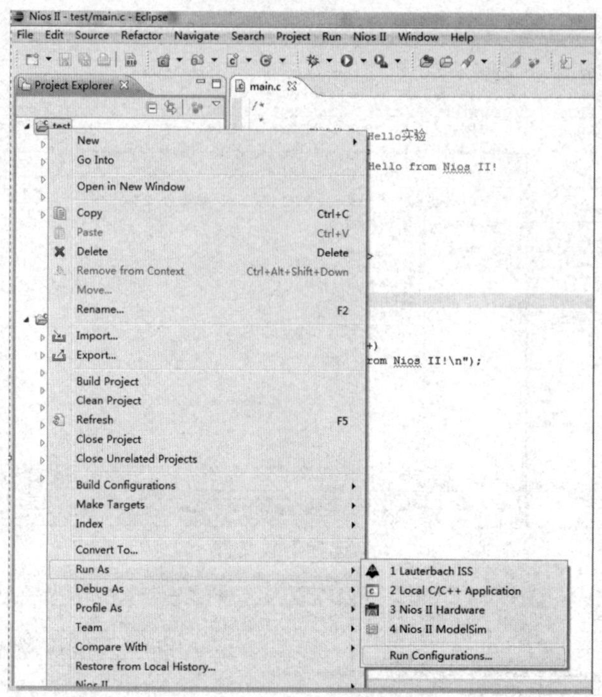

图 8.38 运行配置选项

如果初次下载文件，软件没有保存配置文件，需要手动设置。在 Run configurations 对话框中双击 Nios II Hardware，新建一个 New_configuration 文件，单击 Target Connection 标签，如果没有出现下载文件，则可以单击右侧的 Refresh Connections 按钮，刷新下载文件。单击 Run 按钮程序开始运行，如图 8.39 所示。

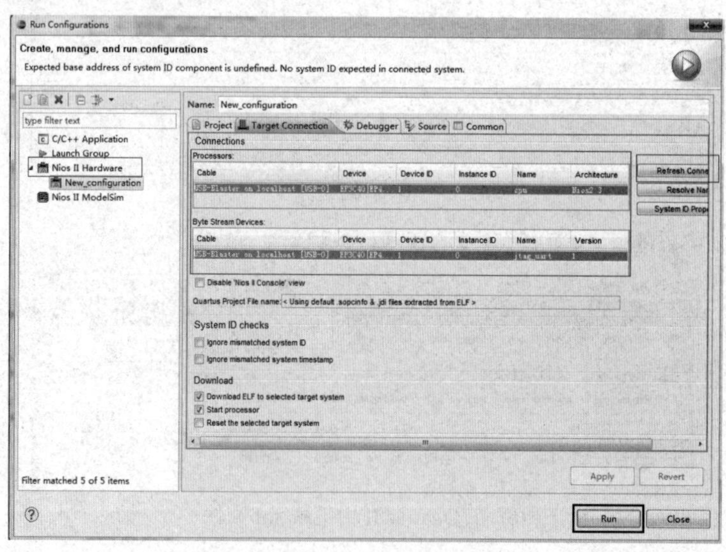

图 8.39 运行程序

(40) 观察实验结果，可以在信息输出栏上看到打印输出的 10 条“Hello from Nios II！”，如图 8.40 所示，这说明实验结果和设计思想是一致的。

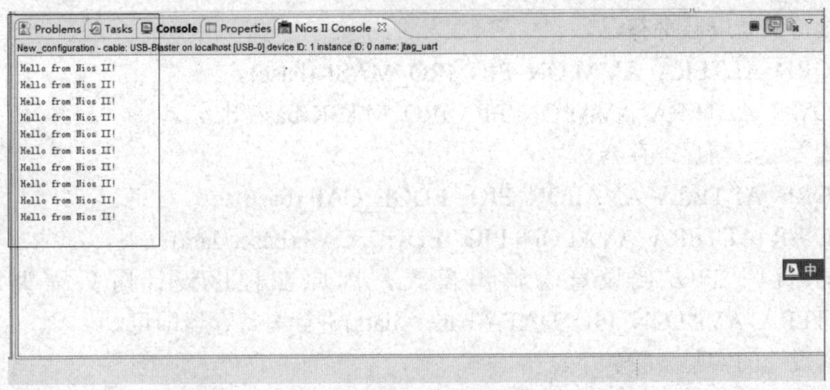

图 8.40　程序运行结果

8.3　流水灯实验

1. 设计目的

本设计是在已经了解 SOPC 设计基本流程的基础上，学习使用 SOPC Builder 软件中提供的 IP 核，本节要学习的 IP 核是 PIO。通过本次设计的历练，学生能进一步熟悉 SOPC 的基本流程，熟悉自主创建工程的步骤，熟练掌握 SOPC 上 PIO 端口的应用，同时强化编程能力。

2. 设计要求

本设计的电路功能描述如下。

(1) 在 HELLO 实验的基础上，加入一个 16 位的 PIO 核。

(2) 将 PIO 核设置成输出模式，用于控制 LED 灯。

(3) 让 16 颗 LED 灯以一定的频率点亮或者熄灭，实现流水效果。

3. 设计思想和过程

PIO(Parallel Input Output，并行输入输出)是一个基于存储器映射方式，介于 Avalon 从端口与通用 IO 端口之间的一个 IP 核。它既可以用在 FPGA 内部逻辑的控制连接，也可以映射到 FPGA 的 IO 引脚上，以便扩展到系统板上进行控制。通过 PIO 核，Nios II CPU 就可以通过访问存储器的方式，非常方便地控制 IO 端口。

PIO 在系统中可以被配置为 3 种模式，即输入模式、输出模式及输入输出模式。在软件中，要访问 PIO 端口，只需要加入 altera_Avalon_pio_regs.h 文件，按照其提供的标准库函数访问即可。该文件中提供的库函数包括以下内容。

(1) 读写数据寄存器。

① IORD_ALTERA_AVALON_PIO_DATA(base)。

② IOWR_ALTERA_AVALON_PIO_DATA(base, data)。

(2) 读写方向寄存器。

① IORD_ALTERA_AVALON_PIO_DIRECTION (base)。

② IOWR_ALTERA_AVALON_PIO_DIRECTION(base, data)。

(3) 读写中断屏蔽寄存器。

① IORD_ALTERA_AVALON_PIO_IRQ_MASK(base)。

② IOWR_ALTERA_AVALON_PIO_IRQ_MASK(base, data)。

(4) 读写边沿捕捉寄存器。

① IORD_ALTERA_AVALON_PIO_ EDGE_CAP (base)。

② IOWR_ALTERA_AVALON_PIO_ EDGE_CAP (base, data)。

在本项目中 PIO 被设置为输出模式，因此在程序设计时只需调用库函数 IOWR_ALTERA_AVALON_PIO_DATA(base，data)进行写寄存器即可。

完成本设计的实验步骤如下。

(1) 新建文件夹并命名为 exp2_led，将 HELLO 实验工程目录下的文件复制到该文件夹下。

(2) 打开 Quartus II 软件，并打开工程文件，双击原理图中的 Kernel 器件，进入编辑模式，往里添加 PIO 核。

在 System Contents 列表框 Peripherals 下的 Microcontroller Peripherals 中选择 PIO (Parallel I/O)，然后单击底部的 Add 按钮(或直接双击鼠标左键)，在弹出的对话框中按照图 8.41 所示进行设置，单击 Finish 按钮，并将其重命名为 LED。注意这里只是将 PIO 设置为 16 位输出模式，其余保持不变。

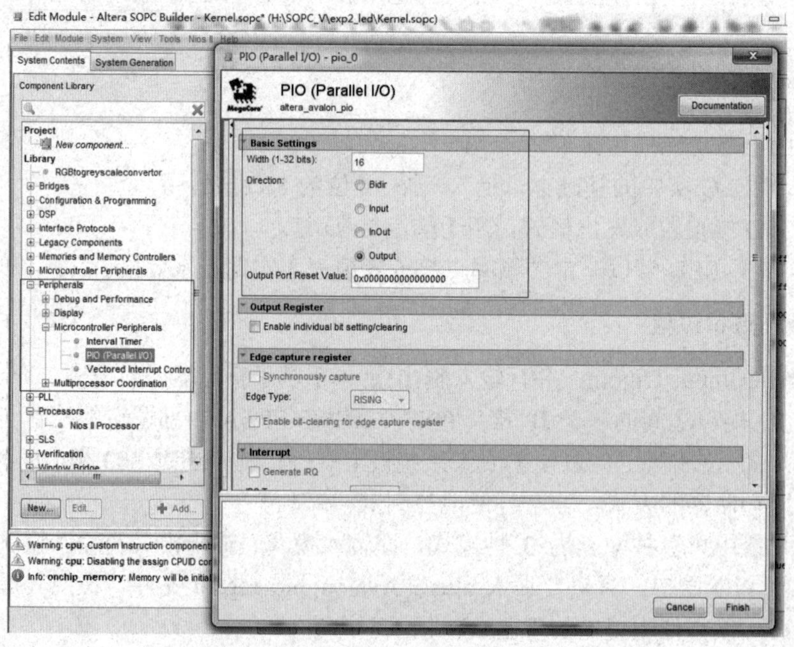

图 8.41　LED IO 设置

(3) 编译内核。添加好 PIO 核之后单击 Generate 按钮，再单击 Save 按钮保存修改，系统开始编译，编译完成之后单击 Exit 按钮，返回原理图界面，如图 8.42 所示。

(4) 修改原理图。当退出 SOPC Builder 之后，软件会自动提醒原理图器件有改变，选择是否需要修改，这里都单击 OK 按钮，如图 8.43(a)所示。原理图修改之后如图 8.43(b)所示。

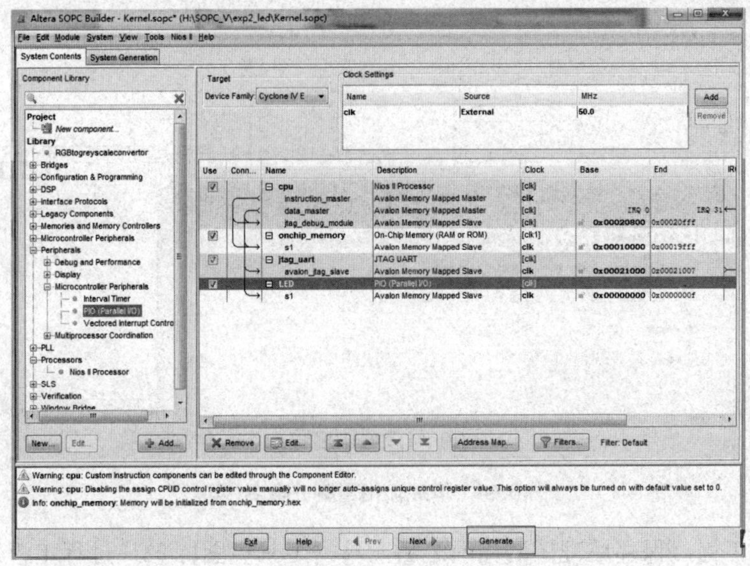

图 8.42　编译内核

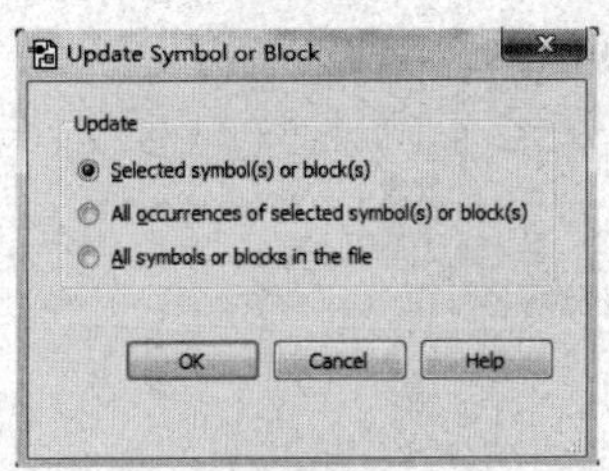

(a) 原理图修改

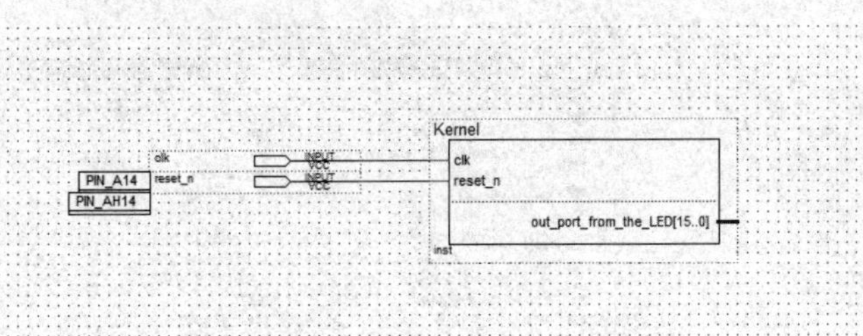

(b) 修改之后的原理图

图 8.43　原理图

(5) 增加输出引脚。给内核增加一个输出引脚，双击原理图空白处，在 Name 文本框中输入 output，单击 OK 按钮。放置输出引脚并连接到 Kernel 中，如图 8.44(a)所示，同时将输出管脚命名为 LED[0..15]，如图 8.44(b)所示。

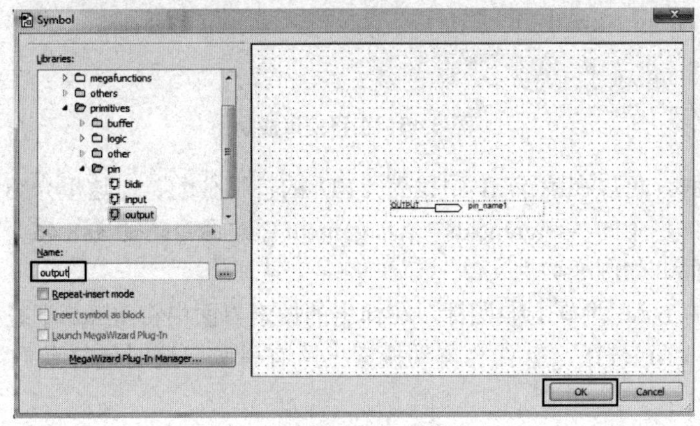

(a) 放置输出引脚

图 8.44　增加输出引脚并命名

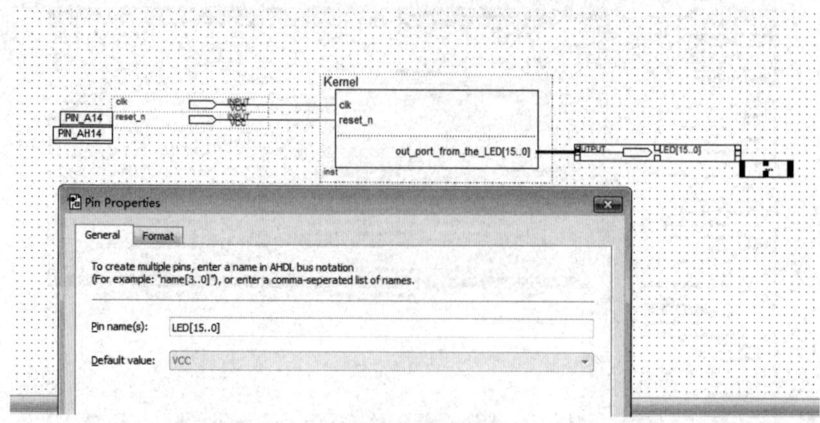

(b) 修改引脚名称

图 8.44　增加输出引脚并命名(续)

(6) 编译工程。保存原理图的修改之后，单击工具栏图标▶，进行工程编译，工程若无错误，则编译完成会给出成功提示，如图 8.45 所示。

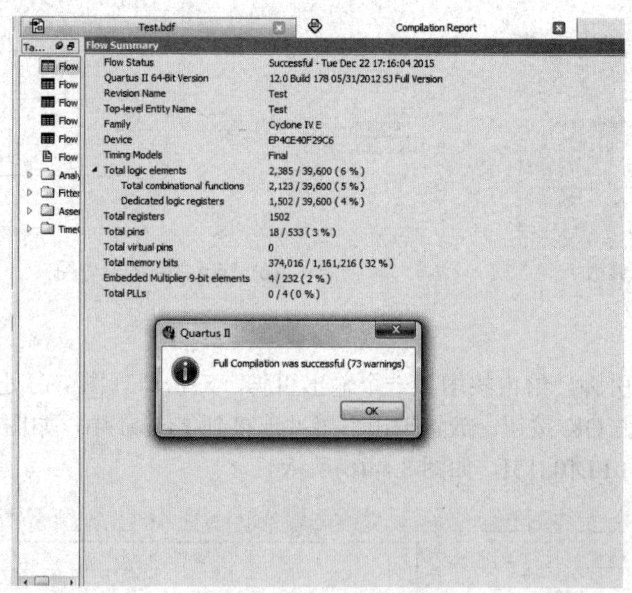

图 8.45　工程编译成功

(7) 分配引脚。可以在附录 II 中找到 LED 的管脚分配，在这里介绍另一种分配引脚的操作。选择菜单栏中的 Assignments→Assignment Edit 命令，如图 8.46 所示。

打开编辑界面，如图 8.47 所示。

双击 To 列的 New 并单击图标，在弹出的搜索界面中将 Filter 下拉列表框中设置为 Pins：all，单击 List 按钮，软件会自动搜索出所有引脚，这时选择我们需要添加的引脚即可。

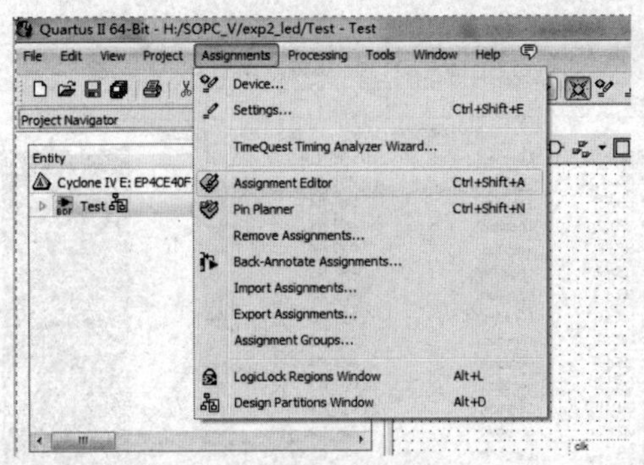

(a) 引脚编辑命令

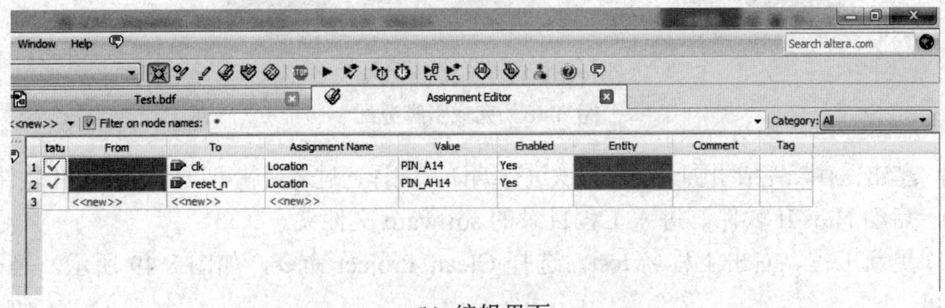

(b) 编辑界面

图 8.46　进入管脚编辑界面

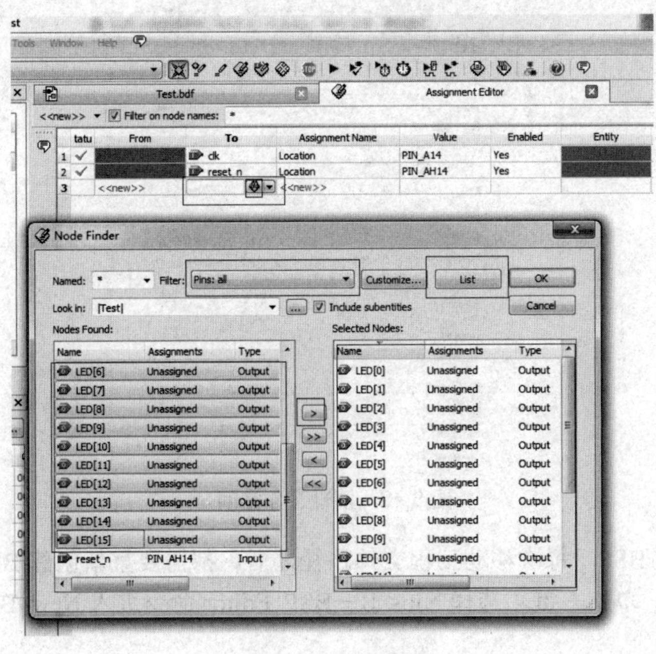

图 8.47　引脚搜索

单击 OK 按钮，将选中的引脚添加到当前目录下，在 Assignment Name 列中选择 Location 属性，单击右键分别选择 Copy 和 Paste 命令，进行复制和粘贴，在 Value 列复制附录 II 中的 IO 分配表并粘贴上去(请注意顺序)，完成整个引脚分配，如图 8.48 所示。

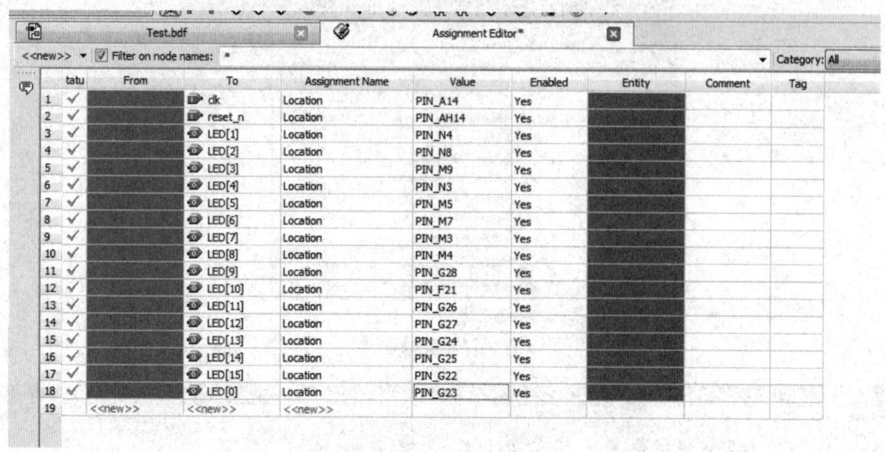

	tatu	From	To	Assignment Name	Value	Enabled	Entity	Comment	Tag
1	✓		clk	Location	PIN_A14	Yes			
2	✓		reset_n	Location	PIN_AH14	Yes			
3	✓		LED[1]	Location	PIN_N4	Yes			
4	✓		LED[2]	Location	PIN_N8	Yes			
5	✓		LED[3]	Location	PIN_M9	Yes			
6	✓		LED[4]	Location	PIN_N3	Yes			
7	✓		LED[5]	Location	PIN_M5	Yes			
8	✓		LED[6]	Location	PIN_M7	Yes			
9	✓		LED[7]	Location	PIN_M3	Yes			
10	✓		LED[8]	Location	PIN_M4	Yes			
11	✓		LED[9]	Location	PIN_G28	Yes			
12	✓		LED[10]	Location	PIN_F21	Yes			
13	✓		LED[11]	Location	PIN_G26	Yes			
14	✓		LED[12]	Location	PIN_G27	Yes			
15	✓		LED[13]	Location	PIN_G24	Yes			
16	✓		LED[14]	Location	PIN_G25	Yes			
17	✓		LED[15]	Location	PIN_G22	Yes			
18	✓		LED[0]	Location	PIN_G23	Yes			
19		<<new>>	<<new>>	<<new>>					

图 8.48　完成引脚分配

(8) 单击保存，完成引脚分配。再次进行编译，编译通过之后就可以启动 Nios II 软件了。

(9) 启动 Nios II 软件，进入工程目录的 software 文件夹。

(10) 更新工程。右击工程名 test，选择 Clean Project 命令，如图 8.49 所示，等待更新完毕即可。

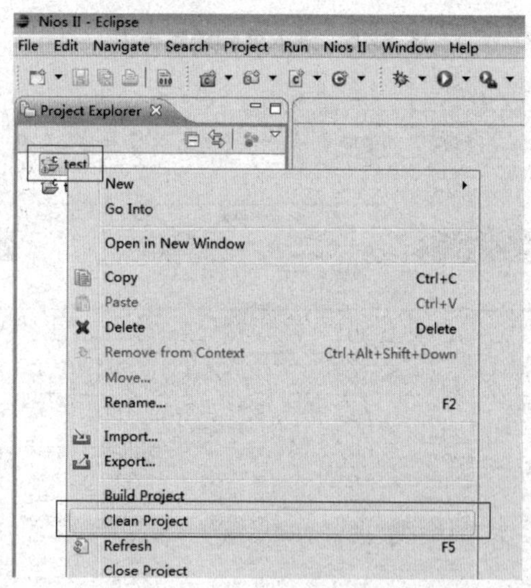

图 8.49　清理工作空间

(11) 重新创建 BSP。每次移动工程文件路径之后，都需要重新创建 BSP。

选中 test_bsp，单击右键，选择 Nios II→BSP Editor 命令进入 New BSP 对话框，如图 8.50(a)所示。

在 New BSP 对话框可以发现报错提示，说没有找到 Kernel 内核文件，这时需要重新指定 SOPC 内核文件。在菜单栏中选择 file→New BSP 命令，创建一个新的 BSP，设置如图 8.50(b)所示，单击 OK 按钮完成创建。

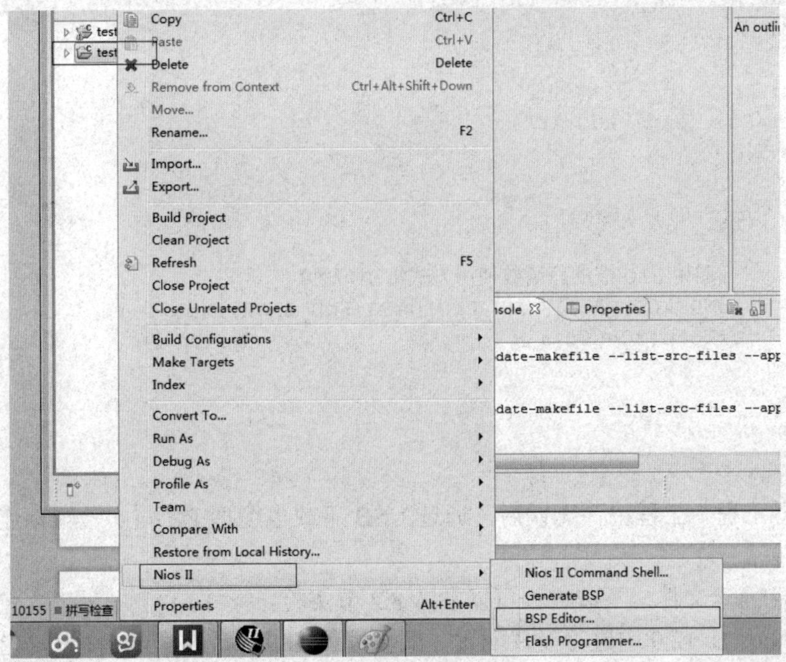

(a) 选择 BSP 编辑命令

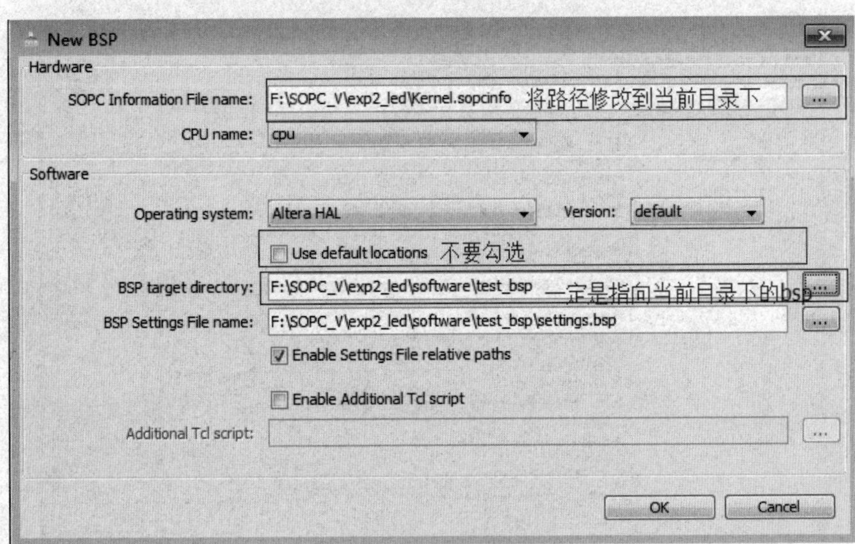

(b) 新建 BSP 设置

图 8.50　打开 BSP 编辑界面并设置

新建的 BSP 依然需要重新配置，配置过程可参考 8.2 节实验。之后单击 Generate 按钮，完成创建，单击 Exit 按钮退出。

(12) 修改 main.c 文件。编写程序代码，实现流水灯效果。实验程序如下：

```
#include <stdio.h>
#include "system.h"
#include <sys/unistd.h>
```

```
#include "altera_avalon_pio_regs.h"
int main()
{
  int i;
  printf("\n  exp2_led \n");
  while(1)
  {
        for(i=0;i<16;i++)
        {
          // 调用 PIO 核的库函数使用方式给 IO 赋值
          IOWR_ALTERA_AVALON_PIO_DATA(LED_BASE, (1<<i));
          usleep(300000);
        }
  }
  return 0;
}
```

(13) 编译工程。工程编译无误后，通过 USB 下载电缆把 PC 与实验箱相连接，然后开启实验箱电源。

(14) 下载*.sof 文件，下载过程可以参考 8.2 节实验。

(15) 在 Nios II 12.0 中进行硬件配置，配置过程可以参考 8.2 节。注意，当提示没有找到 sysid 时做以下设置就可忽略软件对 sysid 的检查，如图 8.51 所示。

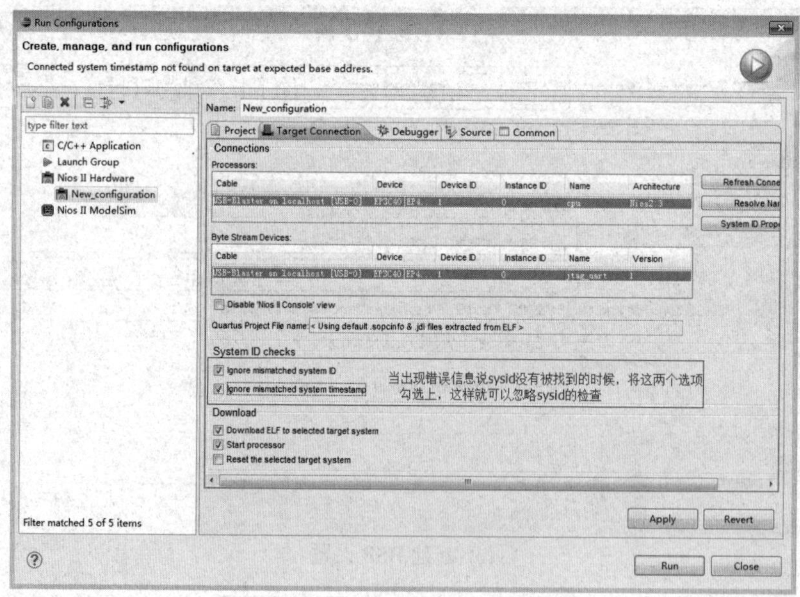

图 8.51　忽略 sysid 的检查设置

(16) 单击 Run 按钮，运行程序。

(17) 查看程序运行结果，此时可以看到实验箱上的 LED1~LED16 在循环亮灭，达到了流水效果。说明实验结果和设计思想是一致的。

8.4　定时器实验

1. 设计目的

本次设计的目的是进一步熟悉 SOPC 的基本流程；熟悉 Interval Timer 核的基本功能；掌握如何在软件中访问 Timer；掌握如何在软件中实现中断编程。

2. 设计要求

(1) 在掌握 PIO 使用的基础上，加入两个定时器。

(2) 定时器 1 用来控制 LED 的循环，循环快慢由定时器 2 确定。

(3) 定时器 2 用来改变定时器 1 的周期，周期分别为 0.05s、0.1s、0.5s、1s。

(4) 让 16 个 LED 灯分别按照 0.05s、0.1s、0.5s、1s 的周期循环点亮。

3. 设计思想和过程

通过本实验将学习一个新的 IP 核——Interval Timer。SOPC Builder 中的 Timer 核是一个 32 位、基于 Avalon 接口的软核，它具有以下特性。

① 启动、停止核复位都可由软件控制。

② 两种计数模式，即单次向下计数模式和连续向下计数模式。

③ 有向下计数周期寄存器。

④ 可屏蔽中断(当计数器递减到 0 时)。

⑤ 可工作在看门狗模式。

⑥ 可提供一个端口输出，使其产生周期性的脉冲。

⑦ 兼容 32 位和 16 位处理器。

Timer 核提供的所有的寄存器都是 16 位宽的，所以它可以兼容 16 位和 32 位处理器。特定的寄存器仅在定时器被设定为特定功能时才有效。例如，如果一个定时器被设定为固定周期，则其周期寄存器将不可访问。Timer 核提供了一组基于 Avalon 接口的寄存器，供 CPU 读取其状态、设定其周期、启动或停止计数器、复位计数器等。另外，Timer 核还嵌入了一个复位请求信号，用以实现其看门狗功能。

在软件中，CPU 若想访问 Interval Timer 核相关寄存器，只需要在软件中加入 altera_Avalon_timer_regs.h 头文件，按照其提供的标准库函数访问即可。

本次设计的实验步骤如下。

(1) 新建文件夹 exp3_timer，将 8.3 节实验项目工程下的文件复制到该文件夹下。

(2) 打开 Quartus II 工程，在 test 文件中双击 Kernel 内核，加入两个定时器。在该窗口左侧的 Peripherals 的 Microcontroler Peripherals 下选择 Interval Timer，再单击 Add 按钮，设置如图 8.52 所示其中 Counter Size 选择 32，Presets 选择 Full-featured，其余保持默认。重复以上步骤再添加一个定时器。添加完后定时器分别改名为 timer1 和 timer2。

(3) 编译内核文件。保存内核修改文件，编译生成新的 Kernel 内核系统。

(4) 更新原理图。原理图更新之后保存，之后编译。

(5) 等待编译完成。由于这是在 8.3 节实验项目基础上做的修改，没有添加外设，所以编译完成后不需要再做引脚分配，最终电路图如图 8.53 所示。

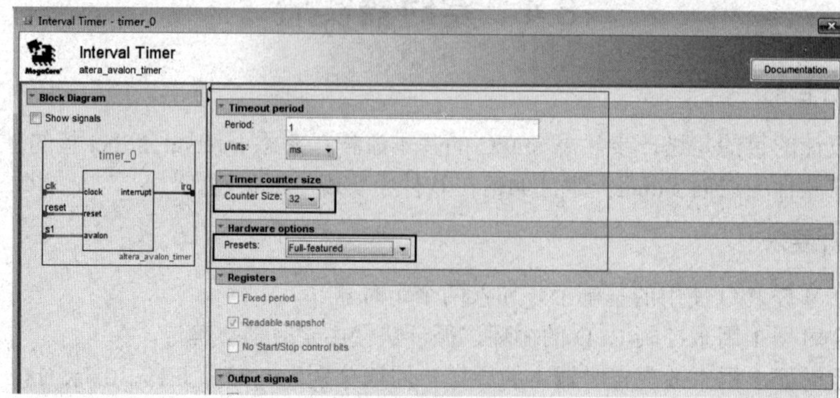

图 8.52　定时器设置

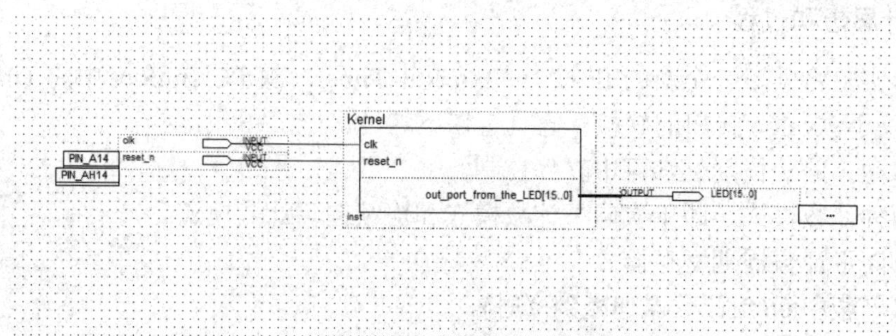

图 8.53　硬件电路图

(6) 打开 Nios II 12.0 软件，选择当前工作目录。

(7) 清理工程文件。

(8) 更新 BSP。

(9) 修改 main.c 文件代码，增加两个定时器操作，详细代码如下：

```
#include <stdio.h>
#include <sys/unistd.h>
#include <io.h>
#include <string.h>
#include "system.h"
#include "altera_avalon_pio_regs.h"
#include "altera_avalon_timer_regs.h"
#include "alt_types.h"
#include "sys/alt_irq.h"
/*-----------------------------------------------------------------------
 * Variable
 * 定时器中断初始化
 *----------------------------------------------------------------------*/
static void timer_init(void);
int i = 0,j = 0,flag;
alt_u32 timer_prd[4] = {2500000, 5000000, 25000000, 50000000};
//这 4 个是定时器的时钟数
//定时器的定时时间的计算方法是：定时器的时钟数/定时器的时钟周期
```

```
//由于系统时钟是 50MHz，所以，上面的 4 个的定时时间就为{0.05s, 0.1s, 0.5s, 1s}
int main(void)
{
    timer_init();  // 初始化 timer
    while(1);
    return 0;
}
/*==================      FUNCTION    ========================================
 *        Name:  ISR_timer
 *  Description:  定时器 timer1 中断服务程序
 * ============================================================================
 */
static void ISR_timer1(void *context, alt_u32 id)
{
    IOWR_ALTERA_AVALON_PIO_DATA(LED_BASE,(1<<i));
    i++;
    if(i == 16)  i = 0;
    //清除 Timer 中断标志寄存器
    IOWR_ALTERA_AVALON_TIMER_STATUS(TIMER1_BASE, 0x00);
}
/*==================      FUNCTION    ========================================
 *        Name:  ISR_timer2
 *  Description:  定时器 timer2 中断服务程序  通过定时器 2 来改变定时器 1 的周期，改变
 后需要重新启动定时器
 * ============================================================================
 */
static void ISR_timer2(void *context, alt_u32 id)
{
//  改变定时器 timer1 的周期
    IOWR_ALTERA_AVALON_TIMER_PERIODL(TIMER1_BASE, timer_prd[j]);
    IOWR_ALTERA_AVALON_TIMER_PERIODH(TIMER1_BASE, timer_prd[j] >> 16);
//  重新启动定时器 timer1
    IOWR_ALTERA_AVALON_TIMER_CONTROL(TIMER1_BASE, 0x07);
    //闪烁频率先高后低，然后又变高
    if(j == 0)
        flag = 0;
    if(j == 3)
        flag = 1;
    if(flag == 0){
        j++;
    }
    else{
        j--;
    }
    //清除 timer2 中断标志位
    IOWR_ALTERA_AVALON_TIMER_STATUS(TIMER2_BASE, 0);
}
/*
 * ===  FUNCTION
=============================================================================
 *        Name:  timer_init
 *  Description:  定时器初始化
 *
==============================================================================
```

```
 */
void timer_init(void)
{
    //清除 Timer1 中断标志寄存器
    IOWR_ALTERA_AVALON_TIMER_STATUS(TIMER1_BASE, 0x00);
    //设置 Timer1 周期，这里输入的是时钟周期数
    IOWR_ALTERA_AVALON_TIMER_PERIODL(TIMER1_BASE,10000000);
    IOWR_ALTERA_AVALON_TIMER_PERIODH(TIMER1_BASE, 10000000 >> 16);
    //允许 Timer1 中断
    IOWR_ALTERA_AVALON_TIMER_CONTROL(TIMER1_BASE, 0x07);
    //注册 Timer1 中断
    alt_irq_register(TIMER1_IRQ, (void *)TIMER1_BASE, ISR_timer1);
    //清除 Timer2 中断标志寄存器
    IOWR_ALTERA_AVALON_TIMER_STATUS(TIMER2_BASE, 0x00);
    //设置 Timer2 周期，这里输入的是时钟周期数
    IOWR_ALTERA_AVALON_TIMER_PERIODL(TIMER2_BASE,400000000);
    IOWR_ALTERA_AVALON_TIMER_PERIODH(TIMER2_BASE, 400000000 >> 16);
    //允许 Timer2 中断
    IOWR_ALTERA_AVALON_TIMER_CONTROL(TIMER2_BASE, 0x07);
    //注册 Timer2 中断
    alt_irq_register(TIMER2_IRQ, (void *)TIMER2_BASE, ISR_timer2);
}
```

(10) 编译工程。工程编译无误后，通过 USB 下载电缆把 PC 与实验箱相连接，然后开启实验箱电源。

(11) 在 Quartus II 中使用 USB 下载电缆将 test.sof 文件通过 JTAG 接口下载到 FPGA 中。

(12) 在 Nios II IDE 中进行硬件配置。

(13) 单击 Run 按钮，运行程序。

(14) 查看程序运行结果，可以看到实验箱上的 16 个 LED 灯进行流水闪烁，频率由快到慢，再由慢到快，说明实验结果与设计思想是一致的。

8.5 并行 ADC 与 DAC 实验

1. 设计目的

通过本次设计，加深对 SOPC 设计的全面认识、复习和掌握；掌握并行 ADC 和 DAC 的工作原理；进一步掌握 PIO 核的工作原理以及 SOPC 中的时序设计。

2. 设计要求

本设计的功能要求如下。

(1) 控制 ADC，使其进行模/数转换，并接收 ADC 输出的 8 位并行数据。

(2) 输出 8 位数据至 DAC，并控制 DAC，使其进行数/模转换。

(3) 通过示波器观察源信号和经 ADC/DCA 变换以后的信号，两者应一致。

3. 设计思想和过程

本实验仍然要熟练掌握 PIO 核的基本使用，以及对并行总线的时序操作，在项目设计

中通过 ADC 完成模拟信号采集，将数据传递给 DAC，再将信号还原。

本实验使用的 ADC 是美国德州仪器公司推出的高速 8 位 A/D 转换器 TLC5540。它的最高转换速率可达 40MB/S。TLC5540 采用了一种改进的半闪结构及 CMOS 工艺，因而大大减少了比较器的数量，而且在高速转换的同时能够保持低功耗。在推荐工作条件下，其功耗仅为 75mW。由于 TLC5540 具有高达 75mHz 的模拟输入带宽以及内置的采样保持电路，因此非常适合在欠采样的情况下应用。另外，TLC5540 内部还配备标准的分压电阻，可以从+5V 的电源获得 2V 满刻度的参考电压，并且可保证温度的稳定性。TLC5540 可广泛应用于数字电视、医学图像、视频会议、CCD 扫描仪、高速数据变换及 QAM 调制器等方面。

TLC5540 的运行时序见图 8.54，时钟信号 CLK 在每一个下降沿采集模拟输入信号，第 *N* 次采集的数据经过 3 个时钟周期的延迟之后，送到内部数据总线上。此时如果输出使能 OE 有效，则数据可由 CPU 读取或进入缓冲存储器。

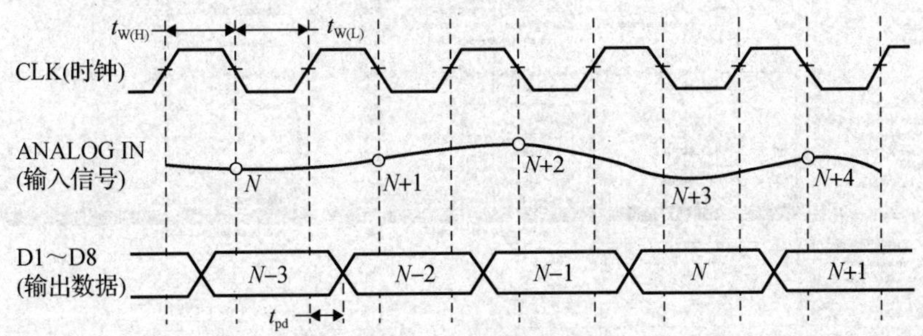

图 8.54　TLC5540 运行时序

本实验使用的 DAC 型号是 TLC5602C，它是使用 LinEPIC 1μm 工艺的低功率、超高速视频数/模转换器。TLC5602C 以从 DC 至 20MHz 的采样速度将数字信号转换成模拟信号。由于高速工作，TLC5602C 适用于数字电视、计算机视频处理及雷达信号处理等数字视频应用。其典型工作时序如图 8.55 所示。

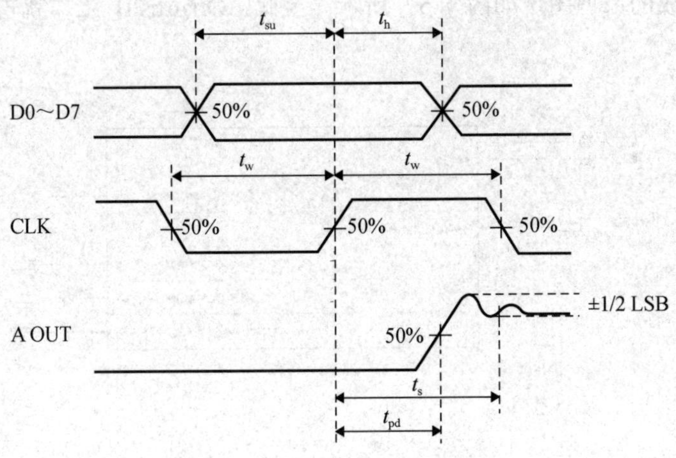

图 8.55　TLC5602C 典型时序

完成本设计的实验步骤如下。

(1) 新建文件夹并命名为 exp4_parallel_adc_dac，将 8.2 节实验项目工程目录下的文件复制到该文件夹下。

(2) 打开工程文件，在原理图中双击 Kernel 系统，进入 SOPC Builder，编辑内核文件。

(3) 向内核中添加 PIO 核，并修改名称，如图 8.56 所示。

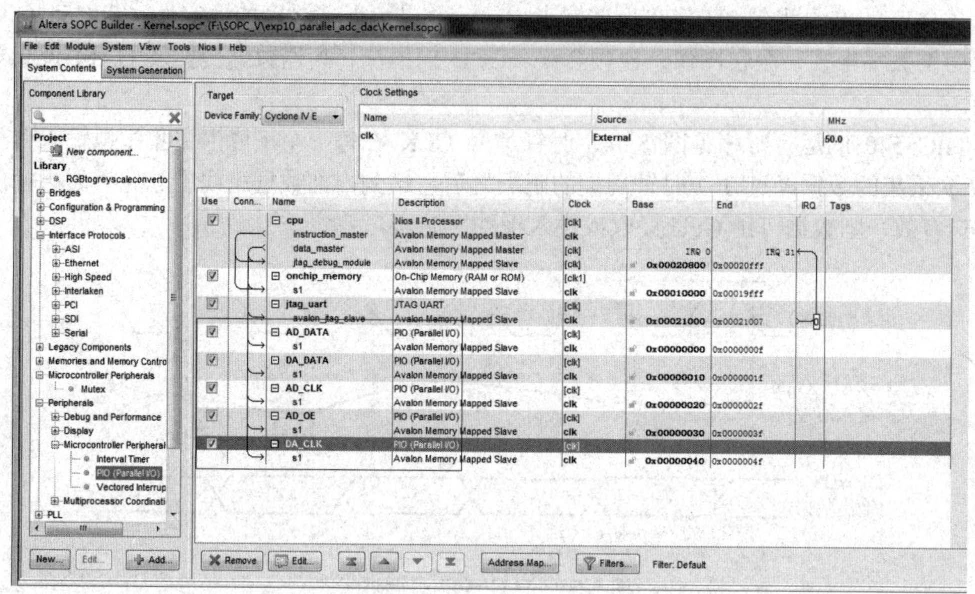

图 8.56 添加 PIO 核

(4) 编译修改之后的内核文件，成功之后退出。

(5) 升级原理图，并修改引脚名称，保存原理图修改并编译工程。

(6) 按照附录 II 给管脚分配 FPGA 引脚，保存工程修改，再次编译。

(7) 编译完成的原理图，如图 8.57 所示。至此，Quatrus II 工作就告一段落，可以启动 Nios II 软件了。

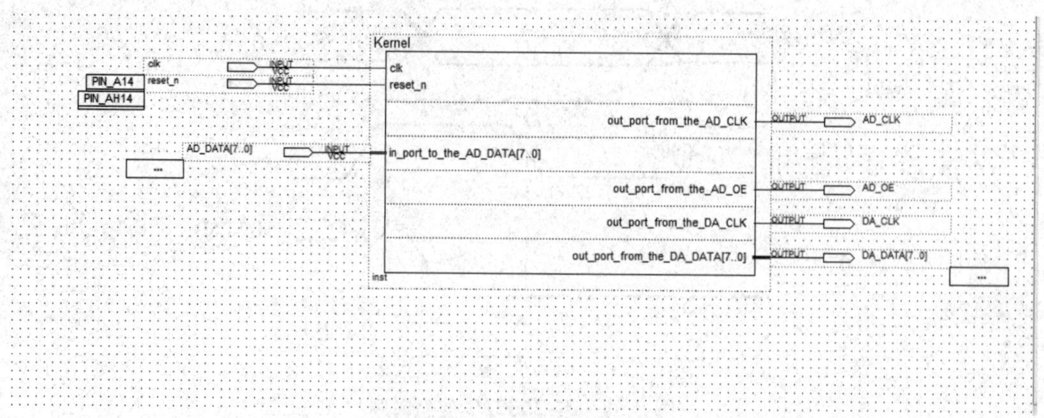

图 8.57 编译完成的原理图

(8) 打开 Nios II 12.0 软件，切换到当前工作目录下。

(9) 清理工程。

(10) 更新 BSP，注意 SOPC 内核文件路径。

(11) 修改 main.c 文件代码，详细代码如下：

```
#include <stdio.h>
#include "system.h"
#include "alt_types.h"
#include "altera_avalon_pio_regs.h"
unsigned char m_data;
int main()
{
  printf("AD_DA Test!");
  while(1)
  {
    //AD 转换获取数据
       IOWR_ALTERA_AVALON_PIO_DATA(AD_OE_BASE,1);  //写 AD 使能
    IOWR_ALTERA_AVALON_PIO_DATA(AD_CLK_BASE,0); //拉低 AD 时钟
    IOWR_ALTERA_AVALON_PIO_DATA(AD_OE_BASE,0);  //写 AD 使能
    m_data=IORD_ALTERA_AVALON_PIO_DATA(AD_DATA_BASE)&0xff; //读 AD 数据
    IOWR_ALTERA_AVALON_PIO_DATA(AD_CLK_BASE,1);
    IOWR_ALTERA_AVALON_PIO_DATA(AD_OE_BASE,1);
    IOWR_ALTERA_AVALON_PIO_DATA(DA_CLK_BASE,0);//拉低 DA 时钟
    IOWR_ALTERA_AVALON_PIO_DATA(DA_DATA_BASE,m_data); //写 DA 数据
    IOWR_ALTERA_AVALON_PIO_DATA(DA_CLK_BASE,1);//拉高 DA 时钟
  }
  return 0;
}
```

(12) 工程编译无误后，通过 USB 下载电缆把 PC 与实验箱相连接，然后开启实验箱电源。

(13) 在 Quartus II 中使用 USB 下载电缆将 test.sof 文件通过 JTAG 接口下载到 FPGA 中。

(14) 在 Nios II IDE 中进行硬件配置。

(15) 运行程序。

(16) 打开示波器，先检测信号源区 J13 的信号输出，设置 JP7 使 J13 输出波形为正弦波。

(17) 将示波器另一个输入通道接到并行 ADC&DAC 区的 J24 DAC_OUT 上，观察 DAC 的输出信号，注意将 J22 开关拨到内部一侧，这样 ADC 的信号源来自内部，即 J13 的输出。

(18) 比较 J13 与 J24 两处的信号波形可以发现，两者波形基本一致，这说明实验是成功的，我们成功将一个信号通过 ADC 采集，并通过 DAC 将其还原了出来。

(19) 退出 Nios II IDE 软件，关闭 Quartus II 软件，关闭实验箱电源，拔出 USB 下载电缆。

思 考 题

8.1 什么是 SOPC 系统?

8.2 SOPC 系统设计的基本流程是什么?

8.3 SOPC 系统设计有何优势?

8.4 Nios II 的优势是什么?

8.5 基于 Nios II 处理器的 FPGA 开发流程是什么?

附录 I

附录 II

附录III